山西林下植物识别

王刚狮　张海军　主编

中国林业出版社
CFPH China Forestry Publishing House

内容简介

本书是山西省林草重点研发计划专项“山西林下植物资源调查研究”成果之一，内容以林草行业岗位需求为导向，采用当前植物分类的最新理论——APG IV 系统（被子植物分类系统），以期与位于植物分类研究前沿的各类数字化资源相统一，使本书在实际应用中更具时代性和实用性。

全书分为绪论、林下乔木、灌木及木质藤本、草本及草质藤本四部分，绪论部分以植物识别常用形态术语为主要内容，同时介绍了植物分类系统的知识。单元 1 至单元 3 分别对林下乔木、林下灌木和林下草本 3 个类群进行阐述，描述了每种植物的形态特征，并配以相应图片，加强对植物识别特征的理解和掌握，同时介绍了其分布生境和经济价值等，以保证知识的完整性和系统性。

本书除满足林草行业和相关专业人员生产实践需求外，也可供林草从业人员技能提升以及相关专业师生学习和参考。

图书在版编目（CIP）数据

山西林下植物识别 / 王刚狮，张海军主编 . — 北京：中国林业出版社，2023.7

ISBN 978-7-5219-2263-9

Ⅰ . ①山… Ⅱ . ①王… ②张… Ⅲ . ①植物 – 识别 – 山西 Ⅳ . ① Q949.08

中国国家版本馆 CIP 数据核字 (2023) 第 133370 号

策划编辑：田　苗　郑雨馨
责任编辑：郑雨馨
责任校对：苏　梅
封面设计：时代澄宇

出版发行　中国林业出版社
（100009，北京市西城区刘海胡同7号，电话：010-83223120）
电子邮箱：cfphzbs@163.com
网　　址：www.forestry.gov.cn/lycb. html
印　　刷：河北京平诚乾印刷有限公司
版　　次：2023年7月第1版
印　　次：2023年7月第1次印刷
开　　本：787mm×1092mm　1/16
印　　张：17.75
字　　数：360千字
定　　价：78.00元

《山西林下植物识别》编写人员

主　编　王刚狮

张海军

副主编　刘瑞霞

时宝凌

编写人员（按姓氏笔画排序）

王刚狮（山西林业职业技术学院）

王志敏（山西绿亚丰润农林开发有限公司）

刘瑞霞（山西林业职业技术学院）

时宝凌（山西林业职业技术学院）

张　静（山西林业职业技术学院）

张庆辉（山西绿亚丰润农林开发有限公司）

张海军（北京东方兴源林业生态研究院）

陶　莉（山西省林业和草原资源调查监测中心）

柴　康（山西绿亚丰润农林开发有限公司）

董　凯（山西绿亚丰润农林开发有限公司）

雷淑慧（山西林业职业技术学院）

裴淑兰（山西林业职业技术学院）

序

我国是全球生物多样性最丰富的国家之一，已知的高等植物有3.7万余种，约占全球的10%，其中的90%是野生植物，有相当大的部分生长在林下。随着人类文明从取食森林植物的原始文明逐步进化到农耕文明，这些野生的植物资源作为地球生态系统中非常基础的一环，为人类提供了粮食、蔬菜、药材、木材、花卉和氧气等丰富的生存物资，同时也是重要的战略资源，蕴含着多样的生物遗传基因，更是文化发展的物质载体和灵感源泉。党的十八大以来，以习近平同志为核心的党中央以前所未有的力度抓生态文明建设，美丽中国建设迈出重大步伐，我国生态环境保护发生历史性、转折性、全局性变化。习近平总书记强调：生态兴则文明兴，生态衰则文明衰。

党的十八大以来，我国持续加强对珍稀濒危野生动植物及其栖息地的拯救保护。据国务院新闻办公室2021年10月发表的《中国的生物多样性保护》白皮书介绍，我国已建立植物园（树木园）近200个，收集保存了2万多个物种，占我国植物区系的2/3。《国家重点保护野生植物名录》《中华人民共和国野生植物保护条例》等一系列政策法规陆续颁布。继国务院批准设立国家植物园之后，又批准设立了华南国家植物园，这标志着具有中国特色、国际一流的国家植物园体系建设进入新阶段，植物多样性保护的稳定性和可靠性进一步提升。随着这些强有力保护措施的实施，大量珍贵濒危野生动植物种群将实现恢复性增长。作为生态文明建设根本任务之一的野生植物资源调查研究、科学保护和有序利用，必将培育出一个有益人类健康的绿色产业，产生巨大的社会和经济效益。

山西省位于黄土高原东部，地形复杂、气候多样，随着植树造林、封山育林等生态建设工程的实施，全省森林面积从新中国成立初期的450多万亩上升到5542.93万亩，森林覆盖率从2.3%上升到23.57%。环境的改善，孕育了丰富的植物资源，全省现共有高等植物160多科3000多种，呈现出“表里山河、绿水青山”的生态底色，对于保护生物多样性、植物资源可持续利用、促进经济和社会发展、改善生态环境具有十分重要的意义。认识和了解野生植物是进行植物资源调查研究工作的重要前提，为了普及林下植物识别知识，满足广大林草基层技术人员、资源调查人员、科研工作者和植物爱好者的需求，山西林业职业技术学院林草资源调查与利用课题组秉持着爱岗敬业的执着追求、乐于奉献的职业操守、持之以恒的工作态度、务实苦干的奋斗热情、精益求精的严谨作风，在山西省林业和草原局的大力支持和学院领导的悉心指导下，对山西省林下植物资源进行了系统的野外调查，并在调查的基础上，整理完成了《山西林下植物识别》。

本教材以山西省林下植物识别为主要内容，共收录林下植物475种，通过原色图谱、中文名、学名、鉴别特征及其生长分布情况对林下植物进行描述，并介绍了其应用范围，内容丰富、图文并茂、通俗易懂，能让读者有更直观的感受并学到相应知识，具有地方性、科学性、时代性和实用性的特点，填补了山西省林下植物识别图册的空白。可为山西省林下种质资源或基因资源的收集、保存和创新利用提供极为重要的基础信息和科学依据，同时也可为山西省调整种植结构、提高土地利用率和区域经济效益、科学合理发展林下经济提供理论依据。此外，对于促进林下生态系统研究，构建生态文化体系，开展全民生态教育，增强全民生态意识，普及生态知识，增强每个社会成员建立生态文明的自觉性，推动区域生态环境建设等也有重要的意义。

让我们更加敬重自然，共同领略植物世界的奥秘，体验大自然的和谐与美丽！

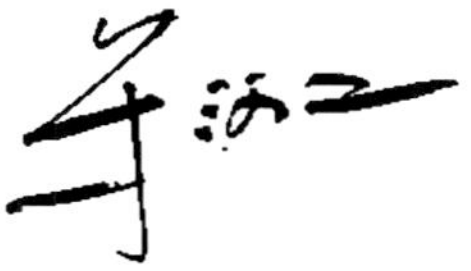

2023 年 3 月

前言

在常规林草资源调查工作中，森林建群树种和面积较大的草地植物因其种类少、数量多、形态特征鲜明，便于识别，一直以来都是调查的重点，而林下植物种类繁多，同属不同种之间特征区分不明显，同一种植物在不同生境条件及不同物候期形态特征变化较大，因此很难准确识别，成为野生植物资源调查工作的难点，影响了各类调查的准确性和科学性。

为解决现有资料因覆盖面大、针对性不强，调查人员难以精准识别的现状，山西林业职业技术学院林草资源调查与利用课题组在山西省林业和草原局的支持下，于 2021 年立项开展了“山西林下植物资源调查研究”，项目组在对山西省林下植物资源系统调查的基础上，结合多年野生植物资源调查工作实践，整理完成《山西林下植物识别》。

本书根据当前林草行业岗位需求、结合山西林草资源调查特点，将林下植物原色图谱和识别要点紧密结合的同时，同时介绍了其生长环境、分布范围和生产应用等系统性知识。共收录山西林下植物 475 种，隶属于 86 科 303 属。在区分乔木、灌木和草本的前提下，采用最新的被子植物分类系统——APG IV 系统，保证了与植物分类研究前沿的各类数字化资源的统一。

本书由王刚狮和张海军任主编，刘瑞霞和时宝凌任副主编。具体编写分工如下，王刚狮编写绪论 0.2 植物分类基础和 0.3 森林和森林中的植物；时宝凌编写单元 3 草本及草质藤本中北马兜铃至蒙古葶苈内容；刘瑞霞编写单元 3 草本及草质藤本中蕁菜至变豆菜内容；张静编写单元 1 林下乔木和单元 2 灌木及木质藤本内容；陶莉编写绪论 0.1 植物的形态学术用语部分；张海军、王志敏、董凯、柴康和张庆辉提供部分图片资料。全书由雷淑慧和裴淑兰统稿。

本书能够满足新时期林草行业和生产实践的新要求，适用于林草职业培训和林业类专业学生学习，也可作为森林和草原资源保护、水土保持技术、研学旅行管理与服务等有关专业师生和广大基层技术人员、科研工作者和植物爱好者学习和参考。

由于编者水平所限，时间也较紧迫，书中错漏之处在所难免，敬请读者提出宝贵意见，以供今后改进修订。

编者

2023 年 3 月

目录

绪论

0.1 植物的形态学术用语

种子植物是植物界种类最多、最高级的类群，是组成森林的主体。根、茎、叶、花、果实、种子是种子植物的六大器官，其中根、茎、叶执行养料、水分的吸收、运输、转化、合成等营养功能，称为营养器官；而花、果实、种子，称为繁殖器官。

0.1.1 根

（1）根系

一株植物地下部分根的总体称为根系。从主根发育的情况可将其分为直根系和须根系。依据根系在土壤中的分布状况，可分为深根系和浅根系。

直根系多属深根系，主根发达，垂直向下生长，深入土层可达 3 ～ 5m，甚至 10m 以上；须根系常属浅根系，主根不发达，侧根或不定根向四面扩展，以水平方向的生长占优势，长度远超过主根，根系大部分分布在土壤表层。

（2）根的变态

①贮藏根

肉质直根：具有肉质肥大的根，无明显的地上茎枝，一株植物只有一条主根，如萝卜 *Raphanus sativus*、胡萝卜 *Daucus carota* var. *sativa*。

块根：由不定根或侧根膨大而成，形状不规则，如番薯 *Ipomoea batatas*、大丽花 *Dahlia pinnata*。

②气生根　从茎上长出的不定根，暴露在空气中，主要有支柱根、呼吸根、攀缘根等类型。

支柱根　从茎杆上或近地表的茎节上长出，向下伸入土壤中，成为增强植物整体支持力量的辅助根系，如玉米 *Zea mays*、榕树 *Ficus microcarpa* 等。

呼吸根　生长于沼泽地带或水边的植物，一部分根背地向上生长，露出地面，能帮助地下根系进行呼吸的不定根，如红树 *Rhizophora apiculata* 、水松 *Glyptostrobus pensilis* 等。

攀缘根　从藤本植物的茎藤上长出，是用于帮助植物体攀附于其他物体上的不定根，如常春藤 *Hedera nepalensis* var. *sinensis* 等。

③寄生根　寄生根又称吸根或吸器，茎上长有不定根插入寄主的茎中吸取养料和水分，根端膨大部分是吸器，如桑寄生 *Taxillus sutchuenensis*、菟丝子 *Cuscuta chinensis*。

0.1.2 茎

茎是连接根、叶的结构，除少数生于地下外，一般是组成植物地上部分的枝干，在其上着生叶、花和果实。它的主要功能是输导和支持。

（1）茎的分类

不同植物的茎在长期进化过程中，形成各自的生长习性，以适应不同的环境条件。按照茎的生长习性，可分为直立茎、缠绕茎、攀缘茎、匍匐茎 4 种。

①直立茎　茎内机械组织发达，茎本身能够直立生长，这种茎称为直立茎，如毛白杨 *Populus tomentosa*、向日葵 *Helianthus annuus* 等。

②缠绕茎　茎幼时机械组织不发达而柔软，不能直立生长，但能够缠绕于其他物体上向上生长，如牵牛花 *Ipomoea purpurea*、菜豆 *Phaseolus vulgaris* 等。

③攀缘茎　茎幼时较柔软，不能直立生长，以特有的结构攀缘在其他物体上向上生长，如黄瓜 *Cucumis sativus*、葡萄 *Vitis vinifera* 等。

④匍匐茎　茎细长柔弱，只能沿地面蔓延生长，一般节间较长，节上能产生不定根和不定芽而长成新的植株，如草莓 *Fragaria* × *ananassa*、甘薯 *Dioscorea esculenta* 等。

（2）茎的生长特点

根据直立茎及木质化程度的不同，可分为草本植物和木本植物。木本植物根据植株高度及分枝部位等不同，又可分为乔木（小乔木和大乔木）和灌木两种。草本植物可分为一年生、二年生和多年生草本植物。藤本植物是指茎干细长，自身不能直立生长，必须依附他物而向上攀缘的植物，依据茎的质地不同又分为草质藤本和木质藤本。

0.1.3 叶

叶是由芽的叶原基分化而形成的，通常绿色，是植物进行光合作用、蒸腾作用和气体交换的器官。

（1）叶的组成

叶可分为叶片、叶柄和托叶 3 部分。

（2）叶序

叶在茎上的排列方式称为叶序。叶序的类型主要有：

①互生　每个节上只着生一个叶，称为互生。

②对生　每个节上相对着生两个叶，称为对生。

③轮生　每个节上着生 3 片或 3 片以上的叶，称为轮生。

④簇生　2 片或 2 片以上的叶着生在节间极度缩短的茎上，称为簇生。

（3）叶缘

叶缘即叶片的边缘。常见的类型有全缘、锯齿、重锯齿、波状等。

（4）叶裂

叶裂是指叶缘具有较大缺刻的边缘形态，可依据形状及程度的不同进行划分。

根据叶裂的形状分为掌状裂和羽状裂。

根据叶裂的程度分为浅裂、深裂、全裂。

（5）单叶和复叶

植物的叶有单叶和复叶两类。根据小叶在叶轴上的排列方式和数目的不同，复叶可分为羽状复叶（奇数羽状复叶和偶数羽状复叶）、掌状复叶、三出复叶、单身复叶。

0.1.4 花

花是种子植物进行有性繁殖的主要器官，是种子植物固有特征之一。

（1）花的组成

花一般由花梗、花托、花被（包括花萼、花冠）、雄蕊群、雌蕊群几个部分组成。

（2）花的类型

一朵花中，同时具有雌蕊和雄蕊的花称为两性花；只有雄蕊或只有雌蕊且发育正常的花，称为单性花。单性花中，只有雄蕊的花称为雄花，只有雌蕊的花称为雌花。雌花和雄花生长在同一植株上的，称为雌雄同株；雌花和雄花生长在不同植株上的，称为雌雄异株。

花冠是由若干花瓣组成的，花瓣基部彼此完全分离的花冠称为离瓣花冠，常见的有蔷薇花冠、十字花冠、蝶形花冠；花瓣全部或基部合生的花冠称为合瓣花冠，常见的有钟状花冠、漏斗状花冠、高脚碟状花冠、轮状花冠、管状花冠、唇形花冠及舌状花冠。

（3）花序

有些植物的花是单独着生在枝顶或叶腋，称为单生花，而有些植物的花在花枝（花轴）上按照一定的规律排列而形成花序。常见的花序类型有总状花序、穗状花序、柔荑花序、伞房花序、伞形花序、复伞形花序、复总状花序、头状花序、隐头状花序、单歧聚伞花序、二歧聚伞花序、多歧聚伞花序、轮伞花序等。

0.1.5 果实

果实是被子植物的花经传粉、受精后，由子房或子房附近其他部分参与发育形成的生殖器官。果实一般包括果皮和种子两部分。根据果实的形态结构可分为 3 类，即单果、聚合果、聚花果。

（1）单果

由一朵花中的单雌蕊或复雌蕊形成的果实，称为单果。根据果皮的性质与质地又分为肉质果与干果。

①肉质果　果皮肉质而多汁，成熟时不开裂，称为肉果。肉果的常见类型包括：浆果、梨果、柑果、核果、瓠果。

②干果　果实成熟后果皮干燥的果实称为干果，根据果实成熟后果皮是否开裂分为裂果和闭果。

裂果　果实成熟后果皮开裂，依据心皮数目和开裂方式不同分为蓇葖果、荚果、角果、蒴果。

闭果　果实成熟后果皮不开裂。可分为瘦果、颖果、翅果、坚果、分果。

（2）聚合果

一朵花中具有许多离生雌蕊，以后每一雌蕊形成一个小果，许多小果聚生在同一花托上，叫作聚合果，如草莓。

（3）聚花果

由一个花序发育而成的果实，称为聚花果或复果，如桑、凤梨和无花果。

0.1.6 种子

种子是种子植物特有的器官，由胚珠受精后发育而成，主要功能是繁殖。种子由种皮、胚和胚乳 3 部分组成。

（1）种皮

种皮由珠被发育而来，有的种子在种皮外尚有假种皮，有的假种皮肉质，如龙眼 *Dimocarpus longan* 等；有的假种皮是膜质的如砂仁 *Amomum villosum* 等。种皮的层数、厚薄、色泽和附属物等因植物种类不同而异。

（2）胚

胚由卵细胞受精后发育而成，是包在种子内的尚未发育的幼小植物体，由胚根、胚轴、胚芽和子叶4部分组成。

（3）胚乳

胚乳是极核受精后发育而成，一般位于胚的周围，呈白色，是种子内的营养组织。有些植物的种子没有胚乳，但子叶肥大，这是因为在胚形成的过程中，胚乳的营养物质全部转移到子叶里。

0.2 植物分类基础

0.2.1 植物分类的方法

自然界目前已知的植物种类有50余万种，分布极广，几乎遍及全球。为了更好地认识、发掘、利用植物资源，在人们认识植物的漫长过程中出现了很多分类方法，但就其实质来看可归纳成两种：人为分类法和自然分类法。

（1）人为分类法

人为分类法是按照人们的目的和方法，以植物一个或几个特征或经济意义作为分类依据的分类方法。例如，按茎的形态将植物分为乔木、灌木、藤本和草本；按用途分为粮食作物、经济作物、药用植物和观赏植物等。此方法实用性强，使用方便，但不能反映植物类群的进化规律与亲缘关系，且分类范围有局限性，不能包括所有自然种群。

（2）自然分类法

自然分类法主要是以植物的形态和解剖构造特征、特点以及植物化石等作为分类依据的分类方法。这种分类方法科学性较强能反映植物类群间的进化规律与亲缘关系，在生产实践中也有重要意义，如可以根据植物亲缘关系选择亲本以进行人工杂交，培育新种，也可以根据亲缘关系探索植物资源。

根据自然分类法建立起来的分类系统称为自然分类系统。1892年，德国植物学家恩格勒和帕兰特提出了第一个比较完整的植物界自然分类系统——恩格勒系统，包括低等植物和高等植物，这一系统至今仍被广泛采用。此后，各国研究者又陆续提出了哈钦松系统（1926年，英国）、塔赫他间系统（1954年，苏联）和克朗奎斯特系统（1968年，美国）。

随着以DNA测序为基础的分子系统学的日趋成熟，1998年，被子植物种系发生学组提出了被子植物APG分类法。这种分类法和传统的依照形态分类不同，主要是依照植物的3个基因组DNA的顺序，以亲缘分支的方法分类。

0.2.2 植物分类单位

种是分类的基本单位，也是各级单位的起点。所谓种，是指起源于共同的祖先，具有相似的形态特征与生物学特性，以及要求一定的生存条件的生物类群，能进行自然交配，产生正常后代（少数例外），并具有一定自然分布区和一定生殖隔离。因此，每一个种都有自己的特征和特性，并以此区别其他种。例如，毛白杨 *Populus tomentosa*、山杨 *Populus davidiana*、油松 *Pinus tabuliformis*、马尾松 *Pinus massoniana*、苹果 *Malus pumila* 都是具有不同特征的种。

把相近的种组合为属，相近的属组合

为科，依据同样的原则依次组合，形成了分类系统的各级单位，即界、门、纲、目、科、属、种。在各级分类单位中，又可根据实际需要，再划分为亚门、亚纲、亚目等。这些分类单位按顺序排列，有助于识别植物和表达植物间的亲缘关系和系统地位。现以油松为例说明其在分类学上的系统地位。

界：植物界
门：种子植物门
亚门：裸子植物亚门
纲：松柏纲
目：松柏目
科：松科
属：松属
种：油松

在实际应用中，种内个体由于受环境影响而产生显著差异时，可根据实际需要，在种下划分变种、亚种、变型和品种等等级单位。其中，变种是使用最广的种下等级，用于因不同生态环境的影响，而在形态上具有一定变异特征的变异居群；品种不是植物分类学上的单位，是人工栽培植物的种内变异，不存在于野生植物中。

0.2.3 植物的命名方法

每种植物在不同的国家、不同的地区有不同的名称，即使在同一国家也因地区不同常常出现同物异名或异物同名的混乱现象。因此，为了便于研究和学术交流，有必要给每一种植物制定世界统一的科学名称。国际上采用瑞典植物学家林奈所倡导的双名法作为统一的植物命名法，并制定了相应的国际植物命名法规。

根据命名法规的规定，每一种植物只能有一个正式的学名，一个完整的学名由属名＋种加词＋命名人姓氏 3 部分构成。如银杏 *Ginkgo biloba* L.，其中，*Ginkgo* 是属名，*biloba* 是种加词，L. 是定名人林奈姓氏缩写。学名的书写规则是：属名多是名词，第一个字母大写；种加词多为形容词，用以描述该种的主要特征，全部字母用小写；命名人的名字在字母音节较多情况下，一般采用缩写形式，第一个字母大写。因植物学名是用拉丁文或拉丁化的文字进行命名的，所以又称拉丁名。

变种的学名是在原种种名后面加上 var.，再加上变种加词和变种命名人。如山里红（*Crataegus pinnatifida* var. *major* N. E. Br.）因果实大，裂叶浅被当作山楂（*Crataegus pinnatifida* Bunge）的变种。

亚种的学名是在原种种名后面加上 ssp. 或 subsp.，再加上亚种加词和亚种命名人。如沙棘（*Hippophae rhamnoides* Linn）为欧洲北部海滨植物，本种分为 9 个亚种。其中，中国沙棘（*Hippophae rhamnoides* subsp. *sinensis* Rousi）仅产于中国北部及西部，而云南沙棘（*Hippophae rhamnoides* subsp. *yunnanensis* Rousi）分布于中国西南部，二者在地理分布上完全隔离。

变型的学名是在原种种名后面加上 f. 或 forma.，再加上变型加词和变型命名人。如灰楸（*Catalpa fargesii* Bur.）有一个无毛的变型被定名为滇楸（*Catalpa fargesii* f. *duclouxii* Dode）。

0.3 森林和森林中的植物

0.3.1 森林的概念和功能

《淮南子》有“木丛曰林”，这是

古人对森林的最早认识。从这一认识出发，人们将森林定义以乔木为主体的林木群落。

现代研究表明，森林不仅是众多乔木的组合，森林的生长、发育、演替，与一定的气候、土壤、地理条件密切相关，更与其他动物、植物、微生物共同组成一个有机整体。现在一般把森林理解为：以乔木为主体的生物群落，是乔木与其他植物、动物、微生物以及无机环境之间相互依存、相互制约、相互影响而形成的一个生态系统。

森林是陆地生态系统的主体，也是陆地上最庞大、最复杂、多物种、多功能与多效益的生态系统。这一生态系统的全部活动与表现过程，会对当地及周围环境产生不同程度的影响，即表现为森林的功能。森林的功能主要有以下 3 个方面。

（1）经济功能

森林能向人类提供大量的木材和林副产品，是林业生产的物质基础。木材作为用于国民经济建设的四大原材料之一，被广泛应用于生产生活的方方面面，如建筑、家具、装修、造船、造纸、燃料等。森林还能提供各种各样的其他林产品，如松脂、栲胶、虫蜡、香料、甲醇、乙醇等工业原料，果实、种子、根茎、菌类、动物等各种食物，以及其他大量的动植物性副产品和药材等。

（2）生态功能

森林被誉为大自然的总调节器和“地球之肺”，维持着全球的生态平衡。森林具有涵养水源、保持水土、防风固沙、防灾减灾、吸尘杀菌、净化空气、调节气温、改善气候、保护物种、保存基因、固碳释氧等多种生态功能，是维护地球生态安全的重要保障。科学家曾断言，如果森林从地球上消失，全球 90% 以上的生物将灭绝，人类将无法生存。

（3）社会功能

茂密的森林可以满足人们的精神需求，陶冶情操、提高健康水平，是精神文明建设的重要组成部分。此外，林业也会为社会提供大量的就业岗位，林业的发展还能增加山区农民收入，为农民提供致富的途径，促进“三农”问题的解决。如今蓬勃发展的森林康养，就是深入践行“绿水青山就是金山银山理念”、满足新时代人民生态产品需求、促进农民就业增收的重要途径，也是实施健康中国战略、乡村振兴战略的重要措施。

0.3.2 森林的组成

森林的组成较为复杂，有生物成分中的植物、动物、微生物等，也有非生物中的光、热、水、气、土等。但在森林群落中，乔木是最引人注目的部分，也是各种效益中最大的部分，由于乔木的建群作用，其他与其共同生活的生物的种类组成、数量、生长状况都随乔木结构特点的变化而变化。因而在林业生产实践中，森林的组成，主要就是指乔木树种的组成。所谓树种组成，是指组成森林的乔木树种及其所占的比重。根据树种组成，可将森林划分为单纯林和混交林。

（1）单纯林

单纯林又称纯林，是指由一种树种组

成，或虽由多种树种组成，但主要树种的株数或断面积或蓄积量占总株数或总断面积或总蓄积量的65%（不含）以上的森林。

（2）混交林

混交林是指由两种或两种以上树种组成的森林。在混交林中数量上占优势的树种称为优势树种，其他数量上较少的树种称为混交树种。在森林经营中有时还将树种分为目的树种和非目的树种，目的树种通常是指经营价值较高的树种，是人们培育经营的对象，否则就称为非目的树种。目的树种和非目的树种，主要是根据不同地区的林木生长情况，符合一定经营目的要求来确定的。

树种组成以十分法表示，例如，10华表示华山松纯林；8松2栎，表示松占80%，栎占20%。树种在林分中所占比重不足一成，仅有2%～5%时，以“+”号表示，在2%以下时，则以“–”号表示，如8松2栎+椴–榆，表示林分中松占8成，栎占2成，椴不足1成，仅占2%～5%，榆所占的比重在2%以下。其中的百分比可以根据各树种的株数或蓄积量占总株数或总蓄积量的比率确定。

0.3.3 森林的层次

森林的层次是指森林中各种植物成分所形成的垂直结构。通常可分为乔木层、灌木层和草本植物层3个基本层次。

（1）乔木层

乔木层由高大的乔木树种组成，位于森林群落的最上层，是森林的主体，其树冠的枝叶表面可吸收到充足的阳光进行光合作用。在乔木层林冠下，经常还有由它们自身繁殖的后代，这些幼年植株是乔木层的后继者，是林业经营中后代更新和封山育林的基础，关系着森林群落的发展前景，应给予重视。其中1年生植株称为幼苗，2年生及以上的则称为幼树。

乔木层中，通常高大的树种处于最上层，稍矮的则处于次层或更下一层，这样，就使林冠分布于不同的层次，由此而有林层（或称林相）的概念。林层是指乔木树冠的垂直配置所构成的层次。

按照林层（林相）一般可将森林分为单层林和复层林。单层林是指林冠高低相差不大，分不出明显的层次，也就是仅由一层林冠组成的林分。复层林是指林冠高低有一定层次，即由两层及以上林冠组成的林分，或称双层林、三层林等。在复层林中，植株最多，盖度最大的层次为主林层，其他则为次林层，主林层可能是乔木层中的第一层，也可能是第二层。主林层对光照的吸收、反射和透射有很大影响，因而，也影响到主林层下的光量和光质、温度、湿度等小气候条件，其在创造林内小环境中起主导作用。

乔木层中亚层次的多少，主要取决于气候、土壤条件和林冠特性。越往南层次越多，越往北则越少。北方寒冷的地区易形成单层林，温暖湿润的南方易形成复层林，热带雨林的林冠层次有时可分为4～5层。

（2）灌木层

灌木层处于乔木层以下，是所有灌木型木本植物的总称，包括灌木及生长不能达到乔木层高度的乔木，在林业上灌木层有时也被称为下木层。林冠层下到达灌木层的光照强度大为减弱，所以灌木层树种一般都具有一定的耐阴性。灌木层在改变林内的小气候条件，促进林木的自然整枝、改良林地土壤、截拦地表径流、防止土壤侵蚀、影响天然更新等方面，都具有很大的作用。

（3）草本植物层

草本植物层位于灌木层之下，生长在森林的最下一层，覆盖在林地表面，包括地衣、苔藓在内的所有草本植物。为了与覆盖在土壤表层的死地被物（枯落物和一切死有机体）区别，又称活地被物层。在该层次中，光照强度显著减弱，一般占入射光的1%～5%，故在某些郁闭的森林内往往草本植物稀少。在落叶林内，草本植物层中有一定数量早春的阳生种类，而常绿阔叶林下的草本植物层大多由阴生种类组成。草本层对林地有遮蔽和改良作用，它们可作为判断林地土壤性质的依据之一，如林下大叶、肉质多汁的植物较多，通常表明土壤较为潮润肥沃。但茂密的草本植物层对天然更新常有一定妨碍作用。

森林中还生长着一些没有固定层次的植物，如藤本植物、寄生植物和附生植物等，它们有时处于乔木层，有时处于灌木层，在森林中的地位很不稳定，它们本身不能形成层次，而是依附于其他层次，因而称其为层间植物或层外植物。这些植物是热带森林中很显著的组成成分，有一定的指示意义。

综上所述，森林的层次是森林植物与环境作用的结果，具有重要的生态意义，林内各层植物都分别占有适合其本身生长的小生境，而此小生境又依赖于其上面各个层次，特别是主林层。发育完好的森林中，各个层次的植物种类都具有相互适应性和相对稳定性，各个层次特别是下层对位于其上面的层次具有更大的依赖性。如果上层林木被毁，必然导致林内环境的改变，原来依附于上层林木而存在的下层植物自然也跟着消失，或被另外一些植物所代替。

0.3.4 森林的起源

森林的起源即森林发生的方式，在林业生产实践中，按照森林的起源，可将森林分为天然林和人工林两类。

（1）天然林

天然林指天然起源的森林，包括自然形成与人工促进天然更新或者萌生所形成的森林。天然林是森林资源的主体和精华，是自然界中群落最稳定、生态功能最完备、生物多样性最丰富的陆地生态系统，是维护国土安全最重要的生态屏障。

（2）人工林

人工林是指人工植苗（包括植苗、分植、扦插）、直播（穴播或条播）或飞播方式形成的森林、林木、灌木林（包括人工林采伐后萌生形成的森林）。

无论天然林还是人工林，凡是由种子起源的森林都称为实生林。当原有林木被采伐或自然灾害（火烧、病虫害、风害等）破坏后，有些树种可由根株上萌发或由根蘖萌芽而形成森林，称为萌生林或萌芽林。

幼小的萌生林常成簇状生长，萌生林大多数为阔叶树种，如山杨、白桦、栎类等，少数针叶树种，如杉木，也能形成萌生林。

确定林分起源的方法主要有查阅已有的资料、现地调查或访问等。现地调查时，可根据林分特征进行判断，如人工林有较规则的株行距，林木分布比较均匀整齐，树种较单纯，多为单纯林；或者几个树种在林地上的分布具有某种明显的规律性，同时，树木年龄基本相同，一般为同龄林，林下植物种类也相对单一。天然林则相反，没有规则的株行距，林木分布不均匀，没有规则的树种结构和比例，林下植物种类较多，林内生物多样性较为丰富。

0.3.5 森林的类型

（1）按森林外貌划分

可将森林分为针叶林、阔叶林和针阔叶混交林。

①针叶林　是以针叶树为建群种所组成的各类森林的总称。针叶林包括常绿和落叶，耐寒、耐旱和喜温、喜湿等类型的针叶纯林和混交林。针叶林主要由云杉、冷杉、落叶松和松树等属一些耐寒树种组成，通常称为北方针叶林。其中由落叶松组成的称为明亮针叶林，而以云杉、冷杉为建群树种的称为暗针叶林。

②阔叶林　是由阔叶树种组成的森林。阔叶林分为冬季落叶的落叶阔叶林（又称夏绿林）和四季常绿的常绿阔叶林（又称照叶林）两类。阔叶林的组成树种繁多，中国的经济林树种大部分是阔叶树种，它除生产木材外，还可生产木本粮油、干鲜果品、橡胶、紫胶、栲胶、生漆、五倍子、白蜡、软木、药材等产品；壳斗科许多树种的叶片还可喂饲柞蚕；另外，蜜源阔叶树种类也很丰富，可以开发利用。

③针阔叶混交林　是寒温带针叶林和落叶阔叶林间的过渡类型。其通常由栎属、槭属、椴属等阔叶树种与云杉、冷杉、松属的一些种类混合组成。

（2）按森林的主导功能划分

可以将森林分为特种用途林、防护林、用材林、经济林和能源林。

①特种用途林　特种用途林是以国防、环境保护、科学实验等为主要目的的森林和林木，包括国防林、科教实验林、种质资源林、环境保护林、风景林、文化林和自然保存林。

②防护林　防护林为了保持水土、防风固沙、涵养水源、调节气候、减少污染所经营的天然林和人工林，包括水源涵养林、水土保持林、防风固沙林、农田牧场防护林、护路护岸林和其他防护林。

③用材林　用材林是以生产木材、竹材为主要目的的森林。可分为一般用材林和纤维用材林（生产造纸、人造板、人工纤维原料等）。

④经济林　经济林是以生产果品，食用油料、饮料、调料，工业原料和药材等为主要目的的森林。

⑤能源林　能源林是以生产燃料和其他生物质能源为主要培育目的的森林。

1. 领春木（水桃、正心木）

单元1 林下乔木

Euptelea pleiosperma

【科属】领春木科 Eupteleaceae 领春木属 *Euptelea*

【形态特征】落叶小乔木或灌木。单叶互生，叶纸质，卵形或近圆形，稀椭圆状卵形或椭圆状披针形，先端尾尖基部楔形或宽楔形，叶缘上部有粗锯齿，下部或近基部全缘。花两性无花被，先叶开花，6～12 朵簇生；苞片椭圆形。翅果褐色。种子 1～2，黑色，卵形。花期 4～5 月，果期 7～8 月。

【分布生境】分布于河北、山西、浙江、河南、湖北、湖南、重庆、四川、贵州、云南、西藏、陕西、甘肃。山西分布于中条山。生于海拔 900～3600m 沟谷、溪边杂木林中。

【经济价值】种群数量少，是典型东亚植物区系特征种，第三纪孑遗植物和珍稀古老树种，对于研究古植物区系和古代地理气候有重要的学术价值。木材纹理美观，可做高档家具或仪器表盒等。树形优美，树干通直，花果成簇，红艳夺目，是优美的庭院树种。

2. 山白树（秃山白树）

Sinowilsonia henryi

【科属】金缕梅科 Hamamelidaceae 山白树属 *Sinowilsonia*

【形态特征】落叶小乔木或灌木状。单叶互生，叶纸质或膜质，倒卵形；先端急尖，基部圆形或微心形，稍不等侧，叶面绿色，脉上略有毛，叶背有柔毛。雄花总状花序，萼筒极短，萼齿匙形；雌花穗状花序，基部有 1～2 片叶子，萼筒壶形，均有星毛。果序长，轴稍增厚，有不规则棱状突起，被星状茸毛。蒴果无柄，卵圆形，先端尖，被灰黄色长丝毛，萼筒宿存，被褐色星状茸毛，与蒴果离生。

【分布生境】分布于北京、山西、福建、山东、河南、湖北、重庆、四川、陕西、甘肃。山西中条山有分布。生于海拔 1100～1600m 的山谷、杂木林中。

【经济价值】中国特有，第三纪遗留下来的古老种类，对于研究被子植物的起源和早期演化以及中国植物区系的发生、演化和地理变迁具有重要的科研价值。木料结构细致、纹理通直、材质坚硬，是制造家具等的优良木材。园林中可培育应用。

3. 花楸树（百华花楸、红果臭山槐、泰山花楸、山槐子）
Sorbus pohuashanensis

【科属】蔷薇科 Rosaceae 花楸属 *Sorbus*

【形态特征】落叶小乔木。嫩枝具茸毛，老时无毛。奇数羽状复叶互生，小叶5～7对，卵状披针形或椭圆状披针形，有细锐锯齿，基部或中部以下近于全缘，叶面具疏茸毛或近无毛，叶背有茸毛或无毛，叶轴幼时有白色茸毛。复伞房花序具多花，密被白色茸毛，蔷薇花冠白色，花瓣5，宽卵形或近圆形。梨果近球形，成熟时红或橘红色，萼片宿存。花期6～7月，果期9～10月。

【分布生境】分布于北京、天津、河北、山西、内蒙古、辽宁、吉林、黑龙江、江苏、浙江、安徽、江西、山东、湖南、重庆、四川、贵州、云南、陕西、甘肃、青海、新疆。山西中北部山区均有分布。生于海拔900～2500m山谷杂木林中。

【经济价值】果实、种子、茎和皮都可入药。果实还可酿酒，制果酱、果醋及入药。树形优美多姿，是优良的庭园风景树。

4. 北京花楸（红叶花楸、北平花楸树、白果花楸）
Sorbus discolor

【科属】蔷薇科 Rosaceae 花楸属 *Sorbus*

【形态特征】与花楸的区别在于：冬芽、嫩枝无毛。小叶至基部均有细锐锯齿，两面均无毛，叶轴无毛。复伞房花序较疏散，无毛。梨果卵圆形，白色，老时黄色。花期5～6月，果期8～9月。

【分布生境】分布于北京、天津、河北、山西、辽宁、吉林、黑龙江、安徽、山东、河南、湖南、陕西、甘肃、青海。山西各林区均有分布。生于海拔1500～2500m阔叶混交林中。

5. 水榆花楸（枫榆、花楸、黄山榆、水榆、苗榆）
Sorbus alnifolia

【科属】蔷薇科 Rosaceae 花楸属 *Sorbus*

【形态特征】落叶乔木。小枝圆柱形，具灰白色皮孔，幼时微具柔毛，2年生枝暗红褐色，老枝暗灰褐色。单叶互生，叶片卵形至椭圆卵形，先端短渐尖，基部宽楔形至圆形，边缘有不整齐的尖锐重锯齿。

复伞房花序较疏松，具小花6～25朵，蔷薇花冠白色，花瓣卵形或近圆形，先端圆钝。梨果椭圆形或卵形，红色、黄色。花期5～6月，果期8～9月。

【分布生境】分布于北京、天津、河北、山西、辽宁、吉林、黑龙江、江苏、浙江、安徽、福建、江西、山东、河南、湖北、湖南、广东、广西、重庆、四川、贵州、云南、西藏、陕西、甘肃、宁夏。山西中南部山区均有分布。生于海拔500～2300m山坡、山沟或山顶混交林或灌木丛中。

【经济价值】木材供作器具、车辆及模型用，树皮可作染料，纤维供造纸原料。树冠圆锥形，秋季叶片转变成猩红色，可作观赏树。

6. 稠李（臭李子）
Prunus padus

【科属】蔷薇科 Rosaceae

李属 *Prunus*

【形态特征】落叶乔木。单叶互生，叶椭圆形、长圆形或长圆状倒卵形，先端尾尖，基部圆或宽楔形，有不规则锐锯齿。总状花序，基部有2～3叶，萼筒钟状，萼片三角状卵形，有带腺细锯齿，花瓣5枚，白色，长圆形。核果卵圆形，萼片脱落。花期4～5月，果期5～10月。

【分布生境】分布于北京、天津、河北、山西、内蒙古、辽宁、吉林、黑龙江、江苏、山东、河南、湖北、重庆、四川、贵州、陕西、甘肃、青海、宁夏、新疆。山西中南部山区均有分布。生于海拔880～2500m山谷林下，或山坡灌丛中。

【经济价值】种子可提取工业用油。树形优美，花叶精致，是优良观赏植物。

7. 大果榆（黄榆、毛榆、山榆）
Ulmus macrocarpa

【科属】榆科 Ulmaceae

榆属 *Ulmus*

【形态特征】落叶乔木或灌木。树皮暗灰色或灰黑色，纵裂，粗糙，小枝两侧具木栓翅，幼枝有疏毛。叶宽倒卵形，稀椭圆形，厚革质，大小差异很大，两面粗糙，叶面密生硬毛，边缘具大而浅钝的重锯齿，或兼有单锯齿。花春季先叶开放，花在去年生枝上排成簇状聚伞花序或散生于新枝的基部。翅果较大，常有毛。花果期 4 ～ 5 月。

【分布生境】分布于北京、天津、河北、山西、内蒙古、辽宁、吉林、黑龙江、江苏、浙江、安徽、山东、河南、湖北、湖南、广东、重庆、四川、云南、西藏、陕西、甘肃、青海、宁夏。山西各林区均有分布。生于海拔 700 ～ 1800m 山坡林缘、山谷沟边、黄土丘陵、固定沙丘及岩缝中。

【经济价值】可供车辆、农具、家具、

器具等用材。翅果含油量高，是医药和轻工业、化工业的重要原料。

8. 构树（毛桃、谷树、谷桑、楮、楮桃）

Broussonetia papyrifera

【科属】桑科 Moraceae 构属 *Broussonetia*

【形态特征】落叶乔木或灌木状。树体具白色汁液。树皮暗灰色，小枝密生柔毛。单叶互生，兼有对生，广卵形至长椭圆状卵形，先端渐尖，基部心形，两侧常不相等，叶缘不分裂或 3 ～ 5 裂，小树的叶常有明显分裂，具粗锯齿，叶面疏生糙毛，叶背密被茸毛，基出 3 脉。雌雄异株，雄花序柔荑花序，粗壮；雌花序头状花序，花被 4 裂。聚花果球形，成熟时橙红色，肉质，瘦果基部具肉质伸长的子房柄。花期 4 ～ 5 月，果期 6 ～ 7 月。

【分布生境】全国各地均有分布。山西中南部山区均有分布。生于石灰岩山地林缘、灌丛、田边或沟旁。

【经济价值】楮实子（构树干燥成熟果实）及根、皮药用。茎皮纤维为宣纸原料，乳汁可治皮癣。叶是很好的猪饲料。

是良好水土保持植物。

9. 桑（桑树、家桑、蚕桑）

Morus alba

【科属】桑科 Moraceae 桑属 *Morus*

【形态特征】落叶乔木或灌木。树体具白色汁液。树皮厚，灰色，具不规则浅纵裂。小枝有细毛。单叶互生，叶卵形或广卵形，叶面有光泽，边缘锯齿粗钝，有时叶为各种分裂。花单性，雌雄花均为柔荑花序，与叶同时生出；雄花序下垂，被白色柔毛，花被片宽椭圆形，淡绿色；雌花序被毛，花被片倒卵形。聚花果卵状椭圆形，成熟时红色或暗紫色。花期4～5月，果期5～8月。

【分布生境】全国各地均有分布。山西中南部山区均有分布。生于山地疏林、林缘、田边或沟旁。

【经济价值】根皮、果实及枝条入药。桑椹可以食用、酿酒。木材坚实、细密，供制家具。皮纤维柔细，可作纺织原料。叶为养蚕的主要饲料。

10. 蒙桑（裂叶蒙桑、岩桑、山桑）
Morus mongolica

【科属】桑科 Moraceae
桑属 *Morus*

【形态特征】与桑树的区别在于：小枝暗红色，老枝灰黑色。叶缘锯齿齿尖有长刺芒，叶面有毛或粗糙。芽红褐色。雄花花被暗黄色，外面及边缘被长柔毛；雌花花柱明显，花被片外面上部疏被柔毛。花期3～4月，果期4～5月。

【分布生境】分布于北京、天津、河北、山西、内蒙古、辽宁、吉林、黑龙江、江苏、浙江、江西、山东、河南、湖北、湖南、广西、重庆、四川、贵州、云南、西藏、陕西、甘肃。山西南部山区均有分布。生于海拔1900～3500m山地林中或阴湿山坡。

【经济价值】韧皮纤维系高级造纸原料，脱胶后可作纺织原料。根皮入药。

11. 橿子栎
Quercus baronii

【科属】壳斗科 Fagaceae
栎属 *Quercus*

【形态特征】半常绿灌木或乔木，小枝幼时被星状柔毛，后渐脱落。单叶互生，叶硬革质，卵状披针形，叶缘1/3以上有锐锯齿。花单性，雄花序长，花序轴被茸毛；雌花序较短，具1至数朵花。壳斗杯形，包着坚果1/2～2/3，小苞片

钻形，反曲，被灰白色柔毛，坚果卵形或椭圆形，顶端平或微凹陷。花期 4 月，果期翌年 9 月。

【分布生境】分布于山西、山东、河南、湖北、广西、重庆、四川、云南、陕西、甘肃。山西中条山有分布。生于海拔 500 ～ 2700m 的石灰岩山地杂木林中。

【经济价值】木材坚硬，耐久，耐磨损，可供车辆、家具等用材。种子含淀粉 60% ～ 70%，可作饲料。树皮和壳斗含单宁，可提取栲胶。是优良薪炭材，也是石灰岩山地水土保持树种。

12. 匙叶栎
Quercus dolicholepis

【科属】壳斗科 Fagaceae

栎属 *Quercus*

【形态特征】常绿乔木。小枝幼时被灰黄色星状柔毛，后渐脱落。叶革质，单叶互生，叶片倒卵状匙形或倒卵状长椭圆形，叶缘上部有锯齿或全缘。雄花序花

序轴被苍黄色茸毛。壳斗杯形，包着坚果 2/3 ～ 3/4，小苞片线状披针形，赭褐色，被灰白色柔毛，先端向外反曲。坚果卵形至近球形，顶端有茸毛。花期 3 ～ 5 月，果期翌年 10 月。

【分布生境】分布于河北、山西、湖北、湖南、广西、重庆、四川、贵州、云南、陕西、甘肃。山西蟒河自然保护区有分布。生于海拔 500 ～ 2800m 的山地杂木林中。

【经济价值】木材坚硬、耐久，可供制车辆、家具用材。种子含淀粉，可作饲料。树皮、壳斗含单宁可提取栲胶。

13. 鹅耳枥
Carpinus turczaninowii

【科属】桦木科 Betulaceae

鹅耳枥属 *Carpinus*

【形态特征】落叶乔木，树皮暗灰褐色，枝细瘦，灰棕色。单叶互生，叶卵形、宽卵形、卵状椭圆形或卵菱形，有时卵状披针形，边缘具重锯齿。果序长 3 ～ 5cm，

果苞被疏柔毛，内侧基部具一个内折的卵形小裂片。小坚果宽卵形，无毛，有时顶端疏生长柔毛。

【分布生境】分布于北京、天津、河北、山西、辽宁、江苏、浙江、安徽、江西、山东、河南、湖北、广东、重庆、四川、贵州、云南、陕西、甘肃。山西中南部山区均有分布。生于海拔 500 ～ 2000m 的山坡或山谷林中，山顶及贫瘠山坡亦能生长。

【经济价值】木材坚韧，可制农具、家具、日用小器具等。种子含油，可供食用或工业用。

14. 白杜（丝绵木、桃叶卫矛、明开夜合、丝棉木、华北卫矛）

Euonymus maackii

【科属】卫矛科 Celastraceae

卫矛属 *Euonymus*

【形态特征】落叶小乔木，枝及小枝不具翅。单叶对生，叶卵状椭圆形、卵圆形或窄椭圆形，边缘具细锯齿，有时极深而锐利。聚伞花序 3 至多朵，淡白绿色或黄绿色；雄蕊花药紫红色。蒴果倒圆心状，4 浅裂，成熟后果皮粉红色。种子长椭圆状，种皮棕黄色，假种皮橙红色，全包种子。花期 5 ～ 6 月，果期 9 月。

【分布生境】分布于北京、天津、河北、山西、内蒙古、辽宁、吉林、黑龙江、上海、江苏、浙江、安徽、江西、山东、河南、湖北、湖南、广东、广西、重庆、四川、贵州、西藏、陕西、甘肃、青海、宁夏、新疆。山西中南部山区均有分布。生于海拔 100 ～ 2200m 山坡林下、林缘、灌丛、山谷沟边或路旁地边。

【经济价值】木材可供器具及细工雕刻用。根及根皮入药。叶可代茶。蒴果粉红色，开裂后露出橘红色假种皮，具观赏价值。营养价值高且适口性好，是牲畜的好饲料。

15. 小果卫矛
Euonymus microcarpus

【科属】卫矛科 Celastraceae 卫矛属 *Euonymus*

【形态特征】常绿小乔木或灌木。幼枝微具4棱。单叶对生，叶薄革质，椭圆形、阔倒卵形或卵形，边缘有微齿或近全缘。聚伞花序1～4次分枝，分枝稍短，花黄绿色，花瓣近圆形。蒴果近长圆状，4浅裂，裂片向外平展。种子棕红色，长圆状，外被橘黄色假种皮。花期5～6月，果期9月。

【分布生境】分布于山西、河南、湖北、广东、重庆、四川、云南、西藏、陕西。山西垣曲县有分布。生于海拔350～1000m的山地杂木林或河边山坡。

【经济价值】根茎入药。

16. 省沽油
Staphylea bumalda

【科属】省沽油科 Staphyleaceae 省沽油属 *Staphylea*

【形态特征】落叶小乔木或灌木，树皮紫红色或灰褐色，有纵棱。三出复叶对生，小叶椭圆形、卵圆形或卵状披针形，先端锐尖，具尖尾，基部楔形或圆形，边缘有细锯齿，齿尖具尖头，叶面无毛，叶背青白色，主脉及侧脉有短毛。圆锥花序顶生，直立，萼片长椭圆形，浅黄白色，花瓣5枚，白色，倒卵状长圆形，较萼片稍大。蒴果膀胱状，扁平，2裂。花期4～5月，果期8～9月。

【分布生境】分布于北京、河北、山西、辽宁、吉林、江苏、浙江、安徽、福建、江西、河南、湖北、湖南、重庆、四川、贵州、云南、陕西。山西南部山区有分布。生于海拔800～1300m的山地疏林、山坡灌丛或路旁丛林中。

【经济价值】种子油可制肥皂及油漆。茎皮可提取纤维。可食用灌木，富含多种维生素和矿物质营养元素。叶、果均具观赏价值。

17. 膀胱果（大果省沽油）
Staphylea holocarpa

【科属】省沽油科 Staphyleaceae 省沽油属 *Staphylea*

【形态特征】与省沽油的区别在于：顶生小叶柄明显长，侧生小叶近无柄，小叶近革质，无毛，长圆状披针形或窄卵形，基部钝，先端骤渐尖，叶面淡白色，边缘有硬细锯齿。广展的伞房花序，花白色或粉红色，在叶后开放。蒴果梨形膨大，基部窄，顶平截，3 裂。花期 4 ～ 5 月，果期 8 ～ 9 月。

【分布生境】分布于河北、山西、江苏、浙江、安徽、江西、河南、湖北、湖南、广东、重庆、四川、贵州、云南、陕西、甘肃。山西南部山区有分布。生于海拔 700 ～ 1800m 的山地疏林、山坡灌丛或山谷溪畔。

【经济价值】种子可榨油，供制肥皂、油漆之用。花白色有香气，果实奇特，植株秀丽，可栽培作庭园观赏花木。

18. 盐肤木（土椿树、五倍子、五倍柴、五倍子树）
Rhus chinensis

【科属】漆树科 Anacardiaceae 盐肤木属 *Rhus*

【形态特征】落叶小乔木或灌木。小枝棕褐色，被锈色柔毛，具圆形小皮孔。奇数羽状复叶互生，小叶 7 ～ 13 枚，叶轴具宽的叶状翅，密被锈色柔毛，小叶多形，小叶椭圆形或卵状椭圆形，边缘具粗锯齿，叶背粉绿色，被白粉。圆锥花序宽大，雌花序较短，密被锈色柔毛，花瓣椭圆状卵形，边缘具细睫毛，里面下部被柔毛。核果扁球形，成熟时红色。花期 8 ～ 9 月，果期 10 月。

【分布生境】中国除内蒙古和新疆外，全国各地均有分布。山西南部山区均有分布。生于海拔 2700m 以下的向阳山坡、疏林或灌丛中。

【经济价值】根、叶、花及果均可供药用。为五倍子蚜虫寄主植物，在幼枝和

叶上形成虫瘿，即五倍子，可供鞣革、医药、塑料和墨水等工业使用。幼枝和叶可作土农药。果生食酸咸止渴，泡水代醋用。种子可榨油。

19. 青麸杨（倍子树、五倍子）

Rhus potaninii

【科属】漆树科 Anacardiaceae 盐肤木属 *Rhus*

【形态特征】小枝无毛，叶轴无翅。小叶卵状长圆形或长圆状披针形，近全缘。果近球形，稍扁，成熟时红色，密被柔毛及腺毛，核果扁球形。花期 7～8 月，果期 10 月。

【分布生境】分布于河北、山西、安徽、江西、河南、湖北、湖南、重庆、四川、贵州、云南、陕西、甘肃。山西各林区均有分布。生于海拔 900～2500m 山坡疏林或灌木中。

【经济价值】青麸杨虫瘿富含鞣质，供工业和药用。叶和树皮可提取栲胶。木材白色质坚，可制家具和农具。种子油作润滑油和制皂，油饼为猪的良好饲料。树皮可作土农药。也可作绿化和观赏树种栽培。

20. 栾树（灯笼树、摇钱树、灯笼果、石栾树）

Koelreuteria paniculata

【科属】无患子科 Sapindaceae 栾属 *Koelreuteria*

【形态特征】落叶乔木或灌木。一回或不完全二回或偶为二回羽状复叶互生，小叶 11～18 枚，无柄或柄极短，对生或互生，卵形、宽卵形或卵状披针形，先端短尖或短渐尖，基部钝或近平截，有不规则钝锯齿，齿端具小尖头，有时近基部有缺刻，或羽状深裂达中肋成二回羽状复叶，叶面中脉散生皱曲柔毛，叶背脉腋具髯毛，有时小叶叶背被茸毛。聚伞圆锥花序顶生，密被微柔毛，分枝长而广展，在末次分枝上的聚伞花序具花 3～6 朵，密集呈头状，花淡黄色，萼裂片卵形，具腺状缘毛，花瓣 4 枚，花时反折，线状长圆形，瓣片基部的鳞片初黄色，花时橙红色，被疣状皱曲毛。蒴果圆锥形，具 3 棱，顶端渐尖，果瓣卵形，有网纹。种子近球形。花期 6～8 月，果期 9～10 月。

【分布生境】全国各地均有分布。山西各林区均有分布。生于海拔 1500m 以下的山坡疏林、沟边灌丛或低山平原。

【经济价值】花供药用，亦可作黄色染料。木材黄白色，易加工，可制家具。叶可作蓝色染料。栽培作庭园观赏树。

21. 建始槭（三叶槭、亨氏槭、亨利槭、三叶枫）

Acer henryi

【科属】无患子科 Sapindaceae 槭属 *Acer*

【形态特征】落叶乔木。3小叶复叶互生，薄纸质，小叶椭圆形，先端渐尖，基部楔形，全缘或顶端具3～5对钝齿，叶背叶脉密被毛，老时脱落。花单性，雌雄异株，穗状花序，下垂，被柔毛，常侧生于2～3年生老枝上，梗极短或无，萼片卵形，花瓣短小或不发育。幼果紫色，熟后黄褐色，两翅成锐角或近直角。花期4月，果期9月。

【分布生境】中国特有，分布于山西、吉林、上海、江苏、浙江、安徽、福建、江西、山东、河南、湖北、湖南、重庆、四川、贵州、云南、陕西、甘肃、新疆。山西中条山有分布。生于海拔500～1700m的山坡及山谷疏林中。

【经济价值】建始槭株形自然开张，新叶黄绿色，秋叶红色，可作庭荫树，或植于树群外围丰富景观层次。

22. 细裂枫（细裂槭、大叶细裂槭）

Acer pilosum var. *stenolobum*

【科属】无患子科 Sapindaceae 槭属 *Acer*

【形态特征】落叶小乔木。当年生枝淡绿色，多年生枝淡褐色，无毛。单叶对生，叶纸质，掌状3深裂，中裂片与两侧裂片的凹缺近于直角，常全缘，稀中段以下近于全缘，中段以上有2～3枚粗锯齿。圆锥状伞房花序着生于小枝顶端，无毛，花淡绿色，杂性，雄花与两性花同株。小坚果凸起，近于卵圆形或球形，果翅近于长圆形，嫩时淡绿色，熟后淡黄色，张开成钝角或近直角。花期4～5月，果期8～9月。

【分布生境】分布于北京、河北、山西、内蒙古、陕西、甘肃、宁夏。山西中南部山区均有分布。生于海拔1000～1500m比较阴湿的山坡或沟底。

【经济价值】细裂槭叶形十分别致奇特，且入秋转红，是一种形色皆美的观叶树种，适于黄河流域各地栽培观赏。

23. 葛萝槭（葛罗枫、长裂葛萝槭）

Acer davidii* subsp. *grosseri

【科属】无患子科 Sapindaceae 槭属 *Acer*

【形态特征】落叶乔木。当年生枝绿色或紫绿色，多年生枝灰黄色或灰褐色。单叶对生，叶纸质，卵形，边缘具密而尖锐的重锯齿，5 裂。花淡黄绿色，单性，雌雄异株，常成细瘦下垂的总状花序；花瓣 5 枚，倒卵形，子房紫色。翅果嫩时淡紫色，成熟后黄褐色；小坚果略微扁平；翅张开成钝角或近水平。花期 4 月，果期 9 月。

【分布生境】分布于北京、天津、河北、山西、江苏、浙江、安徽、福建、江西、河南、湖北、湖南、广东、四川、贵州、云南、陕西、甘肃、青海。山西中南部山区均有分布。生于海拔 1000 ～ 1800m 的疏林中。

【经济价值】可作绿化树种。葛罗槭树皮奇特，常纵裂呈蛇皮状，小枝绿色，叶入秋紫红色，花朵黄绿色、繁密，具有很高观赏价值。

24. 瓜木

Alangium platanifolium

【科属】山茱萸科 Cornaceae 八角枫属 *Alangium*

【形态特征】落叶小乔木或灌木。树皮平滑，灰色或深灰色，小枝常稍弯曲，略呈“之”字形，当年生枝淡黄褐色或灰色，近无毛。单叶互生，叶纸质，近圆形，边缘呈波状或钝锯齿状。聚伞花序生叶腋，花瓣线形，紫红色，外面有短柔毛。核果长卵圆形或长椭圆形。花期 3 ～ 7 月，果期 7 ～ 9 月。

【分布生境】分布于北京、天津、河北、山西、内蒙古、辽宁、吉林、上海、江苏、浙江、安徽、福建、江西、山东、河南、湖北、湖南、广东、广西、重庆、四川、贵州、云南、西藏、陕西、甘肃。山西中条山有分布。生于海拔 2000m 以下土质比较疏松而肥沃的向阳山坡杂木林或疏林中。

【经济价值】根叶药用，又可作农药。木材白而轻软，可供制家具。树皮含鞣质，纤维可作人造棉。

25. 毛梾
Cornus walteri

【科属】山茱萸科 Cornaceae 山茱萸属 *Cornus*

【形态特征】落叶小乔木。单叶对生，纸质，椭圆形、长圆椭圆形或阔卵形，先端渐尖，基部楔形或宽楔形，稀微不对称，叶面疏被伏生短柔毛，叶背密被浅灰色伏生短柔毛，侧脉 4 ～ 5 对，弧形上弯。顶生伞房状聚伞花序，花较密，被短柔毛，花白色，有香味。核果圆球形，成熟时黑色，被白色平伏毛。花期 5 ～ 6 月，果期 7 ～ 9 月。

【分布生境】分布于北京、天津、河北、山西、辽宁、江苏、浙江、安徽、江西、山东、河南、湖北、湖南、广西、重庆、四川、贵州、云南、陕西、甘肃、青海、宁夏。山西中南部山区均有分布。生于海拔 300 ～ 3300m 河边、沟谷、山坡杂木林或灌木丛中。

【经济价值】本种是木本油料植物，果榨油供食用或作工业用油。木材坚硬，纹理细密，可制家具。

26. 沙梾
Cornus bretschneideri

【科属】山茱萸科 Cornaceae 山茱萸属 *Cornus*

【形态特征】与毛梾的区别在于：落叶小乔木或灌木。叶面绿色，被短柔毛，叶背灰白色，密被伏生白色短柔毛及乳头状小突起，侧脉 5 ～ 6 对，弧状上升，叶背脉上毛较密，脉腋被簇生白色柔毛，叶柄密被伏生短柔毛密被毛。核果近球形，蓝黑色，密被贴生短柔毛。花期 6 ～ 7 月，果期 8 ～ 9 月。

【分布生境】分布于北京、天津、河北、山西、内蒙古、辽宁、江苏、安徽、河南、湖北、重庆、四川、西藏、陕西、甘肃、青海、宁夏。山西各林区均有分布。生于海拔 1000 ～ 2300m 的山坡杂木林或灌丛中。

【经济价值】材质坚韧细密，供细木工用材。果实含油率达 22.4%，油可制肥皂、润滑油等。沙梾花色美丽，可作为庭园绿化树种，还可作为四旁绿化和退耕还林（草）浅山造林的搭配树种。

27. 四照花
Cornus kousa subsp. *chinensis*

【科属】山茱萸科 Cornaceae 山茱萸属 *Cornus*

【形态特征】落叶小乔木。小枝纤细，幼时淡绿色，微被灰白色贴生短柔毛，老时暗褐色。单叶对生，薄纸质，卵形或卵状椭圆形，边缘全缘或有明显的细齿，叶两面具有白色细伏毛。头状花序球形，总苞片 4，白色，似花瓣，卵形或卵状披针形。果序球形，为聚合状核果，成熟时红色，被毛。花期 6 ～ 7 月，果期 8 ～ 10 月。

【分布生境】分布于山西、江苏、浙江、安徽、福建、江西、山东、河南、湖北、湖南、广东、重庆、四川、贵州、云南、陕西、甘肃、台湾。山西中条山有分布。生于海拔 600 ～ 2200m 的杂木林中或林缘沟边。

【经济价值】果实成熟时紫红色，味甜可食，又可作为酿酒原料。是很好的观赏植物。

28. 老鸹铃
Styrax hemsleyanus

【科属】安息香科 Styracaceae 安息香属 *Styrax*

【形态特征】落叶乔木。树皮暗褐色。嫩枝扁圆柱形，密被灰褐色星状短柔毛，老枝暗褐色，无毛。单叶互生，纸质，生于小枝下部的两叶近对生，长圆形或卵状长圆形，上部边缘具锯齿或有时近全缘，两面叶脉被灰褐色星状柔毛。总状花序有 8 ～ 10 朵花，基部常 2 ～ 3 分枝，花序梗和花梗密被黄褐色星状茸毛，花萼杯状，密被黄褐色星状茸毛和暗褐色星状长柔毛，花白色，芳香，花冠裂片椭圆形，两面均密被淡黄色茸毛。果实球形至卵形，密被黄褐色或灰黄色星状茸毛，稍具皱纹。花期 5 ～ 6 月，果期 7 ～ 9 月。

【分布生境】分布于河北、山西、福建、河南、湖北、湖南、广西、重庆、四川、贵州、陕西、甘肃。山西南部山区均有分布。生于海拔 1000 ～ 2000m 的疏林、

林缘、向阳山坡或灌丛中。

【经济价值】种子油可制肥皂及机器滑润油。花美丽，可作观赏植物。

29. 野茉莉（君迁子）
Styrax japonicus

【科属】安息香科 Styracaceae 安息香属 *Styrax*

【形态特征】与老鸹铃的区别在于：叶椭圆形、倒卵形或矩圆状椭圆形，叶面除叶脉疏被星状毛外，其余无毛而稍粗糙，单花腋生及顶生总状花序有花 5 ～ 8 朵，花序梗无毛；花萼漏斗状，无毛。核果外面密被灰色星状茸毛，有不规则皱纹。花期 4 ～ 7 月，果期 9 ～ 11 月。

【分布生境】分布于山西、江苏、浙江、安徽、福建、江西、山东、河南、湖北、湖南、广东、广西、重庆、四川、贵州、云南、陕西、甘肃。山西中条山有分布。生于海拔 400 ～ 1800m 的杂木林或山坡灌丛中。

【经济价值】花、叶、果可药用。材质稍坚硬，可作器具、雕刻等细工用材。种子油可作肥皂或机器润滑油，油粕可作肥料。花美丽、芳香，可作庭园观赏植物。

30. 芬芳安息香（郁香野茉莉）
Styrax odoratissimus

【科属】安息香科 Styracaceae 安息香属 *Styrax*

【形态特征】与老鸹铃的区别在于：叶卵形或卵状椭圆形，嫩时两面叶脉疏被星状短柔毛，或有时叶背密被黄褐色星状短柔毛。总状或圆锥花序，顶生，下部的花常生于叶腋，花序梗、花梗和小苞片密被黄色星状茸毛，花萼膜质，杯状，顶端截形、波状或齿裂，外面密被黄色星状茸毛，但近顶端及齿被毛较稀疏而呈褐色，内面无毛。果实近球形，顶端骤缩而具弯喙，密被灰黄色星状茸毛。花期 3 ～ 4 月，果期 6 ～ 9 月。

【分布生境】分布于山西、江苏、浙

江、安徽、福建、江西、湖北、湖南、广东、广西、海南、重庆、四川、贵州、云南、香港。山西蟒河自然保护区有分布。生于海拔 600 ～ 1600m 的阴湿山谷或山坡杂木林中。

【经济价值】木材坚硬，可作建筑、船舶、车辆和家具等用材。种子油供制肥皂和机械润滑油。花美丽且芳香，可作为庭园观赏树种。

31. 白蜡树（白蜡杆、小叶白蜡）
Fraxinus chinensis

【科属】木樨科 Oleaceae
梣属 *Fraxinus*

【形态特征】落叶小灌木。小枝无毛或疏被长柔毛，旋脱落奇数羽状复叶对生，小叶 3 ～ 7，硬纸质，卵形、长圆形或披针形，先端锐尖或渐尖，基部圆钝或楔形，具整齐锯齿，叶面无毛，叶背延中脉被白色长柔毛或无毛。圆锥花序生于新枝顶端，花序轴无毛或被细柔毛，花雌雄异株，无花冠。翅果匙形，先端锐尖，常梨头状，翅下延至坚果中部。花期 4 ～ 5 月，果期 7 ～ 9 月。

【分布生境】全国各地均有分布。山西中南部山区均有分布。生于海拔 800 ～ 1600m 山地杂木林中。

【经济价值】放养白蜡虫生产白蜡。材理通直，生长迅速，柔软坚韧，供编制各种用具。树皮也作药用。园林绿化树种。

32. 流苏树
Chionanthus retusus

【科属】木樨科 Oleaceae
流苏树属 *Chionanthus*

【形态特征】落叶小乔木或灌木。小枝灰褐色或黑灰色，幼枝淡黄色或褐色，疏被或密被短柔毛。单叶对生，叶片革质或薄革质，长圆形、椭圆形或圆形，先端圆钝，有时凹入或锐尖，基部圆或宽楔形至楔形，全缘或有小锯齿，叶缘稍反卷，幼时叶面沿脉被长柔毛，叶背密被或疏被长柔毛。聚伞状圆锥花序顶生，雌雄异株或为两性花，花萼 4 深裂，花冠白色，4 深裂，裂片线状倒披针形。核果椭圆形，被白粉，蓝黑色或黑色。花期 3 ～ 6 月，果期 6 ～ 11 月。

【分布生境】分布于北京、天津、河北、山西、辽宁、吉林、上海、江苏、浙江、安徽、福建、江西、山东、河南、湖北、湖南、广东、重庆、四川、云南、陕西、

甘肃、台湾。山西南部山区均有分布。生于海拔 700 ～ 3000m 疏林、灌丛或山坡、河边。

【经济价值】花、嫩叶晒干可代茶，味香。果可榨芳香油。木材可制器具。

33. 楤木（刺老鸦、刺龙牙、刺嫩芽、湖北楤木、安徽楤木）

Aralia elata

【科属】五加科 Araliaceae 楤木属 *Aralia*

【形态特征】落叶小乔木或灌木。树皮灰色，具粗壮皮刺。小枝灰棕色，具细皮刺。二至三回奇数羽状复叶互生；羽片有小叶 5 ～ 11 枚，基部有 1 对小叶；小叶卵形、宽卵形或长卵形，先端渐尖，基部圆形，有锯齿。花杂性，白色；圆锥状伞形花序；花萼 5 齿裂；花瓣 5 枚，白色；雄蕊 5。浆果状核果球形，黑色，具 5 棱。花期 7 ～ 8 月，果期 9 ～ 10 月。

【分布生境】分布于北京、天津、河北、辽宁、吉林、黑龙江、江苏、浙江、福建、江西、山东、湖北、湖南、广西、重庆、四川、贵州、云南、陕西、甘肃、青海。山西中条山有分布。生于海拔 600 ～ 1700m 的山坡林下或林缘灌丛。

【经济价值】根皮药用。木材坚硬，可供建筑用。种子榨油供工业用。嫩芽可食用。

单元2 灌木及木质藤本

34. 华中五味子
Schisandra sphenanthera

【科属】五味子科 Schisandraceae 五味子属 *Schisandra*

【形态特征】落叶木质藤本。单叶互生，倒卵形、宽倒卵形、倒卵状长椭圆形或圆形，稀椭圆形，先端短骤尖或渐尖，基部楔形或宽楔形，下延至叶柄成窄翅，中部以上疏生胼胝质尖齿。花生于小枝近基部叶腋，花梗长，花被片 5～9 枚，橙黄色。聚合果，单果为小浆果，熟时红色，近球形或倒卵圆形。花期 4～7 月，果期 7～9 月。

【分布生境】分布于河北、山西、江苏、浙江、安徽、福建、江西、河南、湖北、湖南、广东、广西、重庆、四川、贵州、云南、陕西、甘肃等地。山西分布于中南部长治、晋城、沁水、垣曲、芮城、翼城、灵丘等地。生于海拔 600～3000m 的湿润山坡边、灌丛或杂木中。喜光、耐寒、喜湿，怕积水。

【经济价值】果供药用。种子榨油可制肥皂或润滑油。

35. 山胡椒
Lindera glauca

【科属】樟科 Lauraceae 山胡椒属 *Lindera*

【形态特征】落叶小乔木或灌木状。单叶互生，宽椭圆形、椭圆形、倒卵形或窄倒卵形，叶背被白色柔毛。花黄绿色，伞形花序从混合芽中生出，具 3～8 朵花。核果球形，黑褐色。花期 3～4 月，果期 7～9 月。

【分布生境】分布于河北、山西、辽宁、上海、江苏、浙江、安徽、福建、江西、山东、河南、湖北、湖南、广东、广西、重庆、四川、贵州、云南、西藏、陕西、

甘肃、青海、宁夏、台湾等地。山西分布于阳城、沁水、陵川、夏县、翼城、垣曲、平陆、闻喜等地。生于海拔 700 ～ 1500m 山坡、林缘、路旁。

【经济价值】可供用材，叶、果皮提取芳香油。根、枝、叶、果药用。种仁油含月桂酸，可制肥皂和润滑油。

36. 木姜子

Litsea pungens

【科属】樟科 Lauraceae

木姜子属 *Litsea*

【形态特征】落叶小乔木或灌木状。单叶互生，常集生枝顶，披针形或倒卵状披针形，先端短尖，基部楔形。花黄绿色，伞形花序腋生。果球形，熟时蓝黑色，果梗先端略增粗。花期 3 ～ 5 月，果期 7 ～ 9 月。

【分布生境】分布于湖北、湖南、广东北部、广西、四川、贵州、云南、西藏、甘肃、陕西、河南、山西、浙江南部。山西分布于陵川、沁水、阳城、平陆、新绛、

垣曲、夏县、芮城、永济、翼城等地。生于海拔 800 ～ 2300m 溪旁和山地阳坡杂木林中或林缘。

【经济价值】果含芳香油，可制食用香精和化妆香精，现已广泛用作高级香料、紫罗兰酮和维生素 A 的原料。种子可供制皂和工业用。

37. 黑果菝葜（金刚藤头）

Smilax glaucochina

【科属】菝葜科 Smilacaceae

菝葜属 *Smilax*

【形态特征】落叶攀缘灌木。茎通常疏生刺。单叶二列状互生，全缘，叶厚纸质，通常椭圆形，叶背苍白色，叶柄约占全长的一半，具鞘，鞘的上方有一对卷须或无，脱落点位于卷须上部。伞形花序通常生于叶梢幼嫩的小枝上，具几朵或 10 余朵花，总花梗长 1 ～ 3cm，花序托稍膨大，具小苞片，花绿黄色。浆果球形，熟时黑色，具粉霜。花期 3 ～ 5 月，果期 10 ～ 11 月。

【分布生境】分布于山西、江苏、浙

江、安徽、江西、河南、湖北、湖南、广东、广西、重庆、四川、贵州、云南、陕西、甘肃、青海、台湾。山西分布于中南部林区。生于海拔 1600m 以下的林下、灌丛中或山坡上。

【经济价值】本种根状茎富含淀粉，可以加工食用。

38. 短梗菝葜（威灵仙）
Smilax scobinicaulis

【科属】菝葜科 Smilacaceae
菝葜属 *Smilax*

【形态特征】落叶攀缘灌木。茎和枝条常疏生刺或近无刺，较少密生刺，刺多针状，稍黑色。叶革质，卵形或椭圆状卵形，干后有时黑褐色。伞形花序生于叶已完全长成的小枝上，总花梗很短，一般不到叶柄长度的一半；花单性，雌雄异株。浆果球形，黑色。花期 5 月，果期 10 月。

【分布生境】分布于天津、河北、山西、江苏、浙江、安徽、江西、河南、湖北、湖南、广西、重庆、四川、贵州、云南、陕西、甘肃。山西分布于中南部林区。生于海拔 600 ～ 2000m 的林下、灌丛下或山坡阴处。

【经济价值】根状茎和根是一种中药。

39. 鞘柄菝葜
Smilax stans

【科属】菝葜科 Smilacaceae
菝葜属 *Smilax*

【形态特征】落叶灌木或亚灌木，直立或披散。茎和枝条稍具棱，无刺。叶纸质，卵形、卵状披针形或近圆形，叶背稍苍白色或有时有粉尘状物；叶柄向基部渐宽成鞘状，背面有多条纵槽，无卷须，脱落点位于近顶端。花序具 1 ～ 3 朵或更多的花；总花梗纤细，比叶柄长 3 ～ 5 倍，花绿黄色，有时淡红色。浆果，熟时黑色，具粉霜。花期 5 ～ 6 月，果期 10 月。

【分布生境】分布于北京、天津、河北、山西、浙江、安徽、福建、江西、山东、河南、湖北、湖南、广东、广西、重庆、四川、贵州、云南、西藏、陕西、甘肃、青海、宁夏、台湾。山西分布于中部以南林区。生于海拔 400 ～ 3200m 林下、灌丛中或山坡阴处。

【经济价值】根及根状茎入药。

40. 三叶木通（八月瓜、八月炸、中华圣果、八月瓜藤）
Akebia trifoliata

【科属】木通科 Lardizabalaceae 木通属 *Akebia*

【形态特征】落叶木质藤本植物。掌状复叶，小叶3枚，稀4或5枚，互生或在短枝上簇生，叶片纸质或薄革质，卵形至阔卵形，先端钝圆或微凹，基部宽楔形或圆，波状或不规则浅裂，叶面深绿，叶背浅绿。花单性，雌雄同序，总状花序自短枝上簇生叶中抽出，总花梗纤细，雄花萼片3枚，淡紫色，雌花萼片3（4、5、6）枚，暗紫红色。蓇葖果长圆形，淡紫色或土灰色。花期4～5月，果期7～8月。

【分布生境】分布于山西、上海、江苏、浙江、安徽、福建、江西、河南、湖北、湖南、广东、广西、重庆、四川、贵州、云南、陕西、甘肃。山西产于垣曲、永济、芮城、夏县、阳城和绛县，南部山区有野生分布。生于海拔250～2000m山坡林下、山地沟谷边、疏林或丘陵灌丛中。

【经济价值】根、茎和果均入药。果可食及酿酒。种子可榨油。春夏观花，秋季赏果，是一种很好的观赏植物。

41. 黄芦木（大叶小檗、阿穆尔小檗）
Berberis amurensis

【科属】小檗科 Berberidaceae 小檗属 *Berberis*

【形态特征】落叶灌木。老枝淡黄色或灰色，稍具棱槽，茎刺三分叉。单叶互生，短枝上簇生，叶纸质，倒卵状椭圆形、椭圆形或卵形，先端急尖或圆形，基部楔形，叶面暗绿色，中脉和侧脉凹陷，网脉不显，叶背淡绿色，无光泽。总状花序具10～25朵花，花黄色，花瓣椭圆形。浆果长圆形，红色。花期4～5月，果期8～9月。

【分布生境】分布于北京、天津、河北、

山西、内蒙古、辽宁、吉林、黑龙江、江苏、江西、山东、河南、湖南、重庆、四川、西藏、陕西、甘肃、青海、宁夏。山西各林区均有分布。生于海拔 1100 ～ 2850m 山地疏林、灌丛、林缘、沟谷、溪旁或岩石旁。

【经济价值】根皮、茎皮可药用。种子可榨油。可作园林观赏树种。

42. 直穗小檗
Berberis dasystachya

【科属】小檗科 Berberidaceae 小檗属 *Berberis*

【形态特征】与黄芦木的区别在于：老枝圆柱形，黄褐色，幼枝紫红色；茎刺单一，有时缺失或偶有三分叉。叶片长圆状椭圆形、宽椭圆形或近圆形，先端钝圆，基部骤缩，稍下延，呈楔形、圆形或心形，叶面暗黄绿色，中脉和侧脉微隆起，叶背黄绿色，中脉明显隆起，不被白粉，两面网脉显著，无毛，叶缘平展，每边具 25 ～ 50 细小刺齿；叶柄长 1 ～ 4cm。总状花序直立，具 15 ～ 30 朵花。花期 4 ～ 6 月，果期 6 ～ 9 月。

【分布生境】分布于天津、河北、山西、江苏、安徽、河南、湖北、重庆、四川、西藏、陕西、甘肃、青海、宁夏。山西中南部山区均有分布。生于海拔 800 ～ 3400m 林下、灌丛、林缘、山谷溪旁及草丛中。

【经济价值】根皮及茎皮可供药用。可作园林观赏树种。

43. 芹叶铁线莲（碎叶铁线莲、断肠草、透骨草）
Clematis aethusifolia

【科属】毛茛科 Ranunculaceae 铁线莲属 *Clematis*

【形态特征】多年生木质藤本。幼时直立，以后匍匐。二至三回羽状复叶对生，末回裂片线形，顶端渐尖或钝圆，具一条中脉，在叶面下陷，在叶背隆起。花黄色，钟状下垂，聚伞花序腋生，常 1 ～ 3 朵花，苞片羽状细裂。瘦果扁平，宽卵形或圆形，成熟后棕红色。花期 7 ～ 8 月，果期 9 月。

【分布生境】分布于北京、天津、河北、山西、内蒙古、安徽、广西、陕西、甘肃、青海、宁夏。山西各林区均有分布。生于海拔 300 ～ 3000m 林缘、灌丛及水沟边。

【经济价值】全草入药。可用于观赏。

44. 黄花铁线莲（透骨草、萝吊秧）
Clematis intricata

【科属】毛茛科 Ranunculaceae 铁线莲属 *Clematis*

【形态特征】多年生落叶木质藤本。一至二回羽状复叶对生，小叶有柄，2～3全裂或深裂，浅裂，中间裂片线状披针形、披针形或狭卵形，顶端渐尖，基部楔形，全缘或有少数牙齿，两侧裂片较短，下部常2～3浅裂。聚伞花序腋生，通常为3朵花，有时单花，花序梗较粗；萼片4枚，黄色，狭卵形或长圆形，顶端尖，两面常无毛，花瓣不存在。瘦果卵形至椭圆状卵形，扁，边缘增厚，被柔毛，宿存花柱被长柔毛。花期6～7月，果期8～9月。

【分布生境】分布于北京、天津、河北、山西、内蒙古、辽宁、江苏、河南、四川、贵州、云南、西藏、陕西、甘肃、青海、宁夏、新疆。山西各林区均有分布。生于海拔1600～2600m林缘、灌丛山坡及路旁。

【经济价值】全草入药。可用于观赏。

45. 秦岭铁线莲
Clematis obscura

【科属】毛茛科 Ranunculaceae 铁线莲属 *Clematis*

【形态特征】多年生落叶木质藤本。一至二回羽状复叶，小叶5～11，小叶纸质，卵形或披针形，先端渐尖，尖或渐窄，全缘，两面疏被柔毛或近无毛。花序腋生并顶生，1～3朵花，花梗长，萼片4～6枚，白色，平展，长圆形，边缘被茸毛，花瓣不存在。瘦果椭圆形或卵圆形，宿存花柱长达2.5cm，羽毛状，毛黄褐色。花期4～6月，果期6～7月。

【分布生境】分布于河北、山西、辽宁、河南、湖北、重庆、四川、贵州、陕西、甘肃。山西南部山区均有分布。生于海拔400～2600m山地林缘、灌丛山坡或山谷阳处。

【经济价值】全株可药用。株形丰满美丽，可布置于墙垣、棚架、阳台、门廊等处用于观赏。

46. 太行铁线莲
Clematis kirilowii

【科属】毛茛科 Ranunculaceae 铁线莲属 *Clematis*

【形态特征】与秦岭铁线莲的区别在于：一至二回羽状复叶，革质，基部一对或顶生小叶常 2～3 浅裂、全裂至 3 小叶，中间一对常 2～3 浅裂至深裂，全缘，有时裂片或第二回小叶片再分裂。聚伞花序或为总状、圆锥状聚伞花序，有花 3 至多朵，萼片倒卵状长圆形，顶端常呈截形而微凹。花期 6～8 月，果期 8～9 月。

【分布生境】分布于北京、天津、河北、山西、江苏、安徽、福建、江西、山东、河南、湖北、四川、云南、陕西。山西中南部山区均有分布。生于海拔 200～1750m 林下、灌丛、山坡草地或路旁。

【经济价值】可用于观赏。

47. 短尾铁线莲（连架拐、石通、林地铁线莲）
Clematis brevicaudata

【科属】毛茛科 Ranunculaceae 铁线莲属 *Clematis*

【形态特征】多年生落叶木质藤本。枝有棱，小枝疏生短柔毛或近无毛。二回羽状复叶或二回三出复叶，小叶薄纸质，卵形或窄卵形，先端渐尖或长渐尖，基部圆或浅心形，疏生牙齿，不裂或 3 浅裂，两面近无毛或疏被柔毛。圆锥状聚伞花序腋生或顶生，4～25 朵花，花梗有短柔毛，萼片 4，开展，白色，狭倒卵形，两面均有短柔毛，无花瓣。瘦果卵形，密生柔毛，花柱宿存。花期 7～9 月，果期 9～10 月。

【分布生境】分布于北京、天津、河北、山西、内蒙古、辽宁、吉林、黑龙江、江苏、浙江、江西、山东、河南、湖北、湖南、重庆、四川、贵州、云南、西藏、陕西、甘肃、青海、宁夏。山西各林区均有分布。生于海拔 460～3200m 山地灌丛或疏林中。

【经济价值】藤茎入药。嫩茎叶营养丰富可食用。

48. 粗齿铁线莲（线木通、小木通、白头公公）
Clematis grandidentata

【科属】毛茛科 Ranunculaceae 铁线莲属 *Clematis*

【形态特征】多年生落叶木质藤本。枝有棱，小枝疏生短柔毛或近无毛。二回羽状复叶或二回三出复叶，小叶薄纸质，卵形或窄卵形，先端渐尖或长渐尖，基部圆或浅心形，疏生牙齿，不裂或3浅裂，两面近无毛或疏被柔毛。圆锥状聚伞花序腋生或顶生，4～25朵花，花梗有短柔毛，萼片4，开展，白色，狭倒卵形，两面均有短柔毛，无花瓣。瘦果卵形，密生柔毛，花柱宿存。羽状复叶具5小叶，小叶纸质，卵形、宽卵形或椭圆形，较大，叶面疏被柔毛，叶背密被柔毛或茸毛。花序腋生并顶生，腋生花序3～6朵花，萼片4～5枚，白色，开展，倒卵状长圆形。花期5～7月，果期7～10月。

【分布生境】分布于天津、河北、山西、浙江、安徽、江西、河南、湖北、湖南、重庆、四川、贵州、云南、西藏、陕西、甘肃、青海、宁夏、台湾。山西南部山区均有分布。生于海拔300～3400m山地灌丛或疏林中。

【经济价值】根药用。还可栽植供观赏。

49. 大叶铁线莲（卷萼铁线莲、草牡丹、木通花、太叶铁线莲）

Clematis heracleifolia

【科属】毛茛科 Ranunculaceae 铁线莲属 *Clematis*

【形态特征】直立亚灌木或多年生草本。三出复叶，小叶纸质，宽卵形、五角形或近圆形，先端短渐尖或尖，基部平截、圆或宽楔形，具不等牙齿，常3浅裂，两面被平伏柔毛，叶背网脉稀疏、隆起。复聚伞花序顶生并腋生，7朵至多花，花杂性，萼片4枚，蓝色或紫色，窄长圆形或匙状长圆形，直立，基部成管状，上部反卷，密被柔毛。瘦果椭圆形，被毛，宿存花柱羽毛状。花期8～9月，果期10月。

【分布生境】分布于北京、天津、河北、山西、内蒙古、辽宁、吉林、黑龙江、上海、江苏、浙江、安徽、山东、河南、湖北、湖南、重庆、四川、陕西、甘肃。山西各林区均有分布。生于海拔500～1700m山坡沟谷、疏林及灌丛中。

【经济价值】全草及根供药用。种子可榨油，供制油漆。

50. 美丽茶藨子（小叶茶藨子）
Ribes pulchellum

【科属】茶藨子科 Grossulariaceae 茶藨子属 *Ribes*

【形态特征】落叶灌木。幼枝被柔毛，老时脱落，茎下部节上常具 1 对小刺，节间无刺或小枝疏生细刺。单叶互生或簇生，叶宽卵形或卵形，掌状 3 ～ 5 深裂，基部楔形、近圆形或心形，两面被毛，具粗锯齿。花雌雄异株，黄绿色至红褐色，总状花序，雄花序具 8 ～ 20 朵花，疏散，雌花序具 8 ～ 10 朵花，密集。浆果近球形，红色，无毛。花期 5 ～ 6 月，果期 8 ～ 9 月。

【分布生境】分布于北京、天津、河北、山西、内蒙古、辽宁、吉林、山东、湖南、四川、陕西、甘肃、青海、宁夏、新疆。山西各林区均有分布。生于海拔 300 ～ 2800m 阳坡疏林、灌丛或多石砾山坡、沟谷、黄土丘陵地带。

【经济价值】果实可供食用，木材可制手杖等。园林栽培供观赏。

51. 尖叶茶藨子
Ribes maximowicianum

【科属】茶藨子科 Grossulariaceae 茶藨子属 *Ribes*

【形态特征】与美丽茶藨子的区别在于：小枝无毛，无刺。顶生裂片明显较长，先端渐尖，具粗钝齿。短总状花序，雄花序具 10 余花，雌花序较短，具花 10 朵以下。花期 5 ～ 6 月，果期 8 ～ 9 月。

【分布生境】分布于山西、辽宁、吉林、黑龙江、湖北、四川、陕西、甘肃、宁夏。山西历山国家级自然保护区有分布。生于海拔 900 ～ 2700m 山谷林下、灌丛或山坡。

【经济价值】园林栽培供观赏。

52. 刺果茶藨子
Ribes burejense

【科属】茶藨子科 Grossulariaceae 茶藨子属 *Ribes*

【形态特征】与美丽茶藨子的区别在于：小枝在叶下部的节上着生 3 ～ 7 枚长达 1cm 的粗刺，节间密生长短不等的细针刺。花两性，单生于叶腋或 2 ～ 3 朵组成短总状花序，花萼浅褐色至红褐色，萼筒宽钟形，萼片长圆形或匙形，在花期开展或反折，果期常直立，花瓣匙形或长圆形，先端圆钝，浅红色或白色。浆果圆球形，未熟时浅绿色至浅黄绿色，熟后转变为暗红黑色，具多数黄褐色小刺。花期 5 ～ 6 月，果期 7 ～ 8 月。

【分布生境】分布于北京、天津、河北、山西、内蒙古、辽宁、吉林、黑龙江、河南、湖南、四川、西藏、陕西、青海、宁夏、新疆。山西各林区均有分布。生于海拔 900 ～ 2300m 山地林下及林缘，也见于山坡灌丛及溪流旁。

【经济价值】果实有刺，味酸，可供食用，但以制作果汁和果酒为宜。中国东北地区民间用其根浸酒饮用。

53. 东北茶藨子（山麻子）
Ribes mandshuricum

【科属】茶藨子科 Grossulariacea 茶藨子属 *Ribes*

【形态特征】与美丽茶藨子的区别在于：小枝具柔毛或近无毛，无刺。叶宽大，幼时两面被灰白色平贴柔毛，叶背甚密，老时毛稀疏，常掌状 3 裂，裂片卵状三角形，先端尖，中裂片较长，具粗锯齿。花两性，总状花序，初直立后下垂，具 40 ～ 50 朵花，花序轴和花梗密被毛。浆果球形，红色。花期 4 ～ 6 月，果期 7 ～ 8 月。

【分布生境】分布于北京、天津、河北、山西、内蒙古、辽宁、吉林、黑龙江、河南、四川、云南、陕西、甘肃、新疆。山西各林区均有分布。生于海拔 300 ～ 1800m 山谷林下或山坡。

【经济价值】果实味酸可食，可制作饮料及酿酒。

54. 糖茶藨子
Ribes himalense

【科属】茶藨子科 Grossulariaceae 茶藨子属 *Ribes*

【形态特征】与东北茶藨子的区别在于：枝粗壮，小枝黑紫色或暗紫色，皮长条状或长片状剥落，嫩枝紫红色或褐红色。叶卵圆形或近圆形，掌状 3～5 裂，中裂片大，先端尖，基部心形，叶面常贴生腺毛，叶背微具柔毛或混生少数腺毛，有重锯齿。总状花序具花 8～20 余朵，花朵排列较密集。浆果红色或熟后转变成紫黑色，无毛。花期 4～6 月，果期 7～8 月。

【分布生境】分布于河北、山西、内蒙古、河南、湖北、重庆、四川、云南、西藏、陕西、甘肃、青海、新疆。山西中南部山区均有分布。生于海拔 1200～4000m 山谷林下、林缘或河边灌丛。

【经济价值】果实可食用或制作果汁、果酒。

55. 乌头叶蛇葡萄（草葡萄、草白敛、狗葡萄、过山龙）
Ampelopsis aconitifolia

【科属】葡萄科 Vitaceae 蛇葡萄属 *Ampelopsis*

【形态特征】落叶木质藤本。小枝圆柱形，有纵棱纹，被疏柔毛。茎卷须二至三叉分枝，相隔 2 节间断与叶对生。掌状复叶，5 小叶，小叶 3～5 羽裂，披针形或菱状披针形，顶端渐尖，基部楔形，中央小叶深裂。复二歧聚伞花序伞房状疏散，通常与叶对生或假顶生；萼碟形，波状浅裂或几全缘，无毛，花瓣 5 枚，卵圆形，无毛。浆果近球形，橙黄色至红色。花期 5～6 月，果期 8～9 月。

【分布生境】分布于北京、天津、河北、山西、内蒙古、辽宁、黑龙江、山东、

河南、湖北、湖南、广西、四川、陕西、甘肃、青海、宁夏、新疆。山西各林区均有分布。生于海拔 350～2300m 疏林、山坡灌丛、沟边或草地。

【经济价值】多用于篱垣、林缘地带，

还可以作棚架绿化，枝蔓飘逸，掌状叶清新可爱，极富野趣。

56. 葎叶蛇葡萄（七角白蔹、葎叶白蔹）

Ampelopsis humulifolia

【科属】葡萄科 Vitaceae 蛇葡萄属 *Ampelopsis*

【形态特征】落叶木质藤本。小枝圆柱形，有纵棱纹，无毛。茎卷须二叉分枝，相隔 2 节间断与叶对生。单叶互生，叶硬纸质，3 ～ 5 浅裂或中裂，稀混生不裂者，五角形或肾状五角形，顶端渐尖，基部心形，边缘有粗锯齿，通常齿尖，叶面鲜绿色，有光泽，叶背苍白色。多歧聚伞花序与叶对生，萼碟形，边缘呈波状，外面无毛，花瓣 5 枚，卵椭圆形，外面无毛。浆果近球形，淡黄色或蓝色。花期 5 ～ 7 月，果期 8 ～ 9 月。

【分布生境】分布于北京、天津、河北、山西、辽宁、吉林、黑龙江、江苏、浙江、安徽、福建、江西、山东、河南、湖北、湖南、广东、广西、四川、贵州、陕西、甘肃。山西南部山区有分布。生于海拔 400 ～ 1100m 的山沟地边、灌丛林缘或林中。

【经济价值】根皮入药。

57. 山葡萄

Vitis amurensis

【科属】葡萄科 Vitaceae 葡萄属 *Vitis*

【形态特征】落叶木质藤本。小枝嫩时疏被蛛丝状茸毛。茎卷须二至三叉分枝。单叶互生，叶宽卵圆形，3（5）浅裂、中裂或不分裂，先端尖锐基部宽心形，基缺凹成圆形或钝齿，叶缘粗锯齿，掌状脉 5 条主脉。圆锥花序疏散，基部分枝发达，花小，淡黄绿色，花萼碟形，近全缘，无毛，花瓣呈帽状黏合脱落。浆果球形，成熟时黑色。种子倒卵圆形。花期 5 ～ 6 月，果期 7 ～ 9 月。

【分布生境】分布于北京、天津、河北、山西、内蒙古、辽宁、吉林、黑龙江、上海、江苏、安徽、福建、江西、山东、河南、广西、重庆、贵州、云南、陕西。山西中南部山区均有分布。生于海拔 200 ～ 2100m 的沟谷林中、灌丛或山坡。

【经济价值】果生食或酿酒，酒糟可制醋和染料。种子可榨油。叶和酿酒后的酒脚可提取酒石酸。

58. 苦参（野槐、山槐、白茎地骨、地槐）

Sophora flavescens

【科属】豆科 Fabaceae

苦参属 *Sophora*

【形态特征】草本或亚灌木，高 1～2m。奇羽状复叶互生，小叶 6～12 对，互生或近对生，纸质，形状多变，椭圆形、卵形、披针形至披针状线形，先端钝或急尖，基部宽楔形，叶面近无毛，叶背被白色平伏柔毛或近无毛。总状花序顶生，疏生多花，花萼斜钟形，疏被短柔毛，花冠白色或淡黄色，旗瓣倒卵状匙形，翼瓣单侧生，龙骨瓣与翼瓣近等长，子房线形，密被淡黄白色柔毛。荚果线形或钝四棱形，革质，种子间稍缢缩，呈不明显串珠状，疏被柔毛或近无毛，成熟后裂成 4 瓣。花期 6～8 月，果期 7～10 月。

【分布生境】分布于北京、天津、河北、山西、内蒙古、辽宁、吉林、黑龙江、上海、江苏、浙江、安徽、福建、江西、山东、河南、湖北、湖南、广东、广西、重庆、四川、贵州、云南、陕西、甘肃、新疆、台湾。山西南部山区均有分布。生于海拔 1500m 的疏林下、沙地草坡、灌木林或田野附近。

【经济价值】根入药。种子可制农药。茎皮纤维可织麻袋。

59. 白刺花（苦刺花、马蹄针、狼牙刺、狼牙槐）

Sophora davidii

【科属】豆科 Fabaceae

苦参属 *Sophora*

【形态特征】灌木或小乔木。枝直立开展，不育枝末端变成刺状。奇羽状复叶具 11～21 小叶，互生，叶柄基部不膨大，托叶部分变成刺状部分脱落，无小托叶，小叶椭圆状卵形或倒卵状长圆形，先端圆或微凹，具芒尖，叶面几无毛，叶背疏生毛。总状花序顶生，有花 6～12 朵，花萼钟状，蓝紫色，萼齿 5，不等大，花冠白色或淡黄色，有时旗瓣稍带红紫色，旗瓣倒卵状长圆形，翼瓣与旗瓣等长，龙骨

瓣比翼瓣稍短，子房密被黄褐色毛。荚果串珠状，疏生毛或近无毛。花期 3 ～ 8 月，果期 6 ～ 10 月。

【分布生境】分布于北京、天津、河北、山西、江苏、浙江、福建、山东、河南、湖北、广西、重庆、四川、贵州、云南、西藏、陕西、甘肃。山西南部山区均有分布。生于海拔 2500m 以下阳坡林缘、路边灌丛或河谷沙地中。

【经济价值】耐旱性强，是水土保持树种之一，也可供观赏。

60. 多花木蓝
Indigofera amblyantha

【科属】豆科 Fabaceae
木蓝属 *Indigofera*

【形态特征】直立灌木。茎圆柱形，幼枝禾秆色，具棱，被白色平伏丁字毛。奇羽状复叶互生，小叶 3 ～ 5 对，对生，稀互生，形状多变，常为卵状长圆形、长圆状椭圆形，先端圆钝，基部楔形或宽楔形，两面被白色并混生棕色丁字毛，叶背毛较密。总状花序腋生，花多数，花萼被丁字毛，最下萼齿长，两侧萼齿稍短，上方萼齿最短，花冠淡红色，旗瓣倒宽卵形，翼瓣长，龙骨瓣较翼瓣短，子房被毛。荚果棕褐色，圆柱形，被丁字毛。花期 5 ～ 7 月，果期 9 ～ 11 月。

【分布生境】分布于北京、天津、河北、山西、辽宁、江苏、浙江、安徽、江西、河南、湖北、湖南、广东、广西、重庆、四川、贵州、云南、西藏、陕西、甘肃。山西南部山区均有分布。生于海拔 600 ～ 1600m 林缘、路旁灌丛、山坡草地及沟边。

【经济价值】全草入药。可用于观赏。

61. 丽豆
Calophaca sinica

【科属】豆科 Fabaceae
丽豆属 *Calophaca*

【形态特征】落叶灌木。全株密被白色长柔毛，枝皮淡棕白色，剥落。奇羽状复叶互生，小叶 7 ～ 9，托叶披针形，与叶柄基部贴生，宿存，小叶坚纸质，宽椭圆形或倒卵状宽椭圆形，先端圆或近截形，基部圆或近心形，叶面无毛，叶背苍白色，疏被长柔毛。总状花序有 5 ～ 7 朵花，花

萼钟状，被白色柔毛和褐色腺毛，萼齿披针形，花冠黄色，旗瓣近圆形，先端微缺，外面疏被短柔毛，翼瓣长，先端微缺，龙骨瓣与翼瓣等长，微弯，先端黏合，子房密被白色长柔毛。荚果窄长圆形，先端喙状，外面密被褐色腺毛和白色柔毛。花期5～6月，果期6～8月。

【分布生境】仅分布于山西、内蒙古。山西中北部山区有分布。生于海拔900～1800m山地林缘、山谷阴坡或灌丛。

【经济价值】在园林绿地中可植为花篱，也可在草地上丛植。

62. 笐子梢（杭子梢、多花杭子梢）
Campylotropis macrocarpa

【科属】豆科 Fabaceae
笐子梢属 *Campylotropis*

【形态特征】落叶灌木。小枝贴生或近贴生短或长柔毛，嫩枝毛密，少有具茸毛，老枝常无毛。三出羽状复叶互生，小叶椭圆形至长圆形，先端圆形、钝或微凹，具小凸尖，基部圆形或近楔形，叶背有淡黄色柔毛，全缘。密集总状花序，花序轴被毛，花两性，花萼钟形，5齿裂，被毛，花冠蝶形，紫红色。荚果长圆形或椭圆形，先端具短喙尖，初有毛。花期6～8月，果期9～10月。

【分布生境】分布于北京、天津、河北、山西、江苏、浙江、安徽、福建、江西、山东、河南、湖北、湖南、广东、广西、重庆、四川、云南、西藏、陕西、甘肃。山西中南部山区均有分布。生于海拔150～2000m林下、灌丛、山坡林缘或山谷沟边。

【经济价值】枝条可编织。叶及嫩枝可作绿肥饲料。可作蜜源植物。花色艳丽，可作园林观赏树种。是营造防护林与混交林的树种，可起到固氮、改良土壤的作用。

63. 胡枝子（随军茶）
Lespedeza bicolor

【科属】豆科 Fabaceae
胡枝子属 *Lespedeza*

【形态特征】落叶灌木。多分枝，小枝有棱，被疏毛。三出羽状复叶互生，小叶质薄，卵形、倒卵形或卵状椭圆形，先端钝圆或微凹，具小尖头，基部近圆形或宽楔形，叶面无毛，叶背被疏柔毛，全缘。

总状花序，常成较疏松的圆锥花序，花两性，花冠蝶形，花瓣 5 枚，红紫色，子房被毛。荚果斜卵形，稍扁，被毛。花期 7 ～ 9 月，果期 9 ～ 10 月。

【分布生境】分布于北京、天津、河北、山西、内蒙古、辽宁、吉林、黑龙江、上海、江苏、浙江、安徽、福建、江西、山东、河南、湖北、湖南、广东、广西、重庆、四川、贵州、云南、陕西、甘肃、宁夏。山西各林区均有分布。生于海拔 150 ～ 1000m 杂木林、灌丛、山坡林缘或路旁。

【经济价值】嫩枝叶可作饲料、绿肥。枝条可编织。嫩叶可代茶。种子油可供食用或作机器润滑油。可作园林观赏树种。可用于防风、固沙及水土保持，为营造防护林及混交林的伴生树种。

64. 绿叶胡枝子

Lespedeza buergeri

【科属】豆科 Fabaceae
胡枝子属 *Lespedeza*

【形态特征】与胡枝子的区别在于：小叶卵状椭圆形，先端急尖，基部稍尖或钝圆，叶面鲜绿色，无毛，叶背灰绿色，密被贴伏柔毛。总状花序长于叶或与叶近等长，花冠淡黄绿色。荚果长圆状卵形。花期 6 ～ 7 月，果期 8 ～ 9 月。

【分布生境】分布于河北、山西、辽宁、江苏、浙江、安徽、江西、河南、湖北、湖南、广东、重庆、四川、贵州、云南、陕西、甘肃。山西中条山有分布。生于海拔 1500m 林下、山沟、山坡和路旁。

【经济价值】嫩枝叶可作饲料、绿肥。枝条可用于编织。嫩叶可代茶。根、花药用。

65. 多花胡枝子（四川胡枝子）

Lespedeza floribunda

【科属】豆科 Fabaceae
胡枝子属 *Lespedeza*

【形态特征】与胡枝的区别在于：小灌木，植物较矮。顶生小叶倒卵形、宽倒卵形或长圆形，先端钝圆或近平截，微凹，具小刺尖，基部楔形，叶面疏被贴伏毛，叶背密被白色贴伏毛，侧生小叶较小。总状花序长于叶，花两性，花冠紫色、紫红色或蓝紫色，无瓣闭锁花簇生叶腋，呈头状花序。荚果宽卵形，密被毛。花期 6 ～ 9 月，果期 9 ～ 10 月。

【分布生境】分布于北京、天津、河

北、山西、内蒙古、辽宁、江苏、浙江、安徽、福建、江西、山东、河南、湖北、湖南、广东、广西、重庆、四川、贵州、云南、西藏、陕西、甘肃、青海、宁夏、台湾。山西各林区均有分布。生于海拔1300m以下的疏林、灌丛、石质山坡或林缘草地。

【经济价值】牛羊喜食的牧草。花繁叶茂，花色艳丽，可作园林观赏树种。可用以改良退化的山坡草地。

66. 葛（葛藤、野葛、粉葛藤）
Pueraria montana* var. *lobata

【科属】豆科 Fabaceae 葛属 *Pueraria*

【形态特征】缠绕木质藤本，粗壮，全体被黄色长硬毛，有粗厚的块状根。羽状复叶具3小叶，小叶3裂，偶全缘。顶生小叶宽卵形或斜卵形，先端长渐尖，侧生小叶斜卵形，稍小，叶面被淡黄色、平伏的疏柔毛，叶背较密，小叶柄被黄褐色茸毛。总状花序中部以上有颇密集的花，花2～3朵聚生于花序轴的节上，花萼钟形，被黄褐色柔毛，裂片披针形，花冠紫色，旗瓣倒卵形，基部有2耳及一黄色硬痂状附属体，具短瓣柄，翼瓣镰状，基部

有线形、向下的耳，龙骨瓣镰状长圆形，基部有极小、急尖的耳。荚果长椭圆形，扁平，被褐色长硬毛。花期9～10月，果期11～12月。

【分布生境】分布于山西、河北、福建、江西、湖北、湖南、广东、广西、海南、四川、贵州、云南、陕西、台湾。山西中南部山区均有分布。生于海拔300～1500m山地林下、林缘坡地。

【经济价值】葛根供药用。茎皮纤维供织布和造纸用。为良好的水土保持植物。

67. 红柄白鹃梅（纪氏白鹃梅）
Exochorda giraldii

【科属】蔷薇科 Rosaceae 白鹃梅属 *Exochorda*

【形态特征】落叶灌木。小枝无毛，细弱。叶椭圆形或长椭圆形，稀长倒卵形，先端尖、突尖或圆钝，基部楔形、宽楔形或圆，稀偏斜，全缘，稀中上部有钝齿，

无毛或叶背被柔毛，叶柄长，常红色，无毛，无托叶。总状花序有 6～10 朵花，无毛，花梗短或近无梗，萼片宽短，近半圆形，全缘，花瓣白色，倒卵形或长圆状倒卵形，基部渐窄成长爪。蓇果倒圆锥形，无毛，具 5 脊。花期 5 月，果期 7～8 月。

【分布生境】分布于北京、河北、山西、江苏、浙江、安徽、河南、湖北、湖南、重庆、四川、陕西、甘肃。山西南部山区有分布。生于海拔 1000～2000m 林缘、山坡灌丛。

【经济价值】嫩芽可食用。花朵繁茂，可栽培供观赏。

68. 三裂绣线菊（三桠绣球）

Spiraea trilobata

【科属】蔷薇科 Rosaceae

绣线菊属 *Spiraea*

【形态特征】落叶灌木。小枝细瘦，开展，稍呈“之”字形弯曲，无毛。单叶互生，近圆形，先端钝，常 3 裂，基部圆或近心形，基脉 3～5。伞形花序具花序梗，无毛，蔷薇花冠白色，花瓣 5 枚，宽倒卵

形，先端常微凹。蓇葖果开张。花期 5～6 月，果期 7～8 月。

【分布生境】分布于北京、天津、河北、山西、内蒙古、辽宁、吉林、黑龙江、江苏、安徽、江西、山东、河南、湖南、重庆、四川、贵州、陕西、甘肃、宁夏。山西各林区均有分布。生于海拔 450～2400m 疏林、山坡灌丛或多岩石向阳坡地。

【经济价值】根茎含单宁，可作鞣料植物。可栽培供观赏。

69. 土庄绣线菊（柔毛绣线菊）

Spiraea pubescens

【科属】蔷薇科 Rosaceae

绣线菊属 *Spiraea*

【形态特征】落叶灌木。小枝稍弯曲，嫩时被短柔毛，老时无毛。单叶互生，叶菱状卵形或椭圆形，先端急尖，基部宽楔形，中部以上有粗齿或缺刻状锯齿，有时 3 裂，两面被短柔毛。伞形花序具花序梗，有 15～20 朵花，蔷薇花冠白色，花瓣 5 枚，卵形、宽倒卵形或近圆形。蓇葖果开张。花期 5～6 月，果期 7～8 月。

【分布生境】分布于北京、天津、河北、山西、内蒙古、辽宁、吉林、黑龙江、江苏、安徽、山东、河南、湖北、湖南、广东、重庆、贵州、陕西、甘肃、青海、宁夏、新疆。山西各林区均有分布。生于海拔 200 ～ 2500m 干燥岩石坡地、向阳或半阴处杂木林内。

【经济价值】可以丛植于山坡、石边、草坪角隅或建筑物前后，起到点缀或映衬作用。

70. 华北珍珠梅（珍珠梅、吉氏珍珠梅）

Sorbaria kirilowii

【科属】蔷薇科 Rosaceae

珍珠梅属 *Sorbaria*

【形态特征】落叶灌木。奇羽状复叶互生，小叶 13 ～ 21 枚，披针形至长圆状披针形，先端渐尖，稀尾尖，有尖锐重锯齿，两面无毛或叶背脉腋具短柔毛，小叶柄短或近无柄，无毛，托叶线状披针形，无毛。圆锥花序密集，花瓣白色，倒卵形或宽卵形。蓇葖果长圆柱形，无毛，花柱稍侧生，宿存萼片反折，稀开展，果柄直立。花期 6 ～ 7 月，果期 9 ～ 10 月。

【分布生境】分布于北京、天津、河北、山西、内蒙古、辽宁、江苏、福建、江西、山东、河南、湖北、广西、重庆、四川、陕西、甘肃、青海、宁夏。山西各林区均有分布。生于海拔 200 ～ 1300m 杂木林和山坡阳处。

【经济价值】可用于水土保持。各地常见栽培供观赏。

71. 绣线梅（复序南梨）

Neillia thyrsiflora

【科属】蔷薇科 Rosaceae

绣线梅属 *Neillia*

【形态特征】直立灌木。小枝细弱有棱角，红褐色。单叶互生，叶片卵形至卵状椭圆形，近花序叶卵状披针形，先端长渐尖，基部圆或近心形，基部 3 深裂，边缘有尖锐重锯齿。顶生圆锥花序，花萼筒钟状，萼片三角形，花瓣倒卵形，白色。蓇葖果长圆形，宿萼外面密被柔毛和稀疏长腺毛。花期 7 月，果期 9 ～ 10 月。

【分布生境】分布于山西、河南、广西、云南、河北、西藏。山西中条山区有分布。生于海拔 1000～3000m 山地丛林中。

【经济价值】可用于水土保持。

72. 水栒子（多花栒子）
Cotoneaster multiflorus

【科属】蔷薇科 Rosaceae 栒子属 *Cotoneaster*

【形态特征】落叶灌木。枝条细，常弓形弯曲，小枝圆，幼时带紫色。单叶互生，卵形或宽卵形，先端尖或钝圆，基部宽楔形或圆，叶面无毛，叶背幼时稍有柔毛。疏散聚伞状伞房花序具 5～20 朵花，无毛，稀微具柔毛，花白色，花瓣 5 枚，近圆形，

平展，内面基部有白色柔毛。梨果近球形或倒卵圆形，成熟时红色。花期 5～6 月，果期 8～9 月。

【分布生境】分布于北京、天津、河北、山西、内蒙古、辽宁、福建、山东、河南、湖北、广西、重庆、四川、贵州、云南、西藏、陕西、甘肃、青海、宁夏、新疆。山西各林区均有分布。生于海拔 1200～3500m 山坡杂木林或沟谷。

【经济价值】夏季密着白花，秋季结红色果实，经久不凋，可作观赏植物。可用于水土保持。

73. 灰栒子（北京栒子、河北栒子）
Cotoneaster acutifolius

【科属】蔷薇科 Rosaceae 栒子属 *Cotoneaster*

【形态特征】与水栒子的区别在于：叶椭圆状卵形或长圆状卵形，先端急尖，基部宽楔形。聚伞状伞房花序具 2～5 朵花，花瓣 5 枚直立，宽倒卵形或长圆形，白色带红晕。梨果椭圆形，成熟时黑色。花期 5～6 月，果期 9～10 月。

【分布生境】分布于北京、天津、河北、山西、内蒙古、辽宁、福建、江西、

河南、湖北、湖南、重庆、四川、贵州、云南、西藏、陕西、甘肃、青海、宁夏、台湾。山西各林区均有分布。生于海拔1400～3700m疏林、灌丛、山坡沟谷。

【经济价值】木材坚硬，可制农具柄。果药用。

74. 西北栒子（杋氏栒子、杂氏灰栒子、土兰条）
Cotoneaster zabelii

【科属】蔷薇科 Rosaceae
栒子属 *Cotoneaster*

【形态特征】与水栒子的区别在于：小枝幼时密被带黄色柔毛，老时无毛。叶片椭圆形至卵形，先端多数圆钝，稀微缺，基部圆形或宽楔形，叶面具稀疏柔毛，叶背密被黄色或灰色茸毛，叶柄被茸毛。花3～13朵成下垂聚伞花序，总花梗和花梗被柔毛，萼筒钟状，外面被柔毛，花瓣直立，倒卵形或近圆形，浅红色。梨果，倒卵形至卵球形，鲜红色。花期5～6月，果期8～9月。

【分布生境】分布于北京、天津、河北、山西、内蒙古、吉林、福建、山东、河南、湖北、湖南、广西、重庆、四川、贵州、陕西、甘肃、青海、宁夏。山西各林区均有分布。生于海拔800～2500m林缘、灌丛、石灰岩山地、山坡阴处或沟谷边。

【经济价值】园林观赏，观花、观果。

75. 毛樱桃（樱桃、山豆子、梅桃、山樱桃、野樱桃、山樱桃梅）
Prunus tomentosa

【科属】蔷薇科 Rosaceae
李属 *Prunus*

【形态特征】灌木，稀小乔木状。冬芽疏被柔毛或无毛，嫩枝密被茸毛至无毛。单叶互生，卵状椭圆形或倒卵状椭圆形，有急尖或粗锐锯齿，叶面被疏柔毛，叶背灰绿色，密被灰色茸毛至稀疏。花单生或2朵簇生，花叶同放，近先叶开放或先叶

开放，萼筒管状或杯状，外被柔毛或无毛，花瓣白色或粉红色，倒卵形。核果近球形，熟时红色，被茸毛。花期4～5月，果期6～7月。

【分布生境】分布于北京、天津、河北、山西、内蒙古、辽宁、吉林、黑龙江、江苏、浙江、安徽、山东、河南、重庆、四川、贵州、云南、西藏、陕西、甘肃、青海、宁夏、新疆。山西各林区均有分布。生于海拔100～3200m山坡林中、林缘、灌丛中或草地。

【经济价值】果实可食，味鲜美可口，种仁入药。

76. 欧李（钙果、酸丁、乌拉奈）
Prunus humilis

【科属】蔷薇科 Rosaceae 李属 *Prunus*

【形态特征】落叶灌木。冬芽疏被短

柔毛或几无毛，小枝被短柔毛。单叶互生，叶倒卵状长圆形或倒卵状披针形，有单锯齿或重锯齿，叶面无毛，叶背浅绿色，无毛或被稀疏短柔毛。白色或粉色花单生或2～3朵簇生，花叶同放；萼筒外面被稀疏柔毛，花瓣长圆形或倒卵形。核果近球形，熟时红色或紫红色。花期4～5月，果期6～10月。

【分布生境】分布于北京、天津、河北、山西、内蒙古、辽宁、吉林、黑龙江、江苏、安徽、山东、河南、陕西。山西中南部山区均有分布。生于海拔100～1800m林缘、灌丛或阳坡沙地中。

【经济价值】果实可食，味鲜美可口，种仁入药。

77. 茅莓（小叶悬钩子、沙窝窝）
Rubus parvifolius

【科属】蔷薇科 Rosaceae 悬钩子属 *Rubus*

【形态特征】落叶灌木。枝呈弓形弯曲，被柔毛和稀疏钩状皮刺。三出羽状复叶互生，小叶3枚，在新枝上偶有5枚，菱状圆形或倒卵形，叶面伏生疏柔毛，叶背密被灰白色茸毛，边缘有粗锯齿或重锯

齿，常具浅裂片。伞房花序顶生或腋生，花萼密被柔毛和针刺，花瓣粉红色至紫红色，卵圆形，子房具柔毛。聚合核果卵球形，红色，无毛或具稀疏柔毛。花期5～6月，果期7～8月。

【分布生境】全国各地均有分布。山西各林区均有分布。生于海拔400～2600m山坡杂木林、林缘路旁、山谷荒野。

【经济价值】果实酸甜多汁，可供食用、酿酒及制醋等。全株入药。根和叶含单宁，可提取栲胶。

78. 覆盆子
Rubus idaeus

【科属】蔷薇科 Rosaceae 悬钩子属 *Rubus*

【形态特征】与茅莓的区别在于：奇羽复叶，花枝上有时具3小叶，不孕枝上常5～7小叶，长卵形或椭圆形。顶生小叶常卵形，有时浅裂。短总状花序或少花

腋生，生于侧枝顶端，花瓣匙形，被短柔毛或无毛，白色。聚合核果近球形，排列紧密，红色或橙黄色，密被短茸毛。花期5～6月，果期8～9月。

【分布生境】分布于北京、天津、河北、山西、内蒙古、辽宁、吉林、黑龙江、江西、山东、河南、湖北、四川、贵州、云南、西藏、陕西、新疆。山西中南部山区均有分布。生于海拔500～2000m山地杂木林缘、灌丛或荒野。

【经济价值】果可入药，也可供食用，在欧洲久经栽培，多数栽培品种可作水果。

79. 弓茎悬钩子（山挂牌条、小花莓、弓茎莓）
Rubus flosculosus

【科属】蔷薇科 Rosaceae 悬钩子属 *Rubus*

【形态特征】与覆盆子的区别在于：小叶5～7枚，卵形、卵状披针形或卵状长圆形，顶生小叶有时为菱状披针形，叶面无毛或近无毛，叶背被灰白色茸毛，具

粗重锯齿，有时浅裂，叶柄与叶轴均被柔毛和钩状小皮刺。顶生为圆锥花序，侧生为总状花序，花萼密被灰白色柔毛，萼片卵形或长卵形，先端尖而有突尖头，花果期均直立开展，花瓣近圆形，粉红色，与萼片近等长或稍长。聚合核果球形，熟时红色至红黑色，无毛或微具柔毛。花期 6～7 月，果期 8～9 月。

【分布生境】分布于山西、浙江、河南、湖北、重庆、四川、贵州、云南、西藏、陕西、甘肃。山西南部山区均有分布。生于海拔 900～2600m 的山坡杂木林、灌丛或山谷沟边。

【经济价值】果甜酸可食，也可供制醋。

80. 针刺悬钩子（倒毒散、倒扎龙）

Rubus pungens

【科属】蔷薇科 Rosaceae 悬钩子属 *Rubus*

【形态特征】与覆盆子的区别在于：幼枝常具较密的直立皮刺。小叶 5～7 枚，卵形、三角卵形或卵状披针形，先端尖或渐尖，基部圆或近心形，叶面疏生柔毛，

叶背有柔毛或脉上有柔毛，具尖锐重锯齿或缺刻状重锯齿，顶生小叶常羽状分裂。花单生或 2～4 朵成伞房花序，顶生或腋生，花梗有柔毛和小针刺，花萼具柔毛和腺毛，密被直立针刺。聚合核果近球形，红色，具柔毛或近无毛。花期 4～5 月，果期 7～8 月。

【分布生境】分布于山西、浙江、福建、河南、湖北、重庆、四川、贵州、云南、西藏、陕西、甘肃、台湾。山西南部山区均有分布。生于海拔 2200～3300m 山坡林下、林缘或河边。

【经济价值】根供药用。

81. 牛叠肚（牛迭肚、山楂叶悬钩子、覆盆子）

Rubus crataegifolius

【科属】蔷薇科 Rosaceae 悬钩子属 *Rubus*

【形态特征】直立灌木常匍匐状。幼枝被柔毛，老时无毛，有微弯皮刺。单叶互生，卵形或长卵形，花枝叶稍小，先端渐尖，稀尖，基部心形或近平截，叶面近无毛，叶背脉有柔毛和小皮刺，3～5 掌

状分裂，裂片卵形或长圆状卵形，有不规则缺刻状锯齿，基部具掌状5脉。花数朵簇生或成短总状花序，常顶生，花瓣椭圆形或长圆形，白色，几与萼片等长，子房无毛。聚合核果近球形，暗红色，无毛，有光泽。花期5～6月，果期7～9月。

【分布生境】分布于北京、天津、河北、山西、内蒙古、辽宁、吉林、黑龙江、山东、河南、湖南、重庆、贵州、甘肃、新疆。山西南部山区均有分布。生于海拔300～2500m山沟林缘或山坡灌木丛中。

【经济价值】果和根入药。果酸甜，可生食，制果酱或酿酒。全株含单宁，可提取栲胶。茎皮含纤维，可作造纸及制纤维板原料。

82. 樱草蔷薇（大马茄子）

Rosa primula

【科属】蔷薇科 Rosaceae

蔷薇属 *Rosa*

【形态特征】落叶小灌木，直立。小枝无毛，散生直立稍扁而基部膨大的皮刺。奇羽复叶互生，小叶9～15，椭圆形、椭圆状倒卵形或长椭圆形，边缘有重锯齿，

两面均无毛，叶背密被腺点，托叶卵状披针形，大部贴生于叶柄，边缘有不明显锯齿和腺齿，无毛。花单生于叶腋，花瓣淡黄色或黄白色，倒卵形，先端微凹，基部宽楔形。蔷薇果卵球形或近球形，红色或黑褐色，无毛，由肉质花托及内藏的小瘦果组成。花期5～7月，果期7～11月。

【分布生境】分布于北京、河北、山西、辽宁、黑龙江、四川、西藏、甘肃、宁夏。山西各林区均有分布。生于海拔1400～3450m山坡、林下、路旁或灌丛中。

【经济价值】花密、色艳、香浓，秋果红艳，是极好的园林观赏植物。也是很好的水土保持植物。

83. 美蔷薇（油瓶子）
Rosa bella

【科属】蔷薇科 Rosaceae 蔷薇属 *Rosa*

【形态特征】与樱草蔷薇的区别在于：老枝常密被针刺。小叶7～9，较大，托叶宽平，大部贴生于叶柄，离生部分卵形，先端急尖，边缘有腺齿。花单生或2～3朵集生，花梗与花萼均被腺毛，萼片卵状披针形，全缘，外面有腺毛，花瓣粉红色，先端微凹。果椭圆状卵球形，顶端有短颈，猩红色，有腺毛。花期5～7月，果期8～10月。

【分布生境】分布于北京、天津、河北、山西、内蒙古、辽宁、安徽、山东、河南、重庆、四川、陕西、甘肃、青海、宁夏。山西各林区均有分布。生于海拔1000～1800m林内、林缘、山坡灌丛或河谷沟边。

【经济价值】花果均入药。河北、山西用本种果实代金樱子入药。花可提取芳香油并制玫瑰酱。是极好的园林观赏植物。是很好的水土保持植物。

84. 钝叶蔷薇
Rosa sertata

【科属】蔷薇科 Rosaceae 蔷薇属 *Rosa*

【形态特征】与美蔷薇的区别在于：小枝散生直立皮刺或无刺。托叶大部贴生叶柄，离生部分耳状，卵形，无毛，边缘有腺毛。花单生或3～5朵排成伞房状，花梗和萼筒无毛，萼片卵状披针形，先端叶状，全缘，外面无毛，内面密被黄白色柔毛，边缘较密，花瓣粉红色或玫瑰色，宽倒卵形，先端微凹，短于萼片。果卵球形，顶端有短颈，深红色，宿萼直立。花期6月，果期8～10月。

【分布生境】分布于天津、河北、山

西、江苏、浙江、安徽、福建、江西、河南、湖北、湖南、重庆、四川、贵州、云南、陕西、甘肃、青海、宁夏。山西中南部山区均有分布。生于海拔1300～2200m疏林、山坡灌丛及路旁沟边。

【经济价值】花有栽培，具有较高的观赏价值。是很好的水土保持植物。

85. 少脉雀梅藤（对结子、对结刺、对节木）

Sageretia paucicostata

【科属】鼠李科 Rhamnaceae 雀梅藤属 *Sageretia*

【形态特征】落叶灌木，稀小乔木。小枝刺状，对生或近对生。叶纸质，互生或近对生，椭圆形或倒卵状椭圆形，稀近圆形或卵状椭圆形，先端钝或圆，稀尖或微凹，基部楔形或近圆形，具钩状细锯齿，下面无毛，侧脉2～3对，弧状上升，叶脉被短柔毛。疏散穗状或穗状圆锥花序，花序轴无毛，花无梗或近无梗，黄绿色，无毛，单生或2～3朵簇生，花瓣匙形，短于萼片，先端微凹。核果倒卵状球形或球形，熟时黑色或黑紫色。花期5～9月，果期7～10月。

【分布生境】分布于北京、天津、河北、山西、河南、湖南、四川、贵州、云南、西藏、陕西、甘肃。山西中南部山区均有分布。生于海拔700～1800m疏林、山坡或山谷灌丛中。

【经济价值】叶可代茶，也可供药用。

86. 鼠李（臭李子）

Rhamnus davurica

【科属】鼠李科 Rhamnaceae 鼠李属 *Rhamnus*

【形态特征】落叶灌木或小乔木。小枝褐色，稍平滑，枝顶端有大的芽而不形成刺。叶纸质，单叶对生或近对生，宽椭圆形、卵圆形或倒卵状椭圆形，边缘具圆齿状细锯齿，齿端有红色腺体。花单性，雌雄异株，雌花1～3朵腋生或数朵至20余朵簇生于短枝上，花具明显的梗，排成腋生聚伞花序。核果球形，熟时黑色。花期5～6月，果期7～10月。

【分布生境】分布于北京、河北、山西、内蒙古、辽宁、吉林、黑龙江、江苏、

江西、山东、河南、湖北、湖南、贵州、云南、陕西、甘肃、新疆。山西中南部山区均有分布。生于海拔 1800m 以下的山坡林下、灌丛、林缘或沟边阴湿处。

【经济价值】木材坚实，可供制家具及雕刻之用。果肉药用。种子榨油作润滑油。树皮和叶可提取栲胶。

87. 冻绿（鼠李、冻绿柴、冻绿树、冻木树、绿皮刺）

Rhamnus utilis

【科属】鼠李科 Rhamnaceae 鼠李属 *Rhamnus*

【形态特征】落叶灌木或小乔木。幼枝无毛，枝端具刺。叶纸质，对生，椭圆形、矩圆形或倒卵状椭圆形，边缘具细锯齿，叶面无毛，叶背干后常变黄色，沿脉或脉腋有金黄色柔毛。花单性，雌雄异株，花梗无毛，雄花数朵簇生叶腋或聚生小枝下部，雌花 2～6 朵簇生叶腋或小枝下部。核果近球形，熟时黑色。花期 4～6 月，果期 5～8 月。

【分布生境】分布于北京、天津、河北、山西、辽宁、上海、江苏、浙江、安徽、福建、江西、山东、河南、湖北、湖南、广东、广西、重庆、四川、贵州、云南、陕西、甘肃。山西中南部山区均有分布。生于海拔 1500m 以下的山地、丘陵、山坡草丛、灌丛或疏林下。

【经济价值】种子油作润滑油。果实、树皮及叶合成黄色染料。

88. 猫乳（鼠矢枣、山黄、长叶绿柴）

Rhamnella franguloides

【科属】鼠李科 Rhamnaceae 猫乳属 *Rhamnella*

【形态特征】落叶灌木或小乔木。幼枝绿色，被毛。叶倒卵状矩圆形、倒卵状椭圆形、矩圆形，长椭圆形，稀倒卵形，顶端尾状渐尖、渐尖或骤然收缩成短渐尖，基部圆形，稀楔形，稍偏斜，边缘具细锯齿，叶面绿色，无毛，叶背黄绿色，被柔毛或仅沿脉被柔毛。花两性，6～18 朵排成腋生聚伞花序，花序梗长，被疏柔毛或无毛，花瓣宽倒卵形，黄绿色。核果圆柱形，成熟时红色或橘红色，干后变黑色或紫黑色。

花期 5 ～ 7 月，果期 7 ～ 10 月。

【分布生境】分布于北京、河北、山西、上海、江苏、浙江、安徽、江西、山东、河南、湖北、湖南、重庆、贵州、云南、陕西。山西中条山有分布。生于海拔 1100m 以下的山坡、路旁或林中。

【经济价值】根供药用。皮含绿色染料。可用于园林观赏。

89. 多花勾儿茶（牛鼻圈）
Berchemia floribunda

【科属】鼠李科 Rhamnaceae 勾儿茶属 *Berchemia*

【形态特征】落叶藤状或直立灌木。幼枝黄绿色，光滑无毛。单叶互生，上部叶卵形、卵状椭圆形或卵状披针形，先端尖，下部叶椭圆形，先端钝或圆，稀短渐尖，基部圆，稀心形，叶面无毛，叶背无毛或沿脉基部被疏柔毛，侧脉 9 ～ 12 对。花常数朵簇生成顶生宽聚伞圆锥花序，花瓣倒卵形，雄蕊与花瓣等长。核果圆柱状椭圆形，熟时红色至黑紫色。花期 7 ～ 10 月，果期翌年 4 ～ 7 月。

【分布生境】分布于山西、江苏、浙江、安徽、福建、江西、河南、湖北、湖南、广东、广西、海南、重庆、四川、贵州、云南、西藏、陕西、甘肃、台湾。山西南部山区均有分布。生于海拔 2600m 以下的林下、灌丛、山坡林缘或沟谷。

【经济价值】根、茎及叶入药。嫩叶可代茶。枝梢横展蔓生，叶秀花繁，园林中可用以攀附围墙、陡坡或假山石。花枝、果枝可供插花。

90. 榛（平榛）
Corylus heterophylla

【科属】桦木科 Betulaceae 榛属 *Corylus*

【形态特征】小乔木或灌木状。树皮灰色，枝条无毛，小枝黄褐色，被毛，无或多少具刺状腺体。单叶互生，叶为矩圆形或宽倒卵形，先端骤尖、尾状或近平截，边缘具不规则的重锯齿，中部以上具浅裂。花单性，雌雄同株，雄花为裸芽，柔荑花序，每 2 ～ 3 枚生于上一年的侧枝的顶端，下垂，雄花无花被；雌花 2 ～ 3 朵簇生于

鳞芽内，开花时现出红色花柱，每个苞鳞内具2枚对生的雌花，每朵雌花具1枚苞片和2枚小苞片（在发育过程中苞片与小苞片不同程度地愈合），具花被。果单生或2～6枚簇生成头状，果苞钟状，外面具细条棱，密被柔毛，密生刺状腺体，坚果近球形，无毛或仅顶端疏被长柔毛。花期4～5月，果期9月。

【分布生境】分布于北京、天津、河北、山西、内蒙古、辽宁、吉林、黑龙江、上海、江苏、浙江、安徽、江西、山东、河南、湖北、重庆、四川、贵州、云南、陕西、甘肃、宁夏。山西各林区均有分布。生于海拔200～1000m的山地阴坡疏林或灌丛中。

【经济价值】果仁可食，榨油。树皮、叶和总苞可提取栲胶。可作为水土保持植物。

91. 毛榛
Corylus mandshurica

【科属】桦木科 Betulaceae 榛属 *Corylus*

【形态特征】与榛子的区别在于：小枝黄褐色，被长柔毛。叶宽卵形、矩圆形或倒卵状矩圆形，顶端骤尖或尾状，中部以上具浅裂或缺刻，叶面疏被短柔毛，叶背被长柔毛及短柔毛，沿脉的毛较密。果苞管状，全包坚果，外面密被黄色刚毛兼有白色短柔毛。花期4～5月，果期9月。

【分布生境】分布于北京、天津、河北、山西、内蒙古、辽宁、吉林、黑龙江、福建、山东、河南、湖北、重庆、四川、陕西、甘肃、青海、宁夏。山西各林区均有分布。生于海拔400～2500m的山坡灌丛中或林下。

【经济价值】种子可食。也可作为水土保持植物。

92. 虎榛子
Ostryopsis davidiana

【科属】桦木科 Betulaceae 虎榛子属 *Ostryopsis*

【形态特征】矮灌木，枝条灰褐色，无毛。小枝褐色，具条棱，被毛。单叶互生，叶卵形或椭圆状卵形，边缘具重锯齿，叶面被短柔毛，叶背被褐色腺点。果苞厚纸质，下半部紧包果实，上半部延伸呈管状，外被柔毛，具条棱，绿色带紫红色，成熟

后一侧开裂，顶端 4 浅裂，裂片长达果苞的 1/4 ～ 1/3；小坚果宽卵圆形或几球形，褐色，有光泽，疏被短柔毛，具细肋。花期 4 ～ 5 月，果期 6 ～ 7 月。

【分布生境】分布于北京、天津、河北、山西、内蒙古、辽宁、黑龙江、福建、四川、云南、陕西、甘肃、青海、宁夏。山西各林区均有分布。为黄土高原的优势灌木，生于海拔 800 ～ 2400m 的向阳山坡或杂木林下。

【经济价值】树皮及叶含鞣质，可提取栲胶。种子含油，供食用和制肥皂。枝条可编农具，经久耐用。也可作为水土保持植物。

93. 卫矛（鬼见羽、鬼箭羽、毛脉卫矛）
Euonymus alatus

【科属】卫矛科 Celastraceae
卫矛属 *Euonymus*

【形态特征】落叶灌木，枝条具 4 纵列宽木栓翅。单叶对生，纸质，长椭圆形或略呈椭圆倒披针形，边缘具细密锯齿，叶背脉上被短毛。聚伞花序 2 ～ 3 次分枝，各分枝有 1 ～ 3 朵花，白绿色。蒴果 1 ～ 4

深裂，裂瓣椭圆形。种子红棕色，椭圆形或宽椭圆形，褐或浅棕色红色，全包种子。花期 5 ～ 6 月，果期 7 ～ 10 月。

【分布生境】全国各地均有分布。山西中南部山区均有分布。生于海拔 500 ～ 2100m 的山坡杂木林、林缘、山谷或路边。

【经济价值】带栓翅的枝条入药。

94. 冷地卫矛（紫花卫矛）
Euonymus frigidus

【科属】卫矛科 Celastraceae
卫矛属 *Euonymus*

【形态特征】落叶灌木，老枝暗紫红色或紫黑色。单叶对生，卵形、长卵形或宽椭圆形，先端渐尖或长渐尖，基部宽楔形或近圆，具细密小锯齿，齿尖稍内弯，侧脉 4 ～ 5 对。聚伞花序 3 ～ 5 分枝，花序梗细，松散，每分枝有三出小聚伞花序，花 4 数，深紫色。蒴果近球形，具 4 窄长翅，先端常稍窄并向上内曲，种子宽椭圆形，具褐色假种皮。花期 5 ～ 6 月，果期 7 ～ 10 月。

【分布生境】分布于山西、河南、湖北、湖南、海南、重庆、四川、贵州、云南、

西藏、陕西、甘肃。山西中条山有分布。生于海拔 700 ～ 3000m 的山地林下、林缘或溪旁灌丛。

【经济价值】花、果均有观赏性。

95. 石枣子（腥臭卫矛）
Euonymus sanguineus

【科属】卫矛科 Celastraceae 卫矛属 *Euonymus*

【形态特征】与冷地卫矛的区别在于：花白绿色。蒴果扁球形，成熟时带紫红色，4 棱，每棱有微呈三角形的翅。种子黑色，具红色假种皮。花期 5 ～ 6 月，果期 7 ～ 10 月。

【分布生境】分布于山西、江西、河南、湖北、湖南、广西、重庆、四川、贵

州、云南、西藏、陕西、甘肃、青海、宁夏。山西中南部山区均有分布。生于海拔 700 ～ 1200m 山地林下、林缘或灌丛中。

【经济价值】根入药。果实观赏性强。

96. 中亚卫矛（八宝茶）
Euonymus semenovii

【科属】卫矛科 Celastraceae 卫矛属 *Euonymus*

【形态特征】落叶小灌木。枝具 4 条栓棱或窄翅。单叶对生，卵状披针形、窄卵形或线形，先端渐窄，基部圆或楔形，边缘具细密浅锯齿，侧脉 7 ～ 10 对，密集。聚伞花序多具 2 次分枝，通常有 7 花，稀 3 花；花序梗细长，分枝长，中央小花梗明显较短；花紫棕色，花瓣卵圆形。蒴果倒心形，4 浅裂，基部骤窄缩成短柄状，顶端浅心形。种子黑棕色，假种皮橙黄色，包被种子大部，仅近顶端一侧开裂。花期 5 ～ 6 月，果期 7 ～ 10 月。

【分布生境】分布于河北、山西、重庆、四川、云南、西藏、陕西、甘肃、青海、新疆。山西中南部山区均有分布。生于海拔 2000m 以下的山地阴处林下或灌木丛中。

97. 南蛇藤（蔓性落霜红、南蛇风、果山藤）
Celastrus orbiculatus

【科属】卫矛科 Celastraceae 南蛇藤属 *Celastrus*

【形态特征】藤状灌木，通常攀缘。单叶互生，小枝光滑无毛，灰棕色，具稀而不明显的皮孔。叶常阔倒卵形，近圆形

或长椭圆形，先端圆，具小尖头或短渐尖，边缘具锯齿。聚伞花序腋生，间有顶生，花序有 1 ～ 3 朵花。蒴果近球状，熟时黄色。种子椭圆状稍扁，赤褐色，假种皮肉质红色，全包种子。花期 5 ～ 6 月，果期 7 ～ 10 月。

【分布生境】全国各地均有分布。山西中南部山区均有分布。生于海拔 450 ～ 2200m 山地林下、林缘、山坡灌丛或山谷溪边。

【经济价值】根、茎、叶、果均可入药。树皮制优质纤维。植株姿态优美，具有较高的观赏价值，是城市垂直绿化的优良树种。

98. 苦皮藤（苦树皮、棱枝南蛇藤）
Celastrus angulatus

【科属】卫矛科 Celastraceae
南蛇藤属 *Celastrus*

【形态特征】与南蛇藤的区别在于：皮孔密生，白色。叶大，近革质，先端圆，具渐尖头。聚伞圆锥花序顶生，下部分枝

长于上部分枝，略呈塔锥形，花序轴及小花轴光滑或被锈色短毛。花期 5 ～ 6 月，果期 7 ～ 10 月。

【分布生境】分布于山西、吉林、上海、江苏、浙江、安徽、江西、山东、河南、湖北、湖南、广东、广西、重庆、四川、贵州、云南、陕西、甘肃。山西中条山有分布。生于海拔 1000 ～ 2500m 山地丛林及山坡灌丛中。

【经济价值】树皮纤维可供造纸及人造棉。果皮及种子含油脂可供工业用。根皮及茎皮可制杀虫剂和灭菌剂。

99. 一叶萩（叶底珠）
Flueggea suffruticosa

【科属】叶下珠科 Phyllanthaceae
白饭树属 *Flueggea*

【形态特征】落叶灌木，多分枝。小枝浅绿色，近圆柱形，有棱槽，有不明显的皮孔，全株无毛。单叶互生，纸质，椭圆形或长椭圆形，稀倒卵形，全缘或间有不整齐的齿。雌雄异株，簇生于叶腋，花

黄绿色。蒴果三棱状扁球形，成熟时淡红褐色，有网纹，3 爿裂。花期 3 ～ 8 月，果期 6 ～ 11 月。

【分布生境】除西北尚未发现外，全国各地均有分布。山西中南部山区均有分布。生于海拔 800 ～ 2500m 山地林缘、路旁灌丛或向阳沟边。

【经济价值】茎皮纤维坚韧，可供纺织原料。枝条可编制用具。根含鞣质。花和叶供药用。

100. 雀儿舌头（小叶雀舌木、云南雀舌木、粗毛雀舌木）

Leptopus chinensis

【科属】叶下珠科 Phyllanthaceae 雀舌木属 *Leptopus*

【形态特征】落叶小灌木，多分枝。单叶互生，叶厚纸质，卵形或卵状披针形，顶端钝或急尖，基部圆或宽楔形，叶面深绿色，叶背浅绿色。雌雄同株，单生或 2 ～ 4 朵簇生叶腋，花瓣白色。蒴果球形或扁球形，具宿萼。花期 2 ～ 8 月，果期 6 ～ 10 月。

【分布生境】中国特有。除黑龙江、新疆、福建、海南和广东外，全国各地均

有分布。山西各林区均有分布。生于海拔 500 ～ 2300m 山地林缘、路旁灌丛或岩崖石缝中。

【经济价值】为水土保持林优良的林下植物，也可作庭园绿化灌木。叶可供制杀虫农药。

101. 毛黄栌

Cotinus coggygria var. *pubescens*

【科属】漆树科 Anacardiaceae 黄栌属 *Cotinus*

【形态特征】落叶小乔木或灌木，树冠圆形。小枝有短柔毛，单叶互生，叶片近圆形全缘或具齿。圆锥花序顶生，花小、杂性，不育花的花梗花后伸长，

被羽状长柔毛，宿存，花瓣 5 枚，长卵圆形或卵状披针形，花盘 5 裂，紫褐色。核果小，肾形扁平，绿色。花期 5～6 月，果期 7～8 月。

【分布生境】分布于北京、天津、山西、江苏、浙江、江西、山东、河南、湖北、重庆、四川、贵州、陕西、甘肃。山西中南部山区均有分布。生于海拔 800～1500m 阳坡及半阳坡林中。

【经济价值】是优良的水土保持树种，也是中国北方地区的重要观赏树种。可作为盐碱地造林树种。

102. 竹叶花椒（野花椒、山花椒、土花椒、狗花椒、竹叶椒）

Zanthoxylum armatum

【科属】芸香科 Rutaceae

花椒属 *Zanthoxylum*

【形态特征】落叶灌木或小乔木。枝无毛，基部具宽而扁锐刺。奇数羽状复叶互生，叶轴两侧具翅，下面有时具皮刺，小叶对生，纸质，几无柄，披针形、椭圆形或卵形，疏生浅齿或近全缘，齿间或沿

叶缘具油腺点。聚伞状圆锥花序腋生或兼生于侧枝之顶，花被片淡黄色。蓇葖果紫红色，疏生微凸油腺点。花期 4～5 月，果期 8～10 月。

【分布生境】分布于山西、内蒙古、上海、江苏、浙江、安徽、福建、江西、山东、河南、湖北、湖南、广东、广西、重庆、贵州、云南、西藏、陕西、甘肃。山西中条山有分布。生于海拔 2200m 以下山坡疏林地或山谷林缘。

【经济价值】根、茎、叶、果及种子均用作草药。果实、枝叶可提取芳香油。果也用作食物的调味料及防腐剂。

103. 扁担杆（孩儿拳头、扁担木）

Grewia biloba

【科属】锦葵科 Malvaceae

扁担杆属 *Grewia*

【形态特征】灌木或小乔木，多分枝，嫩枝被粗毛。单叶互生，薄革质，椭圆形或倒卵状椭圆形，先端锐尖，基部楔形或钝，边缘有细重锯齿，叶上面被疏星状毛，下面密被黄褐色茸毛。聚伞花序腋生，具

花 5 ～ 8 朵，花小，花淡黄色。核果橙红色，无毛，2 裂，每裂有 2 小核。花期 5 ～ 7 月，果期 8 ～ 9 月。

【分布生境】分布于北京、天津、河北、山西、辽宁、上海、江苏、浙江、安徽、福建、江西、山东、河南、湖北、湖南、广东、重庆、四川、贵州、云南、陕西、甘肃、香港。山西中南部山区均有分布。生于海拔 830 ～ 1200m 山坡林中、路边灌丛或荒山。

【经济价值】茎皮纤维可供造纸或代麻用。果可食。可作观赏及蜜源植物。

104. 黄瑞香（祖师麻）
Daphne giraldii

【科属】瑞香科 Thymelaeaceae 瑞香属 *Daphne*

【形态特征】落叶灌木。枝幼时橙黄色，有时上段紫褐色，老时灰褐色，叶迹明显，近圆形，稍隆起。单叶互生，膜质，倒披针形，全缘，叶背带白霜，干燥后灰绿色。花 3 ～ 8 朵组成顶生头状花序，花序梗极短，无毛，花黄色，微芳香，萼筒长，无毛，裂片 4 枚，卵状三角形，骤尖或渐尖。浆果卵形或近圆形，成熟时橙红色或红色。花期 6 月，果期 7 ～ 8 月。

【分布生境】分布于天津、山西、辽宁、湖北、湖南、重庆、四川、云南、西藏、陕西、甘肃、青海、宁夏、新疆。山西中南部山区有分布。生于海拔 1600 ～ 2600m 山坡林缘、疏林或灌丛中。

【经济价值】茎皮及根皮可入药。茎皮纤维为人造棉的原料。姿态清逸，花多成簇，可栽培供观赏用。

105. 河朔荛花
Wikstroemia chamaedaphne

【科属】瑞香科 Thymelaeaceae 荛花属 *Wikstroemia*

【形态特征】落叶灌木。分枝密，纤细，幼枝淡绿色，近四棱形，无毛。单叶对生，近革质，披针形。花两性，黄色，花序穗状或由穗状花序组成的圆锥花序，顶生或腋生，密被灰色短柔毛。核果卵形。花期 6 ～ 8 月，果期 9 月。

【分布生境】分布于北京、天津、河北、山西、福建、江西、山东、河南、湖北、湖南、四川、贵州、陕西、甘肃。山西中南部山区均有分布。生于海拔 500 ～ 1900m 的阳坡半阳坡林缘、路旁灌丛及干河床两岸等处。

【经济价值】花蕾及叶入药。可作水土保持树种。茎皮纤维可作造纸或人造棉原料。

106. 鄂北荛花
Wikstroemia pampaninii

【科属】瑞香科 Thymelaeaceae
荛花属 *Wikstroemia*

【形态特征】与河朔荛花区别在于：当年生枝圆柱形，顶端密被白色毛。单叶互生，叶椭圆形或倒卵状椭圆形或窄椭圆形，边缘在干时略反卷，两面被伏毛。未成熟核果被短柔毛。花期 7～8 月，果期 9 月。

【分布生境】分布于河北、山西、河南、湖北、陕西、甘肃。山西中南部山区均有分布。生于海拔 500～1300m 的山坡林缘或山谷灌丛中。

【经济价值】为水土保持树种。茎皮纤维可作人造棉及造纸原料。

107. 北桑寄生
Loranthus tanakae

【科属】桑寄生科 Loranthaceae
桑寄生属 *Loranthus*

【形态特征】落叶寄生灌木，全株无毛。1 年生枝条暗紫色，2 年生枝条黑色，被白色蜡被，具稀疏皮孔。叶对生，纸质，倒卵形或椭圆形。穗状花序顶生，花两性，近对生，淡青色，花瓣披针形。果球形，橙黄色，果皮平滑。花期 5～6 月，果期 9～10 月。

【分布生境】分布于北京、天津、河北、山西、内蒙古、辽宁、山东、四川、陕西、甘肃。山西中南部山区均有分布。生于海拔 950～2600m 山地阔叶林中，寄生于栎属、榆属、李属、桦属等植物上。

【经济价值】根、叶民间作桑寄生入药。

108. 大花溲疏
Deutzia grandiflora

【科属】绣球花科 Hydrangeaceae 溲疏属 *Deutzia*

【形态特征】落叶灌木。老枝紫褐色，表皮片状脱落，花枝黄褐色，被星状毛。单叶对生，纸质，卵状菱形或椭圆状卵形，边缘具锯齿，叶面被星状毛，叶背灰白色，密被星状毛，沿叶脉星状毛具中央长辐线。聚伞花序具（1）2～3朵花，花蕾长圆形，萼筒浅杯状，被灰黄色毛，有时具中央长辐线，裂片线状披针形，较萼筒长，花瓣白色，长圆形或倒卵状披针形，镊合状排列。蒴果半球形，宿萼裂片外弯，被毛。花期4～6月，果期9～11月。

【分布生境】分布于北京、天津、河北、山西、内蒙古、辽宁、江苏、山东、河南、湖北、陕西。山西中南部山区均有分布。生于海拔800～1600m山坡林缘、山谷和路旁灌丛中。

【经济价值】可栽于庭园供观赏。

109. 小花溲疏
Deutzia parviflora

【科属】绣球花科 Hydrangeaceae 溲疏属 *Deutzia*

【形态特征】与大花溲疏的区别在于：叶片较大，卵形、椭圆状卵形或卵状披针形。萼筒杯状，密被星状毛，裂片三角形，伞房花序具花多数，花瓣白色，宽倒卵形或近圆形，明显较小。蒴果球形。花期5～6月，果期8～10月。

【分布生境】分布于北京、天津、河北、山西、内蒙古、辽宁、吉林、黑龙江、江苏、浙江、福建、山东、河南、湖北、湖南、四川、贵州、云南、陕西、甘肃。山西各林区均有分布。生于海拔1000～1500m山坡林缘、山谷和路旁灌丛中。

【经济价值】花多而美，栽培供观赏。

110. 太平花（京山梅花）
Philadelphus pekinensis

【科属】绣球花科 Hydrangeaceae 山梅花属 *Philadelphus*

【形态特征】落叶灌木。小枝无毛。单叶对生，叶卵形或阔椭圆形，先端长渐尖，基部宽楔或楔形，边缘具锯齿，两面无毛，叶脉离基 3 ～ 5 出，花枝上叶较小，椭圆形或卵状披针形。总状花序有 5 ～ 7（9）花，花萼黄绿色，无毛，裂片卵形，花冠盘状，花瓣白色，倒卵形。蒴果近球形或倒圆锥形。花期 5 ～ 7 月，果期 8 ～ 10 月。

【分布生境】分布于北京、天津、河北、山西、内蒙古、辽宁、吉林、上海、江苏、浙江、安徽、福建、山东、河南、湖北、广东、重庆、四川、贵州、云南、陕西、甘肃、青海、宁夏。山西各林区均有分布。生于海拔 700 ～ 2000m 山坡杂木林或灌丛中。

【经济价值】花大色美，是著名观赏植物。

111. 山梅花
Philadelphus incanus

【科属】绣球花科 Hydrangeaceae 山梅花属 *Philadelphus*

【形态特征】与太平花的区别在于：叶面被刚毛，叶背密被白色长粗毛。花序轴疏被长柔毛或无毛，花梗密被长柔毛，花萼外面密被紧贴糙伏毛。花期 5 ～ 6 月，果期 7 ～ 8 月。

【分布生境】分布于北京、天津、山西、江苏、浙江、江西、河南、湖北、重庆、四川、云南、陕西、甘肃、青海。山西南部山区均有分布。生于海拔 1200 ～ 1700m 山坡杂木林或林缘灌丛中。

【经济价值】以茎、叶入药，夏季采集，晒干或鲜用皆可。花大色美，是著名观赏植物。

112. 东陵绣球（八仙花）

Hydrangea bretschneideri

【科属】绣球花科 Hydrangeaceae 绣球属 *Hydrangea*

【形态特征】落叶灌木。当年生小枝栗红色至栗褐色，初时疏被长柔毛，很快变无毛，2 年生小枝色稍淡，通常无皮孔，树皮较薄，常呈薄片状剥落。单叶对生，叶薄纸质，卵形，边缘具硬尖头锯形小齿，有小锯齿，叶面无毛或疏被柔毛，叶背密被灰白色卷曲长柔毛或后脱落近无毛。伞房状聚伞花序较短小，顶端截平或微拱，分枝 3，花序边缘为不孕花，中间为结实的两性花，花瓣白色。蒴果卵球形。花期 6～7 月，果期 9～10 月。

【分布生境】分布于北京、天津、河北、山西、内蒙古、辽宁、黑龙江、浙江、江西、河南、湖北、湖南、广东、广西、重庆、四川、贵州、云南、西藏、陕西、甘肃、青海、宁夏。山西各林区均有分布。生于海拔 1200～2800m 山坡林下、林缘或山谷溪边。

【经济价值】可作庭园树供观赏，也适于植为花篱、花境。

113. 狗枣猕猴桃

Actinidia kolomikta

【科属】猕猴桃科 Actinidiaceae 猕猴桃属 *Actinidia*

【形态特征】大型落叶缠绕藤本。小枝紫褐色，短花枝有较显著的黄色皮孔，髓褐色，片层状。单叶互生，阔卵形至长方倒卵形，顶端急尖至短渐尖，基部心形至截形，两侧不对称，边缘具锯齿。聚伞花序，雄花序花 3 朵，雌花常单生，花白色或粉红色，芳香，花药黄色。果柱状长圆形，有时为扁体长圆形，果皮洁净无毛，无斑点，未熟时暗绿色，成熟时淡橘红色，并有深色的纵纹，果熟时花萼脱落。花期 5～7 月，果期 9～10 月。

【分布生境】分布于北京、天津、河北、山西、内蒙古、辽宁、吉林、黑龙江、山东、河南、湖北、湖南、重庆、四川、贵州、云南、陕西、甘肃。山西南部山区有分布。生于海拔 800～2500m 山地混交林、杂木林中的开阔地或沟谷。

【经济价值】果味酸甜可食，富含维生素 C，可制果酱。株形优美，可作园林绿化。

114. 软枣猕猴桃（软枣子）
Actinidia arguta

【科属】猕猴桃科 Actinidiaceae
猕猴桃属 *Actinidia*

【形态特征】与狗枣猕猴桃的区别在于：枝髓白色至淡褐色，片层状。叶阔椭圆形，有时为阔倒卵形，基部圆形，边缘锯齿不内弯，叶背仅脉腋上有白色髯毛。一至二回分枝聚伞花序腋生，具3～6花，花药暗紫色。浆果圆球形至柱状长圆形，先端圆钝有喙，成熟时绿黄色或紫红色。花期6～7月，果期9～10月。

【分布生境】分布于北京、天津、河北、山西、辽宁、吉林、黑龙江、江苏、浙江、安徽、福建、江西、山东、河南、湖北、湖南、广西、重庆、四川、贵州、云南、陕西、甘肃、台湾。山西南部山区均有分布。生于1100～1600m杂木林及灌丛中。

【经济价值】果实主要用于生食、酿酒、加工蜜饯果脯等。可用作绿化观赏植物。

115. 鹿蹄草（西藏鹿蹄草）
Pyrola calliantha

【科属】杜鹃花科 Ericaceae
鹿蹄草属 *Pyrola*

【形态特征】常绿草本状小半灌木。根茎细长。叶基生，革质，椭圆形或圆卵形，边缘近全缘或有疏齿，叶面绿色，叶背常有白霜，有时带紫色。总状花序有9～13花，密生，花倾斜，稍下垂，花冠广开，较大，白色，有时稍带淡红色；花瓣倒卵状椭圆形或倒卵形。蒴果扁球形。花期6～8月，果期8～9月。

【分布生境】分布于北京、河北、山西、内蒙古、辽宁、吉林、浙江、安徽、福建、江西、山东、河南、湖北、湖南、重庆、四川、贵州、云南、西藏、陕西、

甘肃、青海、宁夏、新疆。山西管涔山、关帝山有分布。生于海拔800～2300m针叶林、针阔叶混交林或阔叶林下。

【经济价值】全草供药用。

116. 喜冬草（梅笠草）
Chimaphila japonica

【科属】杜鹃花科 Ericaceae
喜冬草属 *Chimaphila*

【形态特征】常绿草本状小半灌木。单叶对生或3～4枚轮生，革质，阔披针形，边缘有锯齿，叶面绿色，叶背苍白色，鳞片状叶互生，褐色，卵状长圆形或卵状

披针形。花单一，有时生 2 朵，顶生或叶腋生，半下垂，花瓣白色，倒卵圆形。蒴果扁球形。花期 6 ～ 7 月，果期 7 ～ 8 月。

【分布生境】分布于山西、辽宁、吉林、浙江、安徽、河南、湖北、湖南、广东、重庆、四川、贵州、云南、西藏、陕西、甘肃、台湾。山西南部山区均有分布。生于海拔 900 ～ 3000m 山地针阔叶混交林、阔叶林或灌丛下。

【经济价值】全草入药。

117. 照山白
Rhododendron micranthum

【科属】杜鹃花科 Ericaceae 杜鹃属 *Rhododendron*

【形态特征】半常绿灌木。茎灰棕褐色。幼枝被鳞片及细柔毛。单叶互生，叶近革质，倒披针形、长圆状椭圆形至披针形，叶面深绿色，常被疏鳞片，叶背黄绿色，被棕色有宽边的鳞片。短总状花序顶生，花小，花冠钟状，白色，外面被鳞片。

蒴果长圆形，被疏鳞片。花期 5 ～ 6 月，果期 8 ～ 11 月。

【分布生境】分布于北京、天津、河北、山西、内蒙古、辽宁、吉林、黑龙江、福建、江西、山东、河南、湖北、广西、重庆、四川、贵州、云南、陕西、甘肃。山西各林区均有分布。生于海拔 1000 ～ 3000 m 的林下、山坡灌丛、山谷林缘或石岩峭壁上。

【经济价值】可用于观赏。

118. 鸡矢藤（鸡屎藤、解署藤、牛皮冻）
Paederia foetida

【科属】茜草科 Rubiaceae 鸡矢藤属 *Paederia*

【形态特征】落叶藤状灌木。单叶对生，卵形或披针形，顶端短尖或削尖，基部浑圆，有时心形，叶面无毛，在叶背脉上被微毛。聚伞花序排成顶生带叶的大圆锥花序或腋生而疏散少花，花冠紫蓝色，

通常被茸毛。果近球状，压扁，熟时分裂成两个小坚果，浅黑色，具1阔翅。花期5～6月，果期8～9月。

【分布生境】分布于山西、上海、江苏、浙江、安徽、福建、江西、山东、河南、湖北、湖南、广东、广西、海南、重庆、四川、贵州、云南、陕西、甘肃、台湾、香港。山西中条山有分布。生于海拔1000～1300m山坡疏林或沟谷林缘。

【经济价值】全草药用。茎皮为造纸和人造棉原料。

119. 络石（花叶络石）
Trachelospermum jasminoides

【科属】夹竹桃科 Apocynaceae 络石属 *Trachelospermum*

【形态特征】常绿木质藤本，具乳汁。茎赤褐色，有皮孔，小枝被黄色柔毛。单叶对生，近革质，椭圆形至卵状椭圆形或宽倒卵形，全缘，叶背被疏短柔毛，老渐无毛，叶柄短。聚伞花序腋生或顶生，花萼5深裂，裂片线状披针形，花后略反卷，花冠高脚碟状，白色芳香，花冠筒中部以上膨大，喉部有毛，花冠裂片5，向右覆盖。蓇葖果双生，线状披针形。花期3～7月，果期7～12月。

【分布生境】除青海外，全国各地均有分布。山西中条山区有分布。生于海拔1000m以下杂木林、山谷林缘、阴湿山崖或溪边山野，常缠绕于树上或攀缘于墙壁、岩石上。

【经济价值】根、茎、叶、果供药用。茎皮纤维拉力强，可制绳索、造纸及人造棉。可栽于园圃，供观赏。

120. 杠柳（北五加皮）
Periploca sepium

【科属】夹竹桃科 Apocynaceae 杠柳属 *Periploca*

【形态特征】落叶蔓性灌木，具乳汁。小枝常对生，有细条纹，具皮孔。单叶对生，叶卵状长圆形，全缘。聚伞花序腋生，着

花数朵，花萼 5 裂，裂片卵圆形，花萼内面基部有 10 个小腺体，花冠紫红色或淡黄色，辐状，花冠筒短，花冠裂片长圆状披针形，中间加厚呈纺锤形，反折，内面被长柔毛，外面无毛，副花冠环状，10 裂，其中 5 裂延伸丝状被短柔毛，顶端向内弯。蓇葖果 2，圆柱状，具有纵条纹。花期 5 ～ 6 月，果期 7 ～ 9 月。

【分布生境】全国各地均有分布。山西各林区均有分布。生于山坡疏林、林缘灌丛、沟边草坡或田边路旁。

【经济价值】根皮、茎皮可药用。良好的水土保持及矸石山生态恢复树种。

121. 探春花
Chrysojasminum floridum

【科属】木樨科 Oleaceae

探春花属 *Chrysojasminum*

【形态特征】半常绿灌木，直立或攀缘。当年生枝草绿色，扭曲，4 棱，无毛。奇羽复叶互生，小叶 3 或 5 枚，稀 7 枚，

小枝基部常有单叶，小叶椭圆状卵形至卵状矩圆形，全缘，边缘反卷，小叶片叶面光亮，干时常具横皱纹。聚伞花序顶生，花萼细长，5 裂，钻形至针形，与萼筒等长，花冠黄色，裂片 5，裂片比花冠筒短。浆果椭圆形至近圆形。花期 5 ～ 9 月，果期 9 ～ 10 月。

【分布生境】分布于北京、天津、山西、辽宁、上海、江苏、浙江、安徽、江西、山东、河南、湖北、湖南、广东、重庆、四川、贵州、云南、陕西、甘肃。山西中条山有分布。生于海拔 300 ～ 1500m 山坡灌丛及杂木林中。

【经济价值】花可观赏。

122. 北京丁香
Syringa reticulata subsp. *pekinensis*

【科属】木樨科 Oleaceae

丁香属 *Syringa*

【形态特征】落叶大灌木或小乔木。单叶对生，卵形、宽卵形至近圆形，或为

椭圆状卵形至卵状披针形，先端长渐尖、骤尖、短渐尖至锐尖，基部圆形、截形至近心形，或为楔形，叶面深绿色，干时略呈褐色。圆锥花序由 1 对或 2 至多对侧芽抽生，花序轴、花梗、花萼无毛，花冠白色，呈辐状，花冠管与花萼近等长或略长，裂片卵形或长椭圆形，先端锐尖或钝，或略呈兜状，花丝略短于或稍长于裂片。蒴果长椭圆形至披针形，先端锐尖至长渐尖，光滑，稀疏生皮孔。花期 5 ～ 8 月，果期 8 ～ 10 月。

【分布生境】分布于北京、天津、河北、山西、内蒙古、辽宁、山东、河南、湖北、重庆、四川、陕西、甘肃、青海、宁夏。山西各林区均有分布。生于海拔 600 ～ 2400m 山谷林下、山坡林缘或沟边灌丛。

【经济价值】可作为园林绿化树种和水土保持树种，亦是丁香优良品种嫁接的首选砧木。

123. 巧玲花
Syringa pubescens

【科属】木樨科 Oleaceae 丁香属 *Syringa*

【形态特征】落叶小灌木。幼枝细长，4 棱，无毛，稀有短柔毛。单叶对生，卵形、椭圆状卵形及菱状卵形。圆锥花序由侧芽发出，花密集，花序轴明显四棱形，花梗无毛，花萼钟形，略带紫红色，花冠紫色至淡紫色，芳香，花冠管细长。蒴果圆柱形，先端锐尖或具小尖头，皮孔明显。花期 5 ～ 6 月，果期 6 ～ 8 月。

【分布生境】分布于北京、天津、河北、山西、内蒙古、辽宁、浙江、山东、河南、贵州、云南、陕西、甘肃、青海。山西各林区均有分布。生于海拔 900 ～ 2100m 山坡杂木林、山谷灌丛或河边沟旁。

【经济价值】花可提制芳香油及入药。花期长、清香，可用于园林绿化。

124. 红丁香
Syringa villosa

【科属】木樨科 Oleaceae 丁香属 *Syringa*

【形态特征】落叶灌木。小枝淡灰色，无毛或被微柔毛。单叶互生，卵形或椭圆形，先端尖或短渐尖，基部楔形或近圆，叶面无毛，叶背粉绿色，贴生疏柔毛或沿叶脉被柔毛。圆锥花序直立，由顶芽抽生，花序轴、花梗及花萼无毛或被柔毛，花冠淡紫红或白色，花冠筒细，近圆柱形，裂片直角外展。蒴果长圆形，顶端凸尖，皮孔不明显。花期 5 ～ 6 月，果期 9 月。

【分布生境】分布于北京、天津、河

北、山西、内蒙古、辽宁、吉林、黑龙江、湖北、四川、云南、陕西、青海。山西中北部山区均有分布。生于海拔 1200 ～ 2200m 山坡林缘或沟边灌丛。

【经济价值】可用于园林绿化和水土保持。

125. 连翘
Forsythia suspensa

【科属】木樨科 Oleaceae 连翘属 *Forsythia*

【形态特征】落叶灌木。枝开展或下垂，棕色、棕褐色或淡黄褐色，小枝土黄色或灰褐色，略呈四棱形，疏生皮孔，节间中空，节部具实心髓。通常为单叶或 3 裂至三出复叶，叶片卵形、宽卵形或椭圆状卵形至椭圆形，先端锐尖，基部圆形、宽楔形至楔形，叶缘除基部外具锐锯齿或粗锯齿，叶面深绿色，叶背淡黄绿色，两面无毛。花通常单生或 2 至数朵着生于叶腋，先叶开放，花萼绿色，裂片长圆形或长圆状椭圆形，与花冠管近等长，花冠黄色，裂片倒卵状长圆形或长圆形。蒴果卵球形、卵状椭圆形或长椭圆形，先端喙状

渐尖，表面疏生皮孔。花期 3 ～ 4 月，果期 7 ～ 9 月。

【分布生境】分布于北京、天津、河北、山西、辽宁、黑龙江、上海、江苏、浙江、安徽、福建、江西、山东、河南、湖北、湖南、广东、广西、海南、重庆、四川、贵州、云南、陕西、甘肃、青海、宁夏。山西中南部山区均有分布。生于海拔 2000m 以下山坡疏林、林缘灌丛或沟谷草地。

【经济价值】叶、果可入药。可作为园林绿化或水土保持树种。

126. 窄叶紫珠
Callicarpa membranacea

【科属】唇形科 Lamiaceae
紫珠属 *Callicarpa*

【形态特征】落叶灌木。小枝被星状毛、单毛或钩毛，稀无毛。单叶对生，倒披针形或披针形，绿色或略带紫色，两面常无毛，有不明显的腺点，侧脉 6～8 对，边缘中部以上有锯齿。聚伞花序腋生，2～3 次分歧，花序梗通常短于叶柄，花较少，花萼杯状或钟状，在中部以上具深浅不等 4 裂至截头状；花冠白色，核果或浆果状，成熟时紫色，裸露于花萼外。花期 5～6 月，果期 7～10 月。

【分布生境】分布于山西、江苏、浙江、安徽、福建、江西、山东、河南、湖北、湖南、广东、广西、海南、重庆、四川、贵州、陕西、甘肃。山西中条山有分布。生于海拔 1300m 以下山谷林中或阴湿灌丛。

【经济价值】可用于观赏。

127. 荆条
Vitex negundo var. *heterophylla*

【科属】唇形科 Lamiaceae
牡荆属 *Vitex*

【形态特征】落叶灌木。小枝四棱形，密生灰白色茸毛。掌状复叶对生，小叶 5 枚，少有 3 枚，小叶片长圆状披针形至披针形，顶端渐尖，基部楔形，边缘有缺刻状锯齿，浅裂以至深裂，叶背密被灰白色茸毛。聚伞花序排成圆锥花序式，顶生，花序梗密生灰白色茸毛；花萼钟状，顶端有 5 裂齿，外有灰白色茸毛；花冠淡紫色，外有微柔毛，顶端 5 裂，二唇形。核果球形，黑褐色，外被宿萼。花期 4～6 月，果期 7～10 月。

【分布生境】分布于北京、天津、河北、山西、辽宁、吉林、江苏、江西、山东、河南、湖南、广东、广西、海南、重庆、四川、贵州、云南、陕西、甘肃。山西各林区均有分布。生于海拔 950～1800m 山坡疏林、沟边林缘或阳坡灌丛。

【经济价值】茎、果实和根均可入药。蜜源植物。枝编筐，是很好的燃料。可用于观赏。可作为水土保持树种。

128. 三花莸
Schnabelia terniflora

【科属】唇形科 Lamiaceae 四棱草属 *Schnabelia*

【形态特征】直立亚灌木，常自基部分枝。茎四棱形，被白色向下弯曲柔毛。叶纸质，卵圆形至长卵形，两面具柔毛和腺点，边缘有钝齿。聚伞花序腋生，通常3花；花萼钟状，5裂，裂片披针形；花冠紫红色或淡红紫色，外面疏生柔毛及腺点，5裂，二唇形，下唇中裂片较大，圆形。蒴果，4瓣裂，密被糙毛。花果期6～9月。

【分布生境】分布于北京、天津、河北、山西、江苏、安徽、河南、湖北、湖南、广西、重庆、四川、贵州、云南、陕西、甘肃、青海、宁夏。山西中南部山区均有分布。生于海拔500～2600m杂木林、沟谷林缘或山地灌丛。

【经济价值】全草入药。可用于观赏。

129. 海州常山（香楸、臭梧、泡火桐、臭梧桐）
Clerodendrum trichotomum

【科属】唇形科 Lamiaceae 大青属 *Clerodendrum*

【形态特征】落叶灌木或小乔木。老枝灰白色，具皮孔，髓白色，有淡黄色薄片状横隔。单叶对生，叶片纸质，卵形、卵状椭圆形或三角状卵形，顶端渐尖，基部宽楔形至截形；全缘或有时边缘具波状齿。伞房状聚伞花序顶生或腋生，通常二歧分枝，疏散，末次分枝着花3朵，花萼蕾时绿白色，后紫红色，基部合生，中部略膨大，有5棱脊，顶端5深裂；花香，花冠白色或带粉红色，花冠顶端5裂，裂片长椭圆形。核果近球形，包藏于增大的宿萼内，成熟时外果皮蓝紫色。花果期6～11月。

【分布生境】分布于北京、河北、山西、辽宁、吉林、上海、江苏、浙江、安徽、福建、江西、山东、河南、湖北、湖南、广东、广西、重庆、四川、贵州、云南、陕西、甘肃、台湾。山西南部各林区均有分布。生于海拔2400m以下的杂木林或山

坡灌丛中。

【经济价值】根、茎、叶、花均可入药。一株树上花果共存，色泽丰富亮丽，花有白色、红色、蓝色，花果期长，植株繁茂，可作为观赏树种。

130. 华北香薷（木香薷、紫荆芥、柴荆芥、野荆芥）
Elsholtzia stauntonii

【科属】唇形科 Lamiaceae
香薷属 *Elsholtzia*

【形态特征】落叶亚灌木。上部多分枝，带紫红色，被灰白微柔毛。单叶对生，叶披针形或椭圆状披针形，叶缘有粗锯齿，叶背密被腺点，叶柄带紫色。轮伞花序顶生，集聚成稍偏向一侧的穗状花序；苞片披针形或线状披针形，带紫色；花萼、花冠均外被灰白色柔毛；花冠玫瑰红紫色。小坚果椭圆形，光滑。花果期 7 ～ 10 月。

【分布生境】分布于河北、山西、内蒙古、河南、陕西、甘肃。山西各林区均有分布。生于海拔 700 ～ 2000m 阳坡疏林、河谷灌丛或石山草坡。

【经济价值】全草入药。种子榨油，可调制干性油、油漆及供工业用。花、茎、叶有浓厚的芳香味，可提取香料，用于食品业时作为调料，可用于凉拌或烹调。挥发油对一些仓库害虫成虫具有致死作用，可应用于仓储工业中。可用于观赏。

131. 华帚菊
Pertya sinensis

【科属】菊科 Asteraceae
帚菊属 *Pertya*

【形态特征】落叶小灌木。枝纤细，近无毛。叶在老枝上簇生，在当年生枝上互生，具短柄，披针形或椭圆状披针形，全缘，两面无毛或被疏微毛，中脉 1 条，背面凸起，侧脉纤细。头状花序单生于 2 年生短侧枝的叶簇间；花序梗长；总苞狭钟状，总苞片 10 ～ 23 个；雌雄异株，雄性头状花序具 9 ～ 10 个小花；雌头状花序较大，具花 4 ～ 5 个，花冠紫红色、紫色或粉红色，檐部 5 裂。瘦果长椭圆形，

具 7 ～ 8 条纵棱，被短毛；冠毛黄褐色。花果期 7 ～ 9 月。

【分布生境】分布于河北、山西、河南、湖北、重庆、四川、陕西、甘肃、宁夏。山西南部山区均有分布。生于海拔 1600 ～ 2500m 林缘灌丛或山谷溪边。

【经济价值】可用于观赏。

132. 蚂蚱腿子
Pertya dioica

【科属】菊科 Compositae 帚菊属 *Pertya*

【形态特征】落叶小灌木。分枝细，有纵棱条，被短柔毛。单叶互生，短枝叶椭圆形或近长圆形，长枝叶宽披针形或卵状披针形，先端短尖或渐尖，基部圆或长楔形，全缘，幼时两面被长柔毛，老时脱毛，基生三出脉。头状花序 4 ～ 9 生于侧生短枝顶端，雌花和两性花（子房不育）异株，先叶开花；总苞狭钟状，总苞片 5 ～ 8 枚，近等长，背面被密绢毛和腺体；雌花花冠淡紫色，舌状；两性花花冠白色，管状，

不发育。瘦果纺锤形，密被白色长毛，具 10 条纵肋；冠毛白色。花果期 5 ～ 6 月。

【分布生境】分布于北京、天津、河北、山西、内蒙古、辽宁、河南、湖北、云南、陕西、甘肃。山西各林区均有分布。生于海拔 1500m 以下的山坡灌丛或沟边林缘。

【经济价值】嫩枝叶可作饲料。早春开花，适合冷凉地区栽植观赏。

133. 陕西荚蒾
Viburnum schensianum

【科属】五福花科 Adoxaceae 荚蒾属 *Viburnum*

【形态特征】落叶灌木。幼枝被毛，2 年生枝灰褐色，直立或斜上伸展。单叶对生，叶卵状椭圆形、宽卵形或近圆形，先端钝圆，稀微凹或稍尖，基部宽楔形或圆形，侧脉 5 ～ 6 对，两面被毛，有锯齿。花两性，聚伞花序；花萼 5 齿裂；花冠辐状，白色；雄蕊 5。核果椭圆形，初红色，后变黑色。花期 5 ～ 6 月，果期 8 ～ 9 月。

【分布生境】分布于北京、天津、河

北、山西、江苏、浙江、安徽、山东、河南、湖北、湖南、广东、重庆、四川、陕西、甘肃。山西各林区均有分布。生于海拔 700 ～ 2200m 的山坡疏林、山谷林缘或路旁灌丛。

【经济价值】茎、枝可作薪炭材。枝叶稠密，红果累累，可作园林观赏树种。

134. 蒙古荚蒾

Viburnum mongolicum

【科属】五福花科 Adoxaceae 荚蒾属 *Viburnum*

【形态特征】与陕西荚蒾的区别在于：2 年生枝灰白色，枝条柔弱，弧形下弯。叶宽卵形、椭圆形或近圆形，先端尖。花冠筒状钟形，淡黄白色。核果椭圆形，初红色，后变蓝黑色。花期 5 ～ 6 月，果期 8 ～ 9 月。

【分布生境】分布于北京、天津、河北、山西、内蒙古、辽宁、吉林、黑龙江、浙江、山东、河南、湖北、四川、贵州、西藏、陕西、甘肃、青海、宁夏。山西各林区均有分布。生于海拔 800 ～ 2400m 的山坡疏林或林缘灌丛。

【经济价值】枝叶稠密，红果累累，可作园林观赏树种。

135. 桦叶荚蒾（球花荚蒾、阔叶荚蒾、北方荚蒾）

Viburnum betulifolium

【科属】五福花科 Adoxaceae 荚蒾属 *Viburnum*

【形态特征】落叶灌木或小乔木。小枝紫褐色或黑褐色。单叶对生，叶卵圆形、宽卵形、卵形或倒卵状长圆形，先端渐尖，基部楔形至圆形，近基部两侧有腺体，有波状齿。花两性，白色；复伞状聚伞花序；花萼 5 齿裂，宿存；花冠辐状，白色，稀淡红色；雄蕊 5。核果近球形，红色。花期 5 ～ 6 月，果期 9 ～ 10 月。

【分布生境】分布于北京、天津、河北、山西、江苏、浙江、安徽、江西、河南、湖北、湖南、广西、重庆、四川、贵州、云南、西藏、陕西、甘肃、青海、宁夏、台湾。山西南部山区均有分布。生于海拔 800 ～ 2900m 的山坡林下或沟谷灌丛中。

【经济价值】茎皮纤维可作造纸、绳索原料。枝叶稠密，红果累累，可作园林观赏树种。

136. 接骨木（九节风、续骨草）
Sambucus williamsii

【科属】五福花科 Adoxaceae 接骨木属 *Sambucus*

【形态特征】落叶灌木或小乔木。幼枝黄褐色，老枝红褐色。奇数羽状复叶对生，小叶5～7，卵圆形、狭椭圆形至长圆状披针形，先端尖、渐尖或尾尖，基部楔形，不对称，有锯齿。花两性，黄白色；圆锥花序；花萼5齿裂；花冠辐状，5裂，白色或淡黄色；雄蕊5。浆果状核果近球形，红色、紫黑色。花期5～6月，果期6～9月。

【分布生境】除西藏外，全国各地均有分布。山西各林区均有分布。生于海拔

500～2500m的林缘灌丛或沟边路旁。

【经济价值】枝、叶药用。花繁叶茂，可作园林观赏树种。

137. 金银忍冬（金银木）
Lonicera maackii

【科属】忍冬科 Caprifoliaceae 忍冬属 *Lonicera*

【形态特征】落叶灌木。小枝中空，微具毛。单叶对生，叶卵状椭圆形至卵状披针形，先端渐尖，基部宽楔形或圆形，两面脉上被毛，全缘。花两性，白色、黄色，2朵腋生，总花梗短于叶柄；苞片条形；花萼5齿裂，相邻2花萼筒分离；花冠唇形，5裂，初白色，后黄色；雄蕊5。浆果球形，暗红色。花期5～6月，果期8～10月。

【分布生境】分布于北京、天津、河北、山西、内蒙古、辽宁、吉林、黑龙江、上海、江苏、浙江、安徽、江西、山东、河南、湖北、湖南、广西、重庆、四川、贵州、云南、西藏、陕西、甘肃、青海。山西各林区均有分布。生于海拔900～3000m的山坡疏林或林缘灌丛。

【经济价值】嫩叶、花可代茶。花药

用。花果艳丽，可作园林观赏树种。

138. 金花忍冬（黄花忍冬）

Lonicera chrysantha

【科属】忍冬科 Caprifoliaceae 忍冬属 *Lonicera*

【形态特征】与金银忍冬的区别在于：叶卵形至卵状矩圆形，先端渐尖，基部楔形或近圆形。花两性，黄色，2 朵腋生，总花梗明显长于叶柄。浆果近球形，暗红色。花期 5 ～ 6 月，果期 8 ～ 9 月。

【分布生境】全国各地均有分布。山西各林区均有分布。生于海拔 3000m 的山坡林下、林缘灌丛或沟谷。

【经济价值】花果艳丽，可作园林观赏树种。

139. 唐古特忍冬（陇塞忍冬、五台忍冬、太白忍冬、毛药忍冬、四川忍冬）

Lonicera tangutica

【科属】忍冬科 Caprifoliaceae 忍冬属 *Lonicera*

【形态特征】落叶灌木。枝细弱松散，冬芽先端渐尖或尖，外鳞片 2 ～ 4 对，卵形或卵状披针形。单叶对生，叶纸质，叶片倒卵形、倒披针形、长圆形或椭圆形，先端钝或稍尖，基部渐狭，全缘。总花梗生于幼枝下方叶腋，纤细，稍弯垂，长 1 ～ 3cm；相邻 2 萼筒中部以上或全部合生，椭圆形或长圆形；花冠白色、黄色或淡红色，筒状漏斗形，冠筒基部一侧偏肿或具浅囊，裂片 5，近直立。浆果球形，红色。花期 5 ～ 6 月，果熟期 7 ～ 8 月。

【分布生境】分布于天津、河北、山西、安徽、福建、江西、河南、湖北、湖南、重庆、四川、贵州、云南、西藏、陕西、甘肃、青海、宁夏、新疆。山西中南部山区均有分布。生于海拔 1600 ～ 3500m 山坡林下或溪边灌丛。

【经济价值】花果艳丽，可作园林观赏树种。

140. 小叶忍冬（瘤基忍冬）
Lonicera microphylla

【科属】忍冬科 Caprifoliaceae 忍冬属 *Lonicera*

【形态特征】落叶灌木。幼枝褐色，老枝灰黑色。单叶对生，叶倒卵形、倒卵状椭圆形或长圆形，先端钝圆或急尖，基部楔形，两面常被毛，全缘。花两性，黄白色或白色，2朵腋生，总花梗成对生于幼枝下部叶腋，长5～12mm，稍弯曲或下垂；苞片钻形；花萼5齿裂，相邻2花萼筒几乎全部合生；花冠唇形，5裂，黄白色或白色。浆果球形，常全部合生，红色或橙黄色。花期5～6月，果期7～8月。

【分布生境】分布于北京、河北、山西、内蒙古、河南、湖南、四川、贵州、西藏、陕西、甘肃、青海、宁夏、新疆。山西中南部山区均有分布。生于海拔1100～3500 m的河谷疏林、林缘灌丛或干旱多石山坡。

【经济价值】可作水土保持及园林绿化树种。

141. 北京忍冬
Lonicera elisae

【科属】忍冬科 Caprifoliaceae 忍冬属 *Lonicera*

【形态特征】落叶灌木。2年生枝色浅褐，粗糙，冬芽近圆，被有数对褐色卵圆形的鳞片。叶片卵状椭圆形至椭圆状长圆形，端尖锐，两面被短硬伏毛。花与叶同时开放，总花梗出自2年生小枝顶端苞腋，苞片卵状披针形，长超过萼，外部散生软腺毛，缺小苞；相邻两花的萼筒分离，有不整齐萼齿，萼齿与萼筒均被腺毛和刚毛；花白色、黄色或粉色，花冠漏斗状，外有毛，基部具浅囊，裂片5枚，卵圆形。浆果红色，椭圆形。花期4月，果期5～6月。

【分布生境】分布于北京、天津、河北、山西、安徽、河南、湖北、重庆、四川、陕西、甘肃。山西中南部山区均有分布。生于海拔500～2000m山坡林下或沟谷灌丛。

【经济价值】可用于观赏。

142. 郁香忍冬（四月红）
Lonicera fragrantissima

【科属】忍冬科 Caprifoliaceae 忍冬属 *Lonicera*

【形态特征】半常绿或落叶灌木。幼枝被毛，老枝灰褐色。单叶对生，叶厚纸质或带革质，倒卵状椭圆形、卵状长圆形或卵圆形，先端尖，基部圆形或宽楔形，全缘。花两性，白色或淡红色，2朵腋生；苞片披针形或近条形；花萼5齿裂，相邻2花萼筒连合至中部；花冠唇形，5裂，白色或淡红色；雄蕊5。浆果椭圆形，下部连合，红色。花期3～4月，果期4～5月。

【分布生境】分布于北京、天津、河北、山西、上海、江苏、浙江、安徽、福建、江西、山东、河南、湖北、湖南、重庆、四川、贵州、陕西、甘肃。山西中南部山区均有分布。生于海拔1500m以下的山坡疏林或林缘灌丛中。

【经济价值】果实可食用。早春开花，果实红艳，可作园林观赏树种。

143. 蓝果忍冬（蓝靛果、阿尔泰忍冬、羊奶子、黑瞎子果）
Lonicera caerulea

【科属】忍冬科 Caprifoliaceae 忍冬属 *Lonicera*

【形态特征】落叶灌木。幼枝紫红色，被糙毛或刚毛，老枝红棕色，皮剥落。单叶对生，叶长圆形、卵状长圆形或卵状椭圆形，先端尖或稍钝，基部近圆形或楔形，两面被硬毛，全缘。花两性，黄白色，2朵腋生；苞片条形，小苞片合生成坛状；花萼5齿裂，被毛；花冠漏斗状，黄白色，5裂。浆果椭圆形，熟时蓝黑色。花期5～6月，果期8～9月。

【分布生境】分布于天津、河北、山西、内蒙古、辽宁、吉林、黑龙江、四川、甘肃、青海、新疆。山西关帝山、管涔山、五台山有分布。生于海拔2400～3500m的山坡林下或林缘灌丛中。

【经济价值】嫩枝药用。果实可食用或制作果酱、果露、果酒。蜜源植物。可用于观赏。

144. 葱皮忍冬（大葱皮木、千层皮、秦岭忍冬、波叶忍冬）

Lonicera ferdinandi

【科属】忍冬科 Caprifoliaceae 忍冬属 *Lonicera*

【形态特征】落叶灌木。茎皮条状剥落，幼枝常被刺刚毛。单叶对生，叶卵形、卵状披针形或长圆状披针形，先端尖，基部圆形、截形或微心形，两面被刚毛，全缘。花两性，白色、黄色，2 朵腋生，总花梗极短；苞片披针形至卵形，被刚毛，小苞片合生成坛状，包被相邻 2 花萼筒；花萼 5 齿裂；花冠唇形，5 裂，初白色，后黄色。浆果卵球形，红色。花期 5 ～ 6 月，果期 8 ～ 10 月。

【分布生境】分布于辽宁、河北、山西、陕西、宁夏、甘肃、青海、河南、四川。山西各林区均有分布。生于海拔 2000m 以下的山坡疏林或林缘灌丛。

【经济价值】皮纤维可制绳索、麻袋及造纸原料。可用于观赏。

145. 刚毛忍冬（刺毛忍冬、异萼忍冬）

Lonicera hispida

【科属】忍冬科 Caprifoliaceae 忍冬属 *Lonicera*

【形态特征】落叶灌木。茎皮条状剥落，幼枝常紫红色，被刚毛、糙毛和腺毛。单叶对生，叶卵状椭圆形或长圆形，先端尖或稍钝，基部近圆形或微心形，两面被刚毛和糙毛，全缘。花两性，白色或淡黄色，2 朵腋生；苞片宽卵形，被毛；花萼 5 齿裂，相邻 2 花萼筒分离，被刚毛；花冠漏斗状，白色或淡黄色，5 裂。浆果卵形或长圆形，先黄色后变红色，基部具两片黄白色宿存苞片。花期 5 ～ 6 月，果期 7 ～ 9 月。

【分布生境】分布于北京、天津、河北、山西、内蒙古、江苏、山东、河南、湖北、湖南、重庆、四川、贵州、云南、西藏、陕西、甘肃、青海、宁夏、新疆。山西各林区均有分布。生于海拔 1500 ～ 3000m 的山坡林中、林缘灌丛或高山草地。

【经济价值】花蕾药用。

146. 黏毛忍冬（粘毛忍冬）
Lonicera fargesii

【科属】忍冬科 Caprifoliaceae
忍冬属 *Lonicera*

【形态特征】落叶灌木。幼枝、叶柄和总花梗被白色柔毛状糙毛及具腺糙毛。冬芽外鳞片约4对，卵形，无毛。单叶对生，叶纸质，倒卵状椭圆形、倒卵状矩圆形至椭圆状矩圆形，顶端急渐尖或急尾尖，基部楔形至宽楔形或圆形，边缘不规则波状起伏，有睫毛。小苞片圆形，2裂，有腺缘毛；相邻两萼筒全部合生，稀上端分离，萼齿三角形，有腺缘毛；花冠红色或白色，唇形，外被柔毛，上唇裂片极短，下唇反曲，花丝下部有柔毛，药药稍伸出；花柱比雄蕊短。果熟时红色，卵圆形。种子橘黄色，椭圆形。花期5～6月，果期9～10月。

【分布生境】分布于山西、河南、湖北、重庆、陕西、甘肃。山西南部山区有分布。生于海拔1600～2900m山坡或山谷林中或灌丛中。

【经济价值】花红、果红可供观赏。

147. 盘叶忍冬（土银花、杜银花、叶藏花、大叶银花）
Lonicera tragophylla

【科属】忍冬科 Caprifoliaceae
忍冬属 *Lonicera*

【形态特征】落叶木质藤本。小枝黄褐色或灰黄色。单叶对生，叶长圆形或卵状长圆形，先端钝或稍尖，基部楔形。花序下方1～2对叶连合成近圆形或圆卵形的盘，盘两端通常钝或具短尖头，全缘。花两性，黄色至橙黄色；聚伞花序密集成头状，有花6～18朵；花萼5齿裂；花冠唇形，5裂，黄色至橙黄色，上部外面略带红色；雄蕊5。浆果近球形，红色。花期6～7月，果期9～10月。

【分布生境】分布于河北、山西、上海、浙江、安徽、山东、河南、湖北、湖南、重庆、四川、贵州、云南、陕西、甘肃、青海、宁夏。山西南部山区均有分布。生于海拔700～3000m的山坡疏林、林缘灌丛或山崖岩缝。

【经济价值】花蕾、嫩枝叶药用。花大色艳，可作园林观赏树种。

148. 猬实（蝟实）
Kolkwitzia amabilis

【科属】忍冬科 Caprifoliaceae 猬实属 *Kolkwitzia*

【形态特征】落叶灌木。茎皮剥落，幼枝红褐色，被毛。单叶对生，叶椭圆形至卵状椭圆形，先端渐尖，基部圆形或宽楔形，两面被毛，全缘或浅齿状。花两性，淡红色；伞房状聚伞花序，小花梗具 2 花；苞片披针形；花萼 5 齿裂，密生刚毛，2 花萼筒下部合生；花冠钟形，5 裂，淡红色。瘦果密被黄色刺刚毛，具宿存萼齿。花期 5～6 月，果熟期 8～9 月。

【分布生境】中国特有。分布于北京、河北、山西、内蒙古、辽宁、安徽、山东、河南、湖北、陕西、甘肃、青海。山西中条山有分布。生于海拔 300～1800m 的山坡疏林或沟谷灌丛。

【经济价值】花繁叶茂，花色艳丽，可作园林观赏树种。

149. 刺五加
Eleutherococcus senticosus

【科属】五加科 Araliaceae 五加属 *Eleutherococcus*

【形态特征】落叶灌木。小枝密生皮刺。掌状复叶互生，小叶常 5，椭圆状倒卵形或长圆形，先端渐尖，基部宽楔形，侧脉 6～7 对，具重锯齿。花两性，黄绿色；伞形花序单生或成圆锥状；花萼 5 齿裂或全缘；花瓣 5；雄蕊 5；花柱合生。核果球形或卵球形，具 5 棱，黑色，花柱宿存。花期 6～7 月，果期 8～10 月。

【分布生境】分布于北京、天津、河北、山西、内蒙古、辽宁、吉林、黑龙江、河南、湖北、四川、贵州、云南、陕西、甘肃。山西中南部山区均有分布。生于海拔 700～2000m 的山坡林下、林缘灌丛及沟边。

【经济价值】根皮药用。种子榨油工业用。

单元3 草本及草质藤本

150. 北马兜铃
Aristolochia contorta

【科属】马兜铃科 Aristolochiaceae 马兜铃属 *Aristolochia*

【形态特征】落叶草质藤本。单叶互生，卵状心形或三角状心形，顶端短尖或钝，基部心形，两侧裂片圆形，下垂或扩展，全缘，基出脉 5 ～ 7 条。总状花序有花 2 ～ 8 朵或有时仅 1 朵生于叶腋；花被筒长 2 ～ 3cm，基部球形，向上骤缢缩成直管，管口漏斗状，檐部一侧扩大成卵状披针形舌片，先端渐窄成线形弯扭长尾尖，黄绿色。蒴果宽倒卵形或椭圆状倒卵形，顶端圆形而微凹，6 棱，熟时黄绿色，由基部向上 6 瓣开裂，果梗下垂，随果开裂。花期 5 ～ 7 月，果期 8 ～ 10 月。

【分布生境】分布于北京、天津、河北、山西、内蒙古、辽宁、吉林、黑龙江、江苏、浙江、安徽、福建、江西、山东、湖南、重庆、四川、云南、陕西、甘肃等地。山西分布于太原、晋城、灵石、稷山、夏县、五台、翼城、乡宁、蒲县、交城、兴县、中阳等地。生于海拔 500 ～ 1200m 的山坡灌丛、沟谷两旁以及林缘，喜气候温暖，湿润、肥沃、腐殖质丰富的砂壤土。

【经济价值】本种茎叶称天仙藤，果称马兜铃，根称青木香，均供药用。

151. 马蹄香
Saruma henryi

【科属】马兜铃科 Aristolochiaceae 马蹄香属 *Saruma*

【形态特征】多年生直立草本。根状茎粗壮。单叶互生，叶心形，顶端短渐尖，基部心形。花单生，萼片心形；花瓣黄绿色，肾心形，基部耳状心形，有爪。蒴果蓇葖状，成熟时沿腹缝线开裂。种子三角状倒锥形，背面有细密横纹。花期 4 ～ 7 月。

【分布生境】产于江西、湖北、河南、陕西、甘肃、四川及贵州等地。山西分布于夏县、平陆等地。生于海拔 600 ～ 1600m 山谷林下和沟边草丛中。

【经济价值】中国特有单种属植物，国家二级保护野生植物。根状茎和根入药，治胃寒痛、关节疼痛。鲜叶外用治疮疡。

152. 一把伞南星
Arisaema erubescens

【科属】天南星科 Araceae
天南星属 *Arisaema*

【形态特征】多年生草本。块茎扁球形，表皮黄色，有时淡红紫色。叶放射状分裂，幼株裂片3～4枚，多年生植株裂片多至20枚，披针形、长圆形或椭圆形，长渐尖，具线形长尾或无；叶柄长40～80cm，中部以下具鞘，红色或深绿色，具褐色斑块。肉穗花序单性，佛焰苞绿色，背面有白色或淡紫色条纹。果序柄下弯或直立，浆果红色。花期5～7月，果期9月。

【分布生境】中国特有，除内蒙古、黑龙江、吉林、辽宁、山东、江苏、新疆外，中国各地都有分布。山西各林区均有分布。生于海拔3200m以下的林下、灌丛、草坡、荒地。

【经济价值】块茎入药。

153. 虎掌
Pinellia pedatisecta

【科属】天南星科 Araceae
半夏属 *Pinellia*

【形态特征】多年生草本。块茎近圆球形，四旁常生若干小球茎，根密集，肉质。叶1～3枚或更多，叶柄淡绿色，下部具鞘，叶片鸟足状分裂，裂片6～11枚，披针形，渐尖，基部渐狭或楔形，中裂片长，两侧裂片依次渐短小。肉穗花序，花序柄直立；佛焰苞淡绿色，管部长圆形，向下渐收缩，檐部长披针形，锐尖，基部展平宽。浆果卵圆形，绿色至黄白色，小，藏于宿存的佛焰苞管部内。花期6～7月，

果期 9 ～ 11 月。

【分布生境】中国特有，分布于北京、河北、山西、陕西、山东、江苏、上海、安徽、浙江、福建、河南、湖北、湖南、广西、四川、贵州、云南东北部。山西各林区均有分布。生于海拔 1000m 以下林下、山谷或河谷阴湿处。

【经济价值】块茎供药用。

154. 穿龙薯蓣（穿山龙、穿地龙）

Dioscorea nipponica

【科属】薯蓣科 Dioscoreaceae 薯蓣属 *Dioscorea*

【形态特征】多年生缠绕草质藤本。根状茎横生，圆柱形，多分枝，栓皮层显著剥离。茎左旋。单叶互生，叶柄长；叶片掌状心形，变化较大，茎基部叶边缘作不等大的三角状浅裂、中裂或深裂，顶端叶片小，近于全缘，叶面黄绿色，有光泽。花雌雄异株。蒴果成熟后枯黄色，三棱形，顶端凹入，基部近圆形，每棱翅状。花期 6 ～ 8 月，果期 8 ～ 10 月。

【分布生境】分布于北京、天津、河北、山西、内蒙古、辽宁、吉林、黑龙江、浙江、安徽、江西、山东、河南、湖北、湖南、广东、广西、重庆、四川、贵州、云南、陕西、甘肃、青海、宁夏等地。山西各林区均有分布。生于海拔 100 ～ 1700m 的河谷两侧半阴半阳的山坡灌木丛中和稀疏杂木林内及林缘，喜肥沃、疏松、湿润、腐殖质较深厚的黄砾壤土和黑砾壤土。

【经济价值】根状茎是合成甾体激素药物的重要原料。

155. 薯蓣（山药、淮山、野脚板薯、野山豆、野山药）

Dioscorea polystachya

【科属】薯蓣科 Dioscoreaceae 薯蓣属 *Dioscorea*

【形态特征】多年生缠绕草质藤本。块茎长圆柱形，垂直生长，断面干后白色。茎右旋，有时带紫红色。单叶，在茎下部互生，在中上部有时对生，稀 3 叶轮生；叶片变异大，卵状三角形至宽卵形或戟形，边缘常 3 浅裂至 3 深裂，中裂片卵状椭圆形至披针形，侧裂片耳状，圆形、近方形至长圆形，叶腋常有具疏刺状凸起的珠芽。雌雄异株。蒴果三棱状扁圆形或三棱状圆形，外面有白粉。花期 6 ～ 9 月，果期 7 ～ 11 月。

【分布生境】分布于中国大部分地区。山西分布于中南部林区。生于海拔150～1500m山坡、山谷林下以及溪边、路旁的灌丛中或杂草中。

【经济价值】广泛栽培，块茎供食用，入药为常用中药“淮山药”，有强壮、祛痰的功效。因其藤茎柔软，果实造型别致，还可用于墙垣、棚架及篱笆的垂直绿化。

156. 北重楼
Paris verticillata

【科属】藜芦科 Melanthiaceae 重楼属 *Paris*

【形态特征】多年生草本。根状茎肉质细长，近等粗，节间长；茎绿白色，有时带紫色。单叶（5）6～8枚轮生，具短柄或近无柄。花单生于叶轮中央，花梗似为茎的延续；萼片卵状披针形，稀卵形，平伸，花瓣丝状或线形，比花萼短；子房近球形，无棱，紫色。蒴果球形，浆果状，熟时紫黑色，不裂。花期5～6月，果期7～9月。

【分布生境】分布于北京、天津、河北、山西、内蒙古、辽宁、吉林、黑龙江、浙江、安徽、河南、湖北、重庆、四川、贵州、云南、陕西、甘肃、青海、宁夏。山西各林区均有分布。生于海拔1100～2300m山坡林下、草丛、阴湿地或沟边。

【经济价值】根状茎入药。本种叶序别致，顶生花美观，可供观赏，适作花境、草坪、坡地、林缘等处地被花卉材料。

157. 七叶一枝花（九连环、蚤休）
Paris polyphylla

【科属】藜芦科 Melanthiaceae 重楼属 *Paris*

【形态特征】多年生草本。根状茎粗厚，不等粗，密生环节；茎常带紫红色。叶（5）7～11枚，长圆形、倒卵状长圆形或倒披针形。萼片绿色，披针形，花瓣线形，比花萼长；子房紫色，具棱或翅。蒴果近球形，紫色，不规则开裂。种子多数，具鲜红色多浆汁的外种皮。花期4～7月，果期8～11月。

【分布生境】分布于北京、河北、山西、内蒙古、江苏、浙江、安徽、福建、江西、河南、湖北、湖南、广东、广西、重庆、四川、贵州、云南、西藏、陕西、

甘肃、青海、台湾。山西分布于南部林区。生于海拔 1800 ～ 3200m 林下。

【经济价值】国家二级保护野生植物。根状茎入药。

158. 藜芦

Veratrum nigrum

【科属】藜芦科 Melanthiaceae 藜芦属 *Veratrum*

【形态特征】多年生草本。基部的鞘枯死后残留为有网眼的黑色纤维网。单叶互生，椭圆形、宽卵状椭圆形或卵状披针形，大小常有较大变化。圆锥花序密生黑紫色花，侧生总状花序通常具雄花，顶生总状花序几乎全部着生两性花。蒴果卵圆形，具3钝棱，种子扁平。花果期7～9月。

【分布生境】分布于北京、天津、河北、山西、内蒙古、辽宁、吉林、黑龙江、浙江、安徽、江西、山东、河南、湖北、湖南、广东、重庆、四川、贵州、陕西、甘肃、宁夏、新疆。山西各林区均有分布。生于海拔 1200 ～ 3300m 的山坡林下或草

丛中。

【经济价值】根及根状茎入药。

159. 宝珠草

Disporum viridescens

【科属】秋水仙科 Colchicaceae 万寿竹属 *Disporum*

【形态特征】多年生草本，根状茎短，通常有长匍匐茎。单叶互生，纸质，椭圆形或卵状长圆形，横脉明显。花淡绿色，1 ～ 2 朵生于茎顶或枝端。浆果球形，熟时黑色。花期 5 ～ 6 月，果期 7 ～ 10 月。

【分布生境】分布于北京、河北、山西、辽宁、吉林、黑龙江。山西分布于中条山区。生于海拔 500 ～ 600m 林下或

山坡草地。

【经济价值】根状茎入药。

160. 老鸦瓣（山慈姑、光慈姑、山蛋）
Amana edulis

【科属】百合科 Liliaceae
老鸦瓣属 *Amana*

【形态特征】多年生纤弱草本。具鳞茎，鳞茎卵形，外层鳞茎皮灰棕色，纸质，里面生茸毛。叶 2 枚，长条形，远比花长，平展斜升或呈反卷状，先端尖，全缘，基部下延呈鞘状，具平行脉，两面平滑无毛，叶面绿色，近基部略带淡红色。花莛单一或分叉成 2，柔弱，从一对叶中生出；有 2 枚对生或 3 枚轮生的苞片，苞片条形；花 1 朵，花被片 6，白色，矩圆状披针形，背面有紫红色纵条纹；子房长椭圆形而具 3 棱，顶端渐狭成花柱。蒴果近球形，有长喙。花期 3～4 月，果期 4～5 月。

【分布生境】老鸦瓣属为东亚特有类群，仅分布于中国中东部、日本和朝鲜半岛。中国分布于天津、河北、内蒙古、辽宁、吉林、江苏、浙江、安徽、江西、山东、河南、湖北、贵州、陕西、甘肃。山西分布于中条山区。生于海拔 600～1500m 阔叶疏林下、山坡或杂草丛中。

【经济价值】鳞茎供药用，又可提取淀粉。

161. 川贝母（卷叶贝母）
Fritillaria cirrhosa

【科属】百合科 Liliaceae
贝母属 *Fritillaria*

【形态特征】多年生草本。具鳞茎，鳞茎球形或宽卵圆形，由 2 枚鳞片组成。叶常对生，少数在中、上部兼有散生或 3～4 枚轮生，线形或线状披针形，先端稍卷曲或不卷曲。花通常单朵，极少 2～3 朵，紫色至黄绿色，通常有小方格，少数仅具斑点或条纹；每花有叶状苞片 3 枚。蒴果棱上具窄翅。花期 5～7 月，果期 8～10 月。

【分布生境】分布于山西、重庆、四川、云南、西藏、陕西、青海。山西分布于南部山区。生于海拔 1800～3200m 林下、灌丛下、草地或河滩、山谷等湿地或岩缝中。

【经济价值】国家二级保护野生植物。鳞茎可入药。花美丽，可栽培供观赏。

162. 山丹（山丹花、细叶百合）
Lilium pumilum

【科属】百合科 Liliaceae
百合属 *Lilium*

【形态特征】多年生草本。具鳞茎，鳞茎卵形或圆锥形，鳞片矩圆形或长卵形，白色。叶散生于茎中部，条形。花单生或数朵排成总状花序，鲜红色，通常无斑点或少有斑点，下垂，花被片反卷。子房圆柱形，花柱稍长于子房或长 1 倍多，柱头膨大，3 裂。蒴果矩圆形。花期 7～8 月，果期 9～10 月。

【分布生境】分布于北京、天津、河北、山西、内蒙古、辽宁、吉林、黑龙江、安徽、山东、河南、湖北、湖南、重庆、四川、贵州、陕西、甘肃、青海、宁夏、新疆。山西各林区广泛分布。生于海拔 400～2600m 山坡草地或林缘。

【经济价值】鳞茎含淀粉，供食用，亦可入药。花美丽，可栽培供观赏，也含挥发油，可提取供香料用。

163. 荞麦叶大百合
Cardiocrinum cathayanum

【科属】百合科 Liliaceae
大百合属 *Cardiocrinum*

【形态特征】多年生草本。茎高大，可达 1.5m。小鳞茎数个，卵形，具纤维质的鳞茎皮，无鳞片。基生叶在花序长出后随即凋萎；约离茎基部 25cm 处开始有茎生叶，最下面的几枚常聚集在一处，其余散生；叶纸质大型，具网状脉，卵状心形或卵形。总状花序有花 3～5 朵，花梗短而粗，向上斜伸；花狭喇叭形，乳白色或淡绿色，内具紫色条纹；花被片 6，离生，条状倒披针形，外轮的先端急尖，内轮的

先端稍钝；子房圆柱形。蒴果近球形，熟时红棕色。种子扁平，红棕色，周围有膜质翅。花期 7～8 月，果期 8～9 月。

【分布生境】分布于山西、江苏、浙江、安徽、福建、江西、河南、湖北、湖南、广西、贵州、陕西。山西分布于历山国家级自然保护区。生于海拔 600～1050m 山坡林下阴湿处。

【经济价值】国家二级保护野生植物。植株较高，春季生大型基生叶，莲座状，碧绿油亮；花多、密集，乳白色或淡绿色，内具紫色条纹，观赏价值高，可室内摆放和切花观赏等。鳞茎和果实可入药。

164. 紫点杓兰（斑花杓兰）

Cypripedium guttatum

【科属】兰科 Orchidaceae

杓兰属 *Cypripedium*

【形态特征】多年生草本，具细长而横走的根状茎。茎直立，被短柔毛和腺毛。叶 2 枚，极罕 3 枚，常对生或近对生，生于植株中部或中部以上，椭圆形或卵状披针形，具平行脉，干后常黑色或淡黑色。花序顶生 1 花，花序梗密被短柔毛和腺毛，花梗和子房被腺毛；花白色，具淡紫红色或淡褐红色斑；花瓣常近匙形或提琴形，先端近圆；唇瓣深囊状，钵形或深碗状，囊口宽。蒴果近狭椭圆形，下垂，被微柔毛。花期 5～7 月，果期 8～9 月。

【分布生境】分布于北京、天津、河北、山西、内蒙古、吉林、黑龙江、山东、河南、四川、云南、西藏、陕西、青海。山西太原、沁源、灵石、垣曲、五台、繁峙、宁武、离石、方山等地有分布。生于海拔 500～4000m 的林下、灌丛中或草地上。

【经济价值】国家二级保护野生植物。花大，色彩艳丽，具有较高的观赏价值。全草可入药。

165. 头蕊兰

Cephalanthera longifolia

【科属】兰科 Orchidaceae

头蕊兰属 *Cephalanthera*

【形态特征】多年生地生草本。茎直立，下部具 3～5 枚排列疏松的鞘。叶 4～7 枚互生；叶片披针形、宽披针形或长圆状披针形，先端长渐尖或渐尖，基部抱茎。总状花序具 2～13 朵花；花白色，稍开放或不开放；花瓣近倒卵形；唇瓣 3 裂，

基部具囊。蒴果椭圆形。花期 5 ～ 6 月，果期 9 ～ 10 月。

【分布生境】分布于山西、安徽、河南、湖北、重庆、四川、贵州、云南、西藏、陕西、甘肃。山西各林区均有分布。生于海拔 1000 ～ 3300m 的林下、灌丛中、沟边或草丛中。

【经济价值】花大，洁白，观赏栽培。

166. 火烧兰

Epipactis helleborine

【科属】兰科 Orchidaceae 火烧兰属 *Epipactis*

【形态特征】多年生地生草本。根状茎粗短。叶 4 ～ 7 枚，互生；叶片卵圆形、卵形至椭圆状披针形，罕有披针形，先端通常渐尖至长渐尖。总状花序通常具 3 ～ 40 朵花；花绿色或淡紫色，下垂，较小，花瓣椭圆形；唇瓣中部明显缢缩。蒴果倒卵状椭圆形，具极疏的短柔毛。

花期 7 月，果期 9 月。

【分布生境】分布于北京、天津、河北、山西、辽宁、吉林、黑龙江、山东、河南、湖北、重庆、四川、贵州、云南、西藏、陕西、甘肃、青海、新疆。山西各林区均有分布。生于海拔 250 ～ 3600m 的山坡林下、草丛或沟边。

【经济价值】可栽培，具有较高的观赏价值。

167. 对叶兰

Neottia puberula

【科属】兰科 Orchidaceae 鸟巢兰属 *Neottia*

【形态特征】腐生小草本。具细长的根状茎。茎纤细，近基部处具 2 枚膜质鞘，近中部处具 2 枚对生叶，叶以上部分被短柔毛。叶片心形、宽卵形或宽卵状三角形，先端急尖或钝，基部宽楔形或近心形，边缘常多少呈皱波状。总状花序疏生 4 ～ 7

朵花；花瓣线形；唇瓣窄倒卵状楔形或长圆状楔形。蒴果倒卵形。花期7～9月，果期9～10月。

【分布生境】分布于黑龙江、吉林、辽宁、内蒙古、河北、山西、甘肃、青海、四川和贵州。山西分布于五台山、芦芽山。生于海拔1400～2600m的密林下阴湿处。

【经济价值】叶形奇特，可观赏。

168. 高山鸟巢兰
Neottia listeroides

【科属】兰科 Orchidaceae 鸟巢兰属 *Neottia*

【形态特征】多年生腐生小草本。茎直立，上部具乳突状短柔毛，中部以下具3～5枚鞘，无绿叶；鞘膜质，下半部抱茎。总状花序顶生，具10～20朵或更多的花；花小，淡绿色；花瓣近线形或狭长圆形；唇瓣狭倒卵状长圆形，先端2深裂，裂片近卵形或卵状披针形，前伸，彼此近平行，边缘具细缘毛，两裂片间的凹缺具细尖。蒴果倒卵形。花果期7～8月。

【分布生境】中国特有。分布于山西、四川、云南、西藏、陕西、甘肃、青海、新疆。山西分布于五台、管涔、黑茶及山西历山国家级自然保护区。生于海拔1500～3900m的林下或荫蔽草坡上。

【经济价值】根茎可入药。

169. 尖唇鸟巢兰
Neottia acuminata

【科属】兰科 Orchidaceae 鸟巢兰属 *Neottia*

【形态特征】多年生腐生小草本。茎直立，无毛，中部以下具3～5枚鞘，无绿叶；鞘膜质，抱茎。总状花序顶生，通常具20余朵花；花序轴无毛；花苞片长圆状卵形，先端钝，无毛；花小，黄褐色，常3～4朵聚生而呈轮生状；中萼片狭披针形，先端长渐尖，具1脉，无毛；花瓣狭披针形；唇瓣形状变化较大，通常卵形、卵状披针形或披针形。蒴果椭圆形。花果期6～8月。

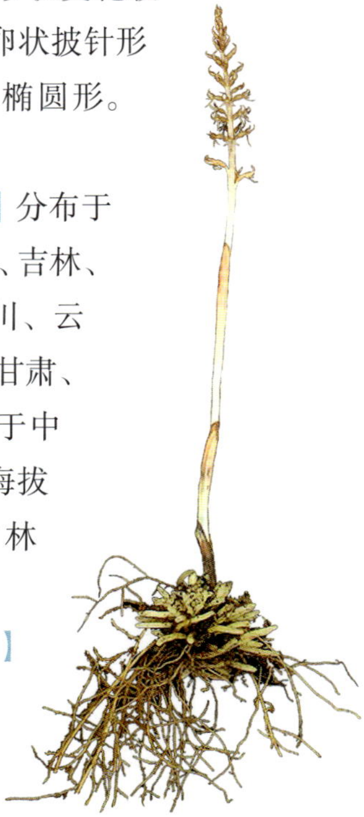

【分布生境】分布于北京、河北、山西、吉林、河南、湖北、四川、云南、西藏、陕西、甘肃、青海。山西分布于中北部山区。生于海拔1500～4100m的林下或荫蔽草坡上。

【经济价值】根茎可入药。

170. 斑叶兰
Goodyera schlechtendaliana

【科属】兰科 Orchidaceae 斑叶兰属 *Goodyera*

【形态特征】多年生地生草本。根状茎匍匐。茎直立，绿色，具 4 ～ 6 枚叶。叶卵形或卵状披针形，基生或近基生，叶面具白色或黄白色不规则点状斑纹，叶背淡绿色，基部近圆或宽楔形。花茎直立，具 3 ～ 5 枚鞘状苞片，总状花序疏生几朵至 20 余朵近偏向一侧的花；花较小，白色或带粉红色，半张开；花瓣菱状倒披针形；唇瓣卵形，基部凹入呈囊状，前端舌状，略下弯。蒴果倒卵形或倒卵状椭圆形。花果期 7 ～ 9 月。

【分布生境】分布于山西、内蒙古、上海、江苏、浙江、安徽、福建、江西、河南、湖北、湖南、广东、广西、海南、重庆、四川、贵州、云南、西藏、陕西、甘肃。山西分布于管涔、五台、中条等林区。生于海拔 500 ～ 2800m 的山坡或沟谷阔叶林下。

【经济价值】本种全草民间作药用。

171. 二叶舌唇兰
Platanthera chlorantha

【科属】兰科 Orchidaceae 舌唇兰属 *Platanthera*

【形态特征】多年生地生草本。块茎卵状纺锤形，肥厚肉质。茎直立，茎较粗壮；近基部具 2 枚近对生的大叶，大叶椭圆形或倒披针状椭圆形，基部收狭成抱茎的鞘状柄，其上具 2 ～ 4 披针形小叶。总状花序具 12 ～ 32 朵花；花较大，绿白色或白色；中萼片舟状，圆状心形，侧萼片张开，斜卵形；花瓣直

立，斜窄披针形，与中萼片靠合呈兜状；唇瓣前伸，舌状，肉质，距棒状圆筒形，水平或斜下伸，微钩曲或弯曲，向末端增粗，较子房长1.5～2倍，子房圆柱状，上部钩曲。蒴果直立，长椭圆形。花期6～8月，果期9～10月。

【分布生境】分布于北京、河北、山西、内蒙古、辽宁、吉林、黑龙江、江西、湖南、广东、重庆、四川、贵州、云南、西藏、陕西、甘肃、青海。山西各林区均有分布。生于海拔400～3300m的山坡林下或草丛中。

【经济价值】此花有栽培，具有较高的观赏价值。块茎可入药。

172. 蜻蜓舌唇兰（蜻蜓兰）
Platanthera souliei

【科属】兰科 Orchidaceae

舌唇兰属 *Platanthera*

【形态特征】与二叶舌唇兰的不同点在于：根状茎指状，肉质，细长。茎下部具2（3）大叶，大叶之上具1至几枚小叶。总状花序密生多花；花小，黄绿色；唇瓣向前伸展，多少下垂，舌状披针形，肉质，基部两侧各具1枚小的侧裂片，侧裂片三角状镰形，中裂片舌状披针形，较侧裂片长得多。花期6～8月，果期9～10月。

【分布生境】分布于北京、天津、河北、山西、内蒙古、辽宁、吉林、黑龙江、四川、云南、陕西、甘肃、青海。山西中南部山区均有分布。生于海拔400～3800m的山坡林下或河沟边。

【经济价值】块茎外用治烧伤。可栽培用于观赏。

173. 凹舌掌裂兰（凹舌兰）
Dactylorhiza viridis

【科属】兰科 Orchidaceae

掌裂兰属 *Dactylorhiza*

【形态特征】多年生地生草本。块茎肉质，前部呈掌状分裂。茎直立，基部具2～3枚筒状鞘，鞘之上具3～4（5）枚互生叶，叶之上常具1至数枚苞片状小叶。总状花序具多数花；花绿黄色或绿棕色，直立伸展；花瓣直立，线状披针形，较中萼片稍短，与中萼片靠合呈兜状；唇瓣下垂，肉质，倒披针形，基部具囊状距，上面在近基部的中央有 1 条短的纵褶片，前部 3 裂，侧裂片较中裂片长。蒴果直立，椭圆形。花期（5）6 ～ 8 月，果期 9 ～ 10 月。

【分布生境】分布于东北三省、内蒙古、河北、山西、陕西、宁夏、甘肃、青海、新疆、台湾、河南、湖北、四川、云南和西藏。山西各林区均有分布。生于海拔 1200 ～ 4300m 的山坡林下、灌丛下或山谷林缘湿地。

【经济价值】此花有栽培，具有较高的观赏价值。

174. 二叶兜被兰（兜被兰）
Neottianthe cucullata

【科属】兰科 Orchidaceae
兜被兰属 *Neottianthe*

【形态特征】多年生地生草本。块茎圆球形或卵形。茎直立或近直立，基部具 1～2 枚圆筒状鞘，其上具 2 枚近对生的叶，叶卵形、卵状披针形或椭圆形，近平展或直立伸展，先端急尖或渐尖，基部骤狭成抱茎的短鞘，叶面有时具少数或多而密的紫红色斑点。总状花序具几朵至 10 余朵花，常偏向一侧，花紫红色或粉红色；萼片彼此在 3/4 以上紧密靠合成兜；唇瓣向前伸展，基部楔形，3 裂，侧裂片线形，中裂片长；距细圆筒状锥形，中部前弯，近“U”字形。花果期 7 ～ 9 月。

【分布生境】分布于北京、天津、河北、山西、内蒙古、吉林、黑龙江、浙江、福建、河南、四川、贵州、云南、西藏、陕西、甘肃、青海。山西各林区均有分布。生于海拔 400～4100m 的山坡林下或草地。

【经济价值】可用于盆栽欣赏，也可用于花坛、花境布置，具有较高的观赏价值。

175. 羊耳蒜
Liparis campylostalix

【科属】兰科 Orchidaceae
羊耳蒜属 *Liparis*

【形态特征】多年生地生草本。假鳞茎卵形，外被白色的薄膜质鞘。叶 2 枚，卵形、卵状长圆形或近椭圆形，膜质或草质，先端急尖或钝，边缘皱波状或近全缘，基部收狭成鞘状柄，无关节。总状花序具数朵至 10 余朵花，花通常淡绿色，有时可变为粉红色或带紫红色；萼片线状披针形，侧萼片稍斜歪；花瓣丝状，唇瓣近倒

卵形，先端具短尖，边缘稍有不明显的细齿或近全缘，基部逐渐变狭。蒴果倒卵状长圆形。花期 6 ～ 8 月，果期 9 ～ 10 月。

【分布生境】产黑龙江、吉林、辽宁、内蒙古、河北、山西南部、陕西南部、甘肃、山东（崂山）、河南、四川、贵州、云南和西藏。山西恒山、五台山、管涔山、中条山有分布。生于海拔 1600 ～ 3400m 林下岩石积土上或松林下草地上。

【经济价值】以带根全草入药。

176. 原沼兰
Malaxis monophyllos

【科属】兰科 Orchidaceae
原沼兰属 *Malaxis*

【形态特征】多年生地生草本。假鳞茎卵形，较小。叶通常 1 枚，较少 2 枚，斜立，卵形、长圆形或近椭圆形，先端钝或近急尖，基部收狭成柄；叶柄多少鞘状，抱茎或上部离生。总状花序具数十朵或更多的花；花小，较密集，淡黄绿色至淡绿色；花瓣近丝状或极狭的披针形；唇瓣先端骤然收狭而成线状披针形的尾，唇盘中央略凹陷，两侧边缘变为肥厚并具疣状突起，基部两侧有一对钝圆的短耳。蒴果倒卵形或倒卵状椭圆形。花果期 7 ～ 8 月。

【分布生境】分布于北京、天津、河北、山西、内蒙古、吉林、黑龙江、河南、湖北、重庆、四川、贵州、云南、西藏、陕西、甘肃、青海、宁夏、台湾。山西各林区均有分布。生于海拔 800 ～ 4100m 林下、灌丛中或草坡上。

【经济价值】全草入药。适于盆栽或林下花坛种植。

177. 杜鹃兰
Cremastra appendiculata

【科属】兰科 Orchidaceae
杜鹃兰属 *Cremastra*

【形态特征】多年生地生草本。假鳞茎卵球形或近球形。叶通常 1 枚，生于假鳞茎顶端，狭椭圆形、近椭圆形或倒披针状狭椭圆形，先端渐尖，基部收狭，近楔形。花莛从假鳞茎上部节上发出，近直立，总状花序具5～22朵花，花常偏花序一侧，多少下垂，不完全开放，有香气，狭钟形，淡紫褐色。蒴果近椭圆形，下垂。花期5～6月，果期9～10月。

【分布生境】分布于山西、上海、江苏、浙江、安徽、江西、河南、湖北、湖南、广东、广西、重庆、四川、贵州、云南、西藏、陕西、甘肃、台湾。山西中南部山区均有分布。生于海拔500～2900m林下湿地或沟边湿地上。

【经济价值】国家二级保护野生植物。假鳞茎入药。此花有栽培，具有较高的观赏价值。

178. 绶草（盘龙参）

Spiranthes sinensis

【科属】兰科 Orchidaceae

绶草属 *Spiranthes*

【形态特征】多年生草本。根数条，指状，肉质，簇生于茎基部。茎较短，近基部生2～5枚叶。叶片宽线形或宽线状披针形，极罕为狭长圆形，直立伸展，先端急尖或渐尖，基部收狭具柄状抱茎的鞘。总状花序具多数密生的花；花小，紫红色、粉红色或白色，在花序轴上呈螺旋状排生。蒴果近椭圆形，果柄极短。花期7～8月。

【分布生境】全国各地均有分布。山西各林区均有分布。生于海拔200～3400m山坡林下、灌丛下、草地或河滩沼泽草甸中。

【经济价值】全草民间作药用。此花有栽培，具有较高的观赏价值。

179. 蕙兰

Cymbidium faberi

【科属】兰科 Orchidaceae

兰属 *Cymbidium*

【形态特征】多年生地生草本。假鳞茎不明显。叶簇生，带形，近直立，基部常对折呈“V”形，叶脉常透明，叶缘常有粗齿。花葶稍外弯，花序具 5 ～ 11 朵或多花，花常淡黄绿色，有香气，唇瓣长圆状卵形，有紫红色斑，3 裂，侧裂片直立，具小乳突或细毛，中裂片较长，外弯，有乳突，边缘常皱波状，唇盘 2 褶片上端内倾，多少形成短管。蒴果窄椭圆形。花期 3 ～ 5 月，果期 9 ～ 11 月。

【分布生境】分布于江苏、浙江、安徽、福建、江西、河南、湖北、湖南、广东、广西、重庆、四川、贵州、云南、西藏、陕西、甘肃。山西仅见于山西太宽河国家级自然保护区。生于海拔 700 ～ 3000m 湿润但排水良好的石质山坡林下。

【经济价值】国家二级保护野生植物。花大且多，常作观赏盆景。

180. 黄花菜（金针菜、忘忧草）

Hemerocallis citrina

【科属】阿福花科 Asphodelaceae 萱草属 *Hemerocallis*

【形态特征】多年生草本。植株一般较高大。根近肉质，中下部常有纺锤状膨大。叶基生，二列，带状。花葶长短不一，一般稍长于叶，基部三棱形，上部多少圆柱形，顶端分枝，花梗较短；花多数，花被淡黄色，有时在花蕾时顶端带黑紫色。蒴果钝三棱状椭圆形。种子黑色，有棱。花果期 5 ～ 9 月。

【分布生境】分布于北京、天津、河北、山西、辽宁、吉林、上海、江苏、浙江、福建、江西、山东、河南、湖北、湖南、广东、广西、重庆、四川、贵州、云南、陕西、甘肃、青海、宁夏。山西各林区均有分布。生于海拔 2000m 以下的山坡、山谷、荒地或林缘。

【经济价值】是重要的经济作物。根、叶、花均可入药。它的花经过蒸、晒，加工成干菜，即黄花菜。黄花菜春季萌发早，花期长，具有很高的观赏价值，可用于布置草地、花境。

181. 忽地笑

Lycoris aurea

【科属】石蒜科 Amaryllidaceae 石蒜属 *Lycoris*

【形态特征】多年生草本。鳞茎卵形。秋季出叶，叶剑形，向基部渐狭，顶端渐尖，中间淡色带明显。花总苞片 2 枚，披针形；

伞形花序有花 4～8 朵；花黄色；花被裂片背面具淡绿色中肋，倒披针形，强度反卷和皱缩，花被筒长，雄蕊略伸出于花被外，花丝黄色，花柱上部玫瑰红色。蒴果具三棱，室背开裂；种子少数，近球形，黑色。花期 8～9 月，果期 10 月。

【分布生境】分布于河北、山西、江苏、浙江、安徽、福建、江西、河南、湖北、湖南、广东、广西、重庆、四川、贵州、云南、陕西、甘肃。山西分布于山西蟒河

国家级自然保护区。生于阴湿山坡、林缘及石崖下。

【经济价值】全草入药。也可用于园林观赏或作切花材料。

182. 茖葱
Allium victorialis

【科属】石蒜科 Amaryllidaceae
葱属 *Allium*

【形态特征】多年生草本。鳞茎单生或 2～3 枚聚生，近圆柱状，鳞茎外皮灰褐色至黑褐色，破裂成纤维状，呈明显的网状。叶 2～3 枚，倒披针状椭圆形至椭圆形，基部楔形，沿叶柄稍下延，先端渐尖或短尖。花莛圆柱状，伞形花序球状，生于花莛的顶端；花白色或带绿色，极稀带红色。蒴果室背开裂。种子黑色，多棱形或近球状。花果期 6～8 月。

【分布生境】分布于北京、天津、河北、山西、内蒙古、辽宁、吉林、江苏、浙江、安徽、河南、湖北、重庆、四川、陕西、甘肃、青海。山西各林区均有分布。生于海拔 1000～2500m 的阴湿坡山坡、林下、草地或沟边。

【经济价值】为药食兼用植物，茎叶均可食用。

183. 曲枝天门冬
Asparagus trichophyllus

【科属】天门冬科 Asparagaceae
天门冬属 *Asparagus*

【形态特征】多年生草本，近直立。茎平滑，中部至上部回折状，分枝下弯后上升，近基部弧曲，有时近半圆形，上部回折状，小枝多少具软骨质齿。叶状枝通常每 5～8 枚成簇，刚毛状，略有 4～5 棱，稍弧曲，通常稍伏贴于小枝上，有时稍具软骨质齿；茎上的鳞片状叶基部有长

1～3mm的刺状距，极少成为硬刺，分枝上的距不明显。花2朵腋生，绿黄色而稍带紫色。浆果球形，熟时红色。花果期5～7月。

【分布生境】分布于北京、天津、河北、山西、内蒙古、辽宁、安徽、山东、河南、陕西、甘肃、青海。山西各林区均有分布。生于海拔400～2100m以下林缘、山坡或灌丛中。

【经济价值】块根入药。

184. 天门冬（三百棒）
Asparagus cochinchinensis

【科属】天门冬科 Asparagaceae 天门冬属 *Asparagus*

【形态特征】多年生攀缘植物。根在中部或近末端成纺锤状膨大。茎平滑，常弯曲或扭曲，分枝具棱或狭翅。叶状枝通常每3枚成簇，扁平或由于中脉龙骨状而略呈锐三棱形，稍镰刀状；茎上的鳞片状叶基部延伸为长2.5～3.5mm的硬刺，在分枝上的刺较短或不明显。花通常每2朵腋生，淡绿色。浆果球形，熟时红色。花期5～6月，果期8～10月。

【分布生境】全国各地均有分布。山西南部山区有分布。生于海拔1750m以下的山坡、路旁、疏林下、山谷或荒地上。

【经济价值】块根是常用的中药，具有很高的药用价值。

185. 羊齿天门冬
Asparagus filicinus

【科属】天门冬科 Asparagaceae 天门冬属 *Asparagus*

【形态特征】多年生直立草本。块根成簇，从基部开始或在距基部几厘米处成纺锤状膨大，膨大部分长短不一。茎近平滑，分枝通常有棱，有时稍具软骨质齿。叶状枝每5～8枚成簇，扁平，镰刀状，

有中脉，鳞片状叶基部无刺。花每1～2朵腋生，淡绿色，有时稍带紫色。浆果近球形，下垂，干后变紫黑色。花期5～7月，果期8～9月。

【分布生境】分布于河北、山西、上海、江苏、浙江、安徽、河南、湖北、湖南、广东、广西、重庆、四川、贵州、云南、西藏、陕西、甘肃、青海、宁夏。山西中南部山区均有分布。生于海拔1200～3000m的丛林下或山谷阴湿处。

【经济价值】块根作草药用。

186. 舞鹤草
Maianthemum bifolium

【科属】天门冬科 Asparagaceae 舞鹤草属 *Maianthemum*

【形态特征】多年生草本。根状茎细长，有时分叉，节上有少数根。基生叶花期凋萎，茎生叶通常2枚，极少3枚，互生于茎的上部，三角状卵形，先端急尖至渐尖，基部心形。总状花序直立，约有10～25朵花；花白色，单生或成对。浆果球形，熟时红色至紫黑色。花期5～7月，果期8～9月。

【分布生境】分布于北京、天津、河北、山西、内蒙古、辽宁、吉林、黑龙江、河南、湖北、湖南、四川、陕西、甘肃、青海、宁夏。山西中南部山区均有分布。生于高山阴坡林下。

【经济价值】全草入药。

187. 鹿药（九层楼）
Maianthemum japonicum

【科属】天门冬科 Asparagaceae 舞鹤草属 *Maianthemum*

【形态特征】多年生草本。根状茎横走，多少圆柱状，有时具膨大结节。茎生叶互生，叶卵状椭圆形、椭圆形或长圆形，先端近短渐尖，具短柄。圆锥花序生于枝顶，具10～20余花；花单生，白色；花被片6，离生或仅基部稍合生，长圆形或长圆状倒卵形。浆果近球形，初绿色，有紫斑，熟时红色。花期5～6月，果期8～9月。

【分布生境】分布于北京、天津、河北、山西、辽宁、吉林、黑龙江、浙江、安徽、福建、江西、山东、河南、湖北、湖南、广西、重庆、四川、贵州、云南、西藏、陕西、甘肃、青海、台湾。山西中南部山区均有分布。生于海拔900～1950m林下、

林缘、灌丛和水旁湿地等阴湿处。

【经济价值】根状茎及根入药。

188. 管花鹿药
Maianthemum henryi

【科属】天门冬科 Asparagaceae 舞鹤草属 *Maianthemum*

【形态特征】与鹿药的不同点在于：叶片较宽大。花淡黄色或带紫褐色，花被高脚碟状，筒部长为花被全长的 2/3 ～ 3/4，裂片开展。浆果球形，绿色至黄白色而带紫斑点，熟时红色。花期 5 ～ 6（8）月，果期 8 ～ 10 月。

【分布生境】分布于山西、安徽、山东、河南、湖北、湖南、重庆、四川、贵州、云南、西藏、陕西、甘肃。山西分布于中条山区。生于海拔 1300 ～ 4000m 的林下、灌丛下、水旁湿地或林缘。

【经济价值】根茎及根入药。

189. 山麦冬
Liriope spicata

【科属】天门冬科 Asparagaceae 山麦冬属 *Liriope*

【形态特征】多年生草本，植株丛生。根状茎短，具地下走茎，近末端成长圆形、椭圆形或纺锤形肉质小块根。叶线形，稍革质，较长，基部常具褐色叶鞘，叶面深绿色，叶背粉绿色，具 5 条脉，中脉较明显，缘具细锯齿。总状花序具多花，花常（2）3 ～ 5 簇生苞片腋内；花被片长圆形、长圆状披针形，先端钝圆，淡紫或淡蓝色。浆果圆形，蓝黑色。花期 5 ～ 7 月，果期 8 ～ 10 月。

【分布生境】分布于北京、天津、河北、山西、辽宁、上海、江苏、浙江、安徽、福建、江西、山东、河南、湖北、湖南、广东、广西、海南、重庆、四川、贵州、云南、陕西、甘肃、台湾、香港。山西中南部山区均有分布。生于海拔 50 ～ 1400m 的山坡、林下、路旁或湿地。

【经济价值】块根可入药。常见栽培的观赏植物。

190. 黄精（鸡头参、鸡头黄精）
Polygonatum sibiricum

【科属】天门冬科 Asparagaceae 黄精属 *Polygonatum*

【形态特征】多年生草本。根状茎圆

柱状，节膨大，节间一头粗、一头细。茎有时攀缘状。叶 4 ～ 6 枚轮生，线状披针形，先端拳卷或弯曲。花序常具 2 ～ 4 花，成伞状，花序梗明显长；花梗俯垂；花被乳白或淡黄色，花被筒中部稍缢缩。浆果球形，成熟时黑色。花期 5 ～ 6 月，果期 8 ～ 9 月。

【分布生境】全国各地均有分布。山西各林区均有分布。生于海拔 800 ～ 2800m 林下、灌丛或山坡阴处。

【经济价值】根状茎为常用中药“黄精”。

191. 玉竹（尾参、铃铛菜）

Polygonatum odoratum

【科属】天门冬科 Asparagaceae 黄精属 *Polygonatum*

【形态特征】多年生草本。根茎肉质，圆柱形，横走，黄白色，密生多数须根。单叶互生，椭圆形至卵状矩圆形，先端尖，叶面带灰白色，叶背脉上平滑至呈乳头状粗糙。花序生于叶腋，下垂，具 1 ～ 4 花（在栽培情况下，可多至 8 朵），无苞片或有条状披针形苞片，花被黄绿色至白色，花被筒较直。浆果成熟时蓝黑色。花期 5 ～ 6 月，果期 7 ～ 9 月。

【分布生境】全国各地均有分布。山西各林区均有分布。生于海拔 500 ～ 3000m 林下或山坡阴处。

【经济价值】根状茎药用，系中药“玉竹”。另外还具有食用保健价值和观赏价值。

192. 大苞黄精

Polygonatum megaphyllum

【科属】天门冬科 Asparagaceae 黄精属 *Polygonatum*

【形态特征】与玉竹的区别在于：花序通常具 2 花，顶端有 3 ～ 4 枚卵形或狭卵形叶状苞片，花被淡绿色。花期 5 ～ 6 月，果期 7 ～ 9 月。

【分布生境】分布于河北、山西、吉林、陕西、甘肃、青海。山西分布于南部山区。

生于海拔 1700 ～ 2500m 山坡或林下。

【经济价值】根状茎药用。

193. 鸭跖草

Commelina communis

【科属】鸭跖草科 Commelinaceae 鸭跖草属 *Commelina*

【形态特征】一年生披散草本。茎匍匐生根，多分枝。单叶互生，叶披针形或卵状披针形，基部延展成鞘状包茎。总苞片佛焰苞状，与叶对生，折叠状，展开后为心形，顶端短急尖，基部心形，边缘常有硬毛；聚伞花序，下面一枝仅有花 1 朵，不孕；上面一枝具花 3 ～ 4 朵，具短梗，几乎不伸出佛焰苞，花瓣上面两瓣为蓝色，下面一瓣为白色，内面 2 枚具爪。蒴果椭圆形。花期 7 ～ 9 月，果期 9 ～ 10 月。

【分布生境】分布于北京、天津、河北、山西、内蒙古、辽宁、吉林、黑龙江、上海、江苏、浙江、安徽、福建、江西、山东、河南、湖北、湖南、广东、广西、重庆、四川、贵州、云南、陕西、甘肃、台湾。山西分布于中条山区。生于海拔 100 ～ 2400m 沟边、路边、田埂、荒地、宅旁墙角、山坡及林缘草丛中。

【经济价值】全草入药。

194. 饭包草（圆叶鸭跖草）

Commelina benghalensis

【科属】鸭跖草科 Commelinaceae 鸭跖草属 *Commelina*

【形态特征】与鸭跖草的区别在于：叶有明显叶柄；叶片卵形或阔卵形。总苞片漏斗状，与叶对生，常数个集于枝顶，下部边缘合生；花序下面一枝具细长梗，具 1 ～ 3 朵不孕的花，伸出佛焰苞，上面一枝有花数朵，结实，不伸出佛焰苞；花瓣蓝色，圆形，内面 2 枚具长爪。蒴果椭圆状。花期 6 ～ 8 月，果期 9 ～ 10 月。

【分布生境】分布于北京、江苏、山东、湖北、湖南、广西、四川、贵州、陕西。山西蟒河国家级自然保护区有分布。生于海拔 350 ～ 2300m 的山坡、荒地或混交林下。

【经济价值】全草入药。嫩叶清炒或凉拌，味道清香，可食用。因其叶形秀丽，具蓝色小花，也可用于园林湿生绿化或盆栽供观赏。

195. 竹叶子
Streptolirion volubile

【科属】鸭跖草科 Commelinaceae 竹叶子属 *Streptolirion*

【形态特征】多年生攀缘草本，极少茎近于直立。侧枝穿鞘而出，每节都生花序，基部具叶鞘。叶片心状圆形，有时心状卵形，顶端常尾尖，基部深心形。蝎尾状聚伞花序有花1至数朵，集成圆锥状；圆锥花序下面的总苞片叶状，上部的小而卵状披针形；花无梗，花瓣白色、淡紫色而后变白色，线形，略比萼长。蒴果，顶端有长达3mm的芒状突尖。花期7～8月，果期9～10月。

【分布生境】分布于北京、天津、河北、山西、辽宁、吉林、浙江、江西、河南、湖北、湖南、广东、广西、重庆、四川、贵州、云南、西藏、陕西、甘肃。

山西中南部山区均有分布。生于海拔800～3000m的山谷、灌丛、密林下或草地。

【经济价值】为单种属植物。药食同源植物，全草入药。

196. 披针薹草
Carex lancifolia

【科属】莎草科 Cyperaceae 薹草属 *Carex*

【形态特征】多年生草本，根状茎短。高10～15cm，秆密丛生，纤细，扁三棱形，上部稍粗糙。叶长于秆或与秆近等长，平展，质软，边缘稍粗糙，基部具紫褐色分裂呈纤维状的宿存叶鞘。苞片鞘状，仅下部的1枚顶端具芒状苞叶，其余的无明显苞叶。小穗4～5个，彼此疏远，基部的1个根生。果囊长于鳞片，长圆形，三棱形，膜质，绿色，被短柔毛，具明显的2侧脉，基部骤缩成长柄，上部收缩成圆锥状的中等长的喙，喙口微2裂。小坚果长圆形，三棱形，长约3mm，成熟时褐色。花果期

4～5月。

【分布生境】分布于全国大部分地区。山西各林区均有分布。生于海拔110～2300m林下、林缘草地及阳坡干燥草地。

【经济价值】茎叶可作造纸原料，嫩茎叶是牲畜的饲料。

197. 青绿薹草
Carex breviculmis

【科属】莎草科 Cyperaceae 薹草属 *Carex*

【形态特征】多年生草本。秆丛生，高8～40cm。叶短于秆，边缘粗糙，质硬；苞片最下部的叶状，长于花序，余刚毛状，近无鞘。小穗2～5个，上部的接近，下部的疏离；花稍密生，无柄或最下部稍有柄。果囊倒卵形，钝三棱状，膜质，淡绿色，多脉，上部密被短柔毛，具短柄，喙圆，喙口微凹；小坚果紧包于果囊中，卵形，栗色，顶端成环盘。花果期3～6月。

【分布生境】分布于北京、天津、河北、山西、辽宁、安徽、江西、山东、河南、湖北、湖南、广东、广西、海南、重庆、四川、云南、陕西、甘肃、青海。山西南

部山区均有分布。生于海拔470～2300m林缘、山谷沟边、山坡草地、路边。

【经济价值】可作牲畜的饲料。

198. 宽叶薹草
Carex siderosticta

【科属】莎草科 Cyperaceae 薹草属 *Carex*

【形态特征】多年生草本。根状茎长。营养茎和花茎有间距，花茎近基部的叶鞘无叶片，淡棕褐色，营养茎的叶长圆状披针形，有时具白色条纹，中脉及2条侧脉较明显。花茎高达30cm，苞鞘上部膨大似佛焰苞状。小穗3～6（10）个，单生或孪生于各节。小坚果紧包于果囊中，椭圆形，三棱形，果囊倒卵形或椭圆形，三棱形。花果期4～5月。

【分布生境】分布于北京、天津、山西、辽宁、吉林、江西、河南、湖北、陕西。山西中南部山区均有分布。生于海拔1000～2000m阔叶林下、针阔叶混交林或林缘。

【经济价值】宽叶薹草是较好的地被植物，可在水土保持和城市园林绿化建设中使用。

199. 臭草
Melica scabrosa

【科属】禾本科 Poaceae
臭草属 *Melica*

【形态特征】多年生草本。秆丛生，直立或基部膝曲。叶鞘闭合近鞘口，常撕裂，光滑或微粗糙；叶片扁平，较薄，干时常卷折，两面粗糙或叶面疏被毛。圆锥花序狭窄；分枝直立或斜上升；小穗柄短，上部弯曲，淡绿色或乳白色，含孕性小花

2～6；颖膜质，狭披针形，2颖近等长，具3～5脉；外稃顶端尖或钝，具7脉；内稃短于外稃或相等；雄蕊3。颖果褐色，纺锤形。花果期5～8月。

【分布生境】分布于北京、天津、河北、山西、内蒙古、辽宁、吉林、黑龙江、江苏、山东、河南、湖北、湖南、重庆、四川、贵州、云南、西藏、陕西、甘肃、青海、宁夏。山西各林区均有分布。生于海拔500～3200m山坡草地、山谷溪边、路旁和疏林下。

【经济价值】秆叶可作牧草。

200. 披碱草
Elymus dahuricus

【科属】禾本科 Poaceae
披碱草属 *Elymus*

【形态特征】多年生丛生草本。秆疏丛，直立，基部膝曲。叶鞘光滑无毛；叶片扁平，稀可内卷，叶面粗糙，叶背光滑，有时呈粉绿色。穗状花序直立，较紧密，中部各节具2小穗而接近顶端和基部各节只具1小穗；小穗绿色，成熟后变为草黄色，含3～5小花；颖披针形或线状披针形，先端有5mm的短芒，第一外稃长9mm，先端延伸成芒，芒粗糙，成熟后向外展开；内稃与外稃等长，

先端截平，脊上具纤毛，至基部渐不明显，脊间被稀少短毛。颖果。

【分布生境】分布于北京、天津、河北、山西、内蒙古、辽宁、吉林、黑龙江、江西、山东、河南、湖北、四川、贵州、云南、西藏、陕西、甘肃、青海、宁夏、新疆。山西各林区均有分布。多生于灌木疏林下、山坡草地或路边。

【经济价值】优质高产的饲草。

201. 鹅观草（柯孟披碱草）

Elymus kamoji

【科属】禾本科 Poaceae 披碱草属 *Elymus*

【形态特征】与披碱草的区别在于：秆直立或基部倾斜，叶鞘外侧边缘常具纤毛。穗状花序弯曲或下垂，小穗绿色或带紫色，第一外稃先端延伸成芒，芒粗糙，劲直或上部稍有曲折；内稃约与外稃等长，先端钝头，脊显著具翼，翼缘具有细小纤毛。

【分布生境】除青海、西藏等地外，分布几遍及全国。山西中南部山区均有分布。生于海拔 100 ～ 2300m 的林缘、山坡和湿润草地。

【经济价值】本种植物可作牲畜的饲料，叶质柔软而繁盛，产草量大，可食性高。

202. 雀麦

Bromus japonicus

【科属】禾本科 Gramineae 雀麦属 *Brcmus*

【形态特征】一年生草本。秆直立。叶鞘闭合，被柔毛。圆锥花序舒展，向下弯垂；分枝细，上部着生 1 ～ 4 枚小穗，小穗黄绿色，密生 7 ～ 11 小花；外稃椭圆形，草质，边缘膜质，顶端钝三角形，芒自先端下部伸出，基部稍扁平，成熟后外弯。颖果线状长圆形，压扁，腹面具沟槽，成熟后紧贴于内外稃。花果期 5 ～ 7 月。

【分布生境】分布于北京、河北、山西、内蒙古、辽宁、吉林、黑龙江、上海、江苏、浙江、安徽、福建、江西、山东、河南、湖北、湖南、广东、广西、重庆、

四川、贵州、西藏、陕西、甘肃、青海、宁夏、新疆。山西南部山区均有分布。生于海拔 50～3500m 山坡林缘、荒野路旁、河漫滩湿地。

【经济价值】优良牧草。全草入药。

203. 茅香（香麻、香茅、香草）
Anthoxanthum nitens

【科属】禾本科 Poaceae
黄花茅属 *Anthoxanthum*

【形态特征】多年生草本。根茎细长。秆直立，上部常裸露。叶鞘松弛，叶片披针形，较厚，叶面被微毛。圆锥花序，小穗淡黄褐色，有光泽，颖膜质，具 1～3 脉，等长或第一颖稍短；雄花外稃稍短于颖，顶具微小尖头，背部向上渐被微毛，边缘具纤毛；孕花外稃无芒或短尖，上部被短毛，内稃具 1～2 脉。颖果。花果期 6～9 月。

【分布生境】分布于北京、天津、河北、山西、内蒙古、吉林、黑龙江、江苏、四川、西藏、陕西、甘肃、青海、新疆。山西各林区均有分布。生于海拔 850～3750m 的林缘、阴坡、河漫滩或湿润草地。

【经济价值】茅香可以作为药草及制酒的原料（茅香伏特加），植株具有特殊的香味，可作香草浸剂。根状茎药用。其根茎蔓延性强，还可用于巩固坡地以防止水土流失。

204. 野青茅
Deyeuxia pyramidalis

【科属】禾本科 Poaceae
野青茅属 *Deyeuxia*

【形态特征】多年生草本。秆直立，其节膝曲，丛生，基部具被鳞片的芽，平滑。叶鞘疏松裹茎，长于或上部者短于节

间，无毛或鞘颈具柔毛，叶片扁平或边缘内卷。圆锥花序紧缩似穗状，分枝3或数枚簇生，直立贴生；小穗草黄色或带紫色，颖片披针形，先端尖，稍粗糙，两颖近等长，外稃稍粗糙，顶端具微齿裂，芒自外稃近基部或下部1/5处伸出，近中部膝曲，芒柱扭转；内稃近等长或稍短于外稃。颖果。花果期7～10月。

【分布生境】分布于北京、河北、山西、内蒙古、辽宁、吉林、黑龙江、江苏、浙江、安徽、福建、江西、河南、湖北、湖南、广东、广西、重庆、四川、贵州、云南、西藏、陕西、甘肃、新疆、台湾。山西各林区均有分布。生于海拔1400～1900m林缘、林间草地、缓坡、灌丛、山谷溪旁、河滩草丛。

【经济价值】再生草质量较高，各种家畜均喜食，刈割青贮或调制干草则各种家畜更喜采食，故宜于刈割利用，为山区冬草的主要来源之一。

205. 京芒草
Achnatherum pekinense

【科属】禾本科 Poaceae
羽茅属 *Achnatherum*

【形态特征】与野青茅的区别在于：圆锥花序开展，分枝细弱，每节2～4枚，中部以下裸露；小穗草绿色或紫色；颖披针形，几等长或第一颖稍长，背部平滑，3脉；外稃先端2微裂，背部被柔毛，3脉；芒二回膝曲，芒柱扭转，具微毛，基部无关节；内稃近等长于外稃，2脉间被柔毛。颖果。花果期7～10月。

【分布生境】分布于北京、天津、河北、山西、内蒙古、辽宁、吉林、黑龙江、江苏、安徽、山东、河南、湖北、四川、陕西。山西各林区均有分布。生于海拔350～1500m低矮山坡草地、林下、河滩及路旁。

【经济价值】可用作牧草。

206. 落芒草

Piptatherum munroi

【科属】禾本科 Poaceae

落芒草属 *Piptatherum*

【形态特征】与京芒草的区别在于：每节分枝常 2（稀 1 或 3）枚，小穗灰绿色或先端及边缘紫红色，卵状长圆形；颖几等长或第一颖稍长，草质，先端渐尖喙状；外稃褐色，披针形，果期黑褐色，无芒或芒长 3 ～ 7mm，直立或稍弯曲。颖果。花果期 6 ～ 8 月。

【分布生境】分布于北京、河北、山西、内蒙古、辽宁、吉林、黑龙江、江苏、浙江、安徽、福建、江西、河南、湖北、湖南、广东、广西、重庆、四川、贵州、云南、西藏、陕西、甘肃、新疆、台湾。山西各林区均有分布。生于海拔 2200 ～ 5000m 高山灌丛、山地阳坡及农田路旁。

【经济价值】可用作牧草。

207. 虎尾草

Chloris virgata

【科属】禾本科 Poaceae

虎尾草属 *Chloris*

【形态特征】一年生草本。秆直立或基部膝曲，光滑无毛。叶鞘背部具脊，包卷松弛，无毛；叶舌无毛或具纤毛；叶片线形，两面无毛或边缘及叶面粗糙。穗状花序 5 ～ 10 余枚，指状着生于秆顶，常直立而并拢成毛刷状，成熟时常带紫色。颖果纺锤形，淡黄色，光滑无毛而半透明，胚长约为颖果的 2/3。花果期 6 ～ 10 月。

【分布生境】遍布于全国各地。山西各林区均有分布。多生于海拔 3700m 以下林缘、灌丛、路旁荒野、河岸沙地、土墙及房顶上。

【经济价值】全草入药。可为各种牲畜食用，是热带、亚热带地区重要的牧草和水土保持植物。

208. 锋芒草
Tragus mongolorum

【科属】禾本科 Poaceae 锋芒草属 *Tragus*

【形态特征】一年生。须根细弱。茎丛生，基部常膝曲而伏卧地面。叶鞘短于节间，无毛，叶舌纤毛状，叶片边缘加厚，软骨质，疏生小刺毛。花序紧密呈穗状，小穗通常3个簇生，其中1个退化，或几残存为柄状。颖果棕褐色，稍扁。花果期7～9月。

【分布生境】分布于河北、山西、内蒙古、山东、宁夏、甘肃、青海、四川、云南。山西分布于北部林区。生于海拔3000m以下灌丛、疏林地、荒野、路旁、丘陵和山坡草地中。

【经济价值】营养价值较高，在结实期，粗蛋白质和粗脂肪含量都较高。但本草植株低矮，产量不高，且结实后颖果具有刺状物，家畜多不喜采食，影响饲用价值，最好的利用时期只在6～7月。

209. 求米草
Oplismenus undulatifolius

【科属】禾本科 Poaceae 求米草属 *Oplismenus*

【形态特征】多年生草本。秆纤细，基部平卧地面，节处生根。叶鞘短于或上部者长于节间，密被疣基毛，叶舌膜质，短小，叶片扁平，披针形至卵状披针形，皱褶状，先端尖，基部略圆形而稍不对称，通常具细毛。圆锥花序主轴密被疣基长刺柔毛，分枝短缩，小穗卵圆形，被硬刺毛，簇生于主轴或部分孪生。颖果。花果期7～11月。

【分布生境】遍布于全国各地。山西各林区均有分布。生于海拔740～2000m阴湿的山坡疏林、路边，也分布在低山丘陵地。

【经济价值】求米草草质柔软，适口性好，营养丰富，是牛、羊都喜食较为理想的放牧草。是水土保持植物。

210. 狗尾草（毛毛狗）
Setaria viridis

【科属】禾本科 Poaceae
狗尾草属 *Setaria*

【形态特征】一年生草本。秆直立或基部膝曲。叶鞘松弛，边缘具长纤毛。叶片扁平，披针形或条形，先端长渐尖或渐尖，基部钝圆形。圆锥花序紧密成圆柱状，直立或下垂，主轴被长柔毛，直或稍扭曲，绿色、褐黄色、紫红或紫色；小穗 2 ～ 5 簇生，椭圆形，先端钝。颖果灰白色。花果期 5 ～ 10 月。

【分布生境】遍布于全国各地。山西各林区均有分布。生于海拔 4000m 以下的山坡、路旁田间、灌木疏林中。

【经济价值】秆叶可作牧草。可药用。全草水煮沸可喷杀菜虫。花序宿存经久不凋，可供观赏。

211. 狼尾草
Pennisetum alopecuroides

【科属】禾本科 Poaceae
狼尾草属 *Pennisetum*

【形态特征】多年生草本。须根较粗壮。秆直立，丛生，在花序下密生柔毛。叶鞘光滑，两侧压扁，秆上部者长于节间；叶舌具纤毛；叶片线形，先端长渐尖，基部生疣毛。圆锥花序直立；主轴密生柔毛；总梗刚毛粗糙，淡绿色或紫色；小穗通常单生，偶有双生，线状披针形；花药顶端无毫毛；花柱基部连合。颖果长圆形。花果期 7 ～ 10 月。

【分布生境】遍布于全国各地。山西各林区均有分布。生于海拔 50 ～ 3200m 林间空地、荒地、道旁及小山坡上。

【经济价值】可供编织或造纸。作饲料。可作固堤防沙植物。

212. 白草（倒生草、五龙）

Pennisetum flaccidum

【科属】禾本科 Poaceae
狼尾草属 *Pennisetum*

【形态特征】多年生草本。秆直立。叶鞘疏松包茎。叶片狭线形，质硬。圆锥花序紧密，直立或稍弯曲；主轴具棱，总梗极短，刚毛柔软，细弱，灰绿色或紫色，小穗常单生。颖果长圆形。花果期 7～10 月。

【分布生境】分布于北京、天津、河北、山西、内蒙古、辽宁、吉林、河南、湖北、四川、贵州、云南、西藏、陕西、甘肃、青海、宁夏、新疆。山西各林区均有分布。生于海拔 800～4600m 林缘、山坡、路旁及水沟边。

【经济价值】优良牧草。根茎可入药。

213. 荩草（绿竹、光亮荩草、匿芒荩草）

Arthraxon hispidus

【科属】禾本科 Poaceae
荩草属 *Arthraxon*

【形态特征】一年生草本。秆细弱，基部倾斜。叶鞘生短硬疣毛。叶片卵状披针形，基部心形，抱茎。总状花序细弱，2～10 枚呈指状排列或簇生于秆顶，无柄小穗卵状披针形，两侧压扁，灰绿色或带紫色。颖果长圆形。花果期 8～10 月。

【分布生境】遍布于全国各地。山西各林区均有分布。生于林缘路边、山坡草地、溪旁草丛等阴湿处，也可见生于石崖缝隙。

【经济价值】汁液可做黄色染料。纤维可以造纸。全草入药。

214. 北京隐子草

Cleistogenes hancei

【科属】禾本科 Poaceae
隐子草属 *Cleistogenes*

【形态特征】多年生草本。具短的根状茎。基部具向外斜伸的鳞芽，鳞片坚硬。叶鞘短于节间，无毛或疏生疣毛，叶舌短，先端裂成细毛，叶片线形，扁平或稍内卷，两面均粗糙，质硬，斜伸或平展，常呈绿色，亦有时稍带紫色。圆锥花序开展，具多数分枝，基部分枝长，向上渐短，斜上伸展；小穗灰绿色或带紫色，排列较密，含 3～7 小花；外稃披针形，有紫黑色斑

纹，具5脉；内稃等长或较长于外稃，先端微凹，脊上粗糙。花果期7～11月。

【分布生境】分布于北京、天津、河北、山西、内蒙古、辽宁、吉林、江苏、安徽、山东、河南、陕西。山西各林区均有分布。生于山坡、路旁、林缘灌丛中。

【经济价值】本种根系发达，具有防止水土流失作用，可作水土保持植物，亦可为优良牧草。

215. 紫堇
Corydalis edulis

【科属】罂粟科 Papaveraceae
紫堇属 *Corydalis*

【形态特征】多年生草本。植株灰绿色丛生，具主根。茎分枝，基生叶具长柄，叶片近三角形，一至二回羽状全裂，一羽片2～3对，具短柄，二回羽片近无柄，倒卵圆形，羽状分裂，裂片狭卵圆形，顶端钝，近具短尖。茎生叶与基生叶同形。

花枝花莛状，常与叶对生，总状花序；花粉红色至紫红色，平展；外花瓣较宽展，顶端微凹，内花瓣具鸡冠状突起，爪纤细，稍长于瓣片。蒴果线形，下垂，具1列种子。种子密生环状小凹点，种阜小，紧贴种子。花期3～4月，果期4～5月。

【分布生境】分布于北京、天津、河北、山西、内蒙古、吉林、上海、江苏、浙江、福建、江西、山东、河南、湖北、湖南、广西、重庆、四川、贵州、云南、西藏、陕西、甘肃、青海。山西分布于南部山区。生于海拔400～1200m林间空地、丘陵、沟边或多石地。

【经济价值】全草药用。本种能作蔬菜。但有毒，用量不宜过大。

216. 长距紫堇
Corydalis longicalcarata

【科属】罂粟科 Papaveraceae
紫堇属 *Corydalis*

【形态特征】与紫堇的区别在于：根茎断面硫黄色，味苦。基生叶少数，叶片轮廓三角形。总状花序少花，上花瓣渐尖，距漏斗状，约占花瓣全长的 2/3 或 3/4；下花瓣基部具宽大的囊，宽于瓣片；内花瓣瓣片近长圆形，稍具鸡冠。蒴果长圆形，种子 5 ～ 7 枚。花果期 6 ～ 10 月。

【分布生境】分布于河北、山西、四川、云南、陕西、河南。山西分布于南部山区。生于海拔 1800 ～ 2800m 灌丛、针阔叶混交林缘。

【经济价值】可用于观赏。

217. 黄堇

Corydalis pallida

【科属】罂粟科 Papaveraceae 紫堇属 *Corydalis*

【形态特征】与紫堇的区别在于：茎 1 至多条，发自基生叶腋，具棱，常上部分枝。基生叶多数，莲座状，花期枯萎。总状花序顶生和腋生，有时与叶对生，疏具多花；花黄色至淡黄色，较粗大，平展。蒴果线形，念珠状，斜伸至下垂，具 1 列

种子；种子黑亮，表面密具圆锥状突起，中部较低平。花果期 6 ～ 10 月。

【分布生境】分布于黑龙江、吉林、辽宁、河北、内蒙古、山西、山东、河南、陕西、湖北、江西、安徽、江苏、浙江、福建、台湾。生于海拔 500 ～ 3000m 林缘、林间空地、火烧迹地、沟边湿草地或多石坡地。

【经济价值】全草药用，但易使人畜中毒。

218. 小黄紫堇

Corydalis raddeana

【科属】罂粟科 Papaveraceae 紫堇属 *Corydalis*

【形态特征】与紫堇的区别在于：茎直立，具棱，通常自下部分枝。基生叶少数，具长柄，叶片轮廓三角形或宽卵形，二至三回羽状分裂，茎生叶多数，下部者具长柄，上部者具短柄，其他与基生叶相同。总状花序顶生和腋生，排列稀疏；花瓣黄色，上花瓣瓣片舟状卵形，近先端有红褐色斑块。蒴果圆柱形；种子近圆形，黑色，

具光泽。花果期 6 ～ 10 月。

【分布生境】分布于北京、天津、河北、山西、内蒙古、辽宁、吉林、黑龙江、江苏、浙江、江西、山东、河南、广东、贵州、甘肃、宁夏。山西分布于南部山区。生于海拔 200 ～ 2500m 杂木林下或水沟边。

【经济价值】可用于观赏。

219. 曲花紫堇
Corydalis curviflora

【科属】罂粟科 Papaveraceae 紫堇属 *Corydalis*

【形态特征】多年生草本。须根多数成簇，狭纺锤状肉质增粗，淡黄色或褐色。茎 1 ～ 4 条，不分枝，上部具叶，下部裸露，基部丝状，绿色或下部带紫红色。基生叶少数，叶片轮廓圆形或肾形，3 全裂，全裂片 2 ～ 3 深裂；茎生叶 1 ～ 4 枚，疏离，互生，具极短柄或近无柄，掌状全裂，裂片宽线形或狭倒披针形，叶背具白粉。总状花序顶生或稀腋生，有 10 ～ 15 朵花或更多，花期密集，果期较稀疏；花瓣淡

蓝色、淡紫色或紫红色。蒴果线状长圆形，先端锐尖，基部渐狭，绿色转褐红色，成熟时自果梗先端反折；种子近圆形，黑色，具光泽。花期 4 ～ 5 月，果期 5 ～ 6 月。

【分布生境】分布于山西、四川、云南、陕西、宁夏、甘肃、青海、台湾。山西中南部山区均有分布。生于海拔 2400 ～ 3900m 的松杉林下、沟谷草丛中。

【经济价值】块根入药。园林中最宜在自然风景林下或溪涧山丘处应用，色调明快，极富野趣，亦可配植于池畔际、林缘花境等处，无不相宜。

220. 小药八旦子
Corydalis caudata

【科属】罂粟科 Papaveraceae 紫堇属 *Corydalis*

【形态特征】瘦弱多年生草本。块茎圆球形或长圆形，茎基以上具 1 ～ 2 枚鳞片，鳞片上部具叶，枝条多发自叶腋。叶一至二或三回三出，具细长的叶柄和小叶柄，叶柄基部常具叶鞘，小叶圆形至椭圆

形，有时浅裂，下部苍白色。总状花序具 3～8 花，疏离，花梗明显长于苞片；花蓝色或紫蓝色，上花瓣瓣片较宽展，顶端微凹，距圆筒形，弧形上弯；下花瓣瓣片宽展，微凹，基部具宽大的浅囊。蒴果卵圆形至椭圆形；种子光滑，具狭长的种阜。

【分布生境】分布于北京、天津、河北、山西、内蒙古、江苏、山东、河南、湖北、陕西、甘肃。山西南部山区均有分布。生于海拔 100～1200m 的山坡或林缘。

【经济价值】可用于观赏。

221. 细果角茴香
Hypecoum leptocarpum

【科属】罂粟科 Papaveraceae 角茴香属 *Hypecoum*

【形态特征】多年生草本。略被白粉。茎丛生，长短不一，铺散而先端向上，多分枝。基生叶多数，蓝绿色，叶片狭倒披针形，二回羽状全裂，裂片 4～9 对，宽卵形或卵形，茎生叶同基生叶，但较小，具短柄或近无柄。花茎多数，通常二歧状分枝，苞叶轮生，卵形或倒卵形，二回羽状全裂；花小，排列成二歧聚伞花序，花瓣淡紫色。蒴果直立，圆柱形，两侧压扁，成熟时在关节处分离成数小节，每节具 1 种子；种子扁平，宽倒卵形。花果期 6～9 月。

【分布生境】分布于北京、天津、河北、山西、内蒙古、四川、云南、西藏、陕西、甘肃、青海、宁夏、新疆。山西北中部山区均有分布。生于海拔 1700～5000m 山坡、林缘、草地、山谷、河滩、砾石坡、砂质地。

【经济价值】全草入药。

222. 小果博落回
Macleaya microcarpa

【科属】罂粟科 Papaveraceae 博落回属 *Macleaya*

【形态特征】多年生亚灌木状草本。基部木质化，具乳黄色浆汁。茎绿色光滑，多白粉，中空，上部多分枝。单叶互生，叶宽卵形或近圆形，先端尖、钝或圆，基部心形，7 深裂或浅裂，裂片半圆形或扇形，边缘波状，具缺刻、粗齿或细齿，叶面无毛，叶背被白粉及茸毛，细脉网状。蒴果近球形。花果期 6～10 月。

【分布生境】分布于山西、江苏、江西、河南、湖北、湖南、重庆、四川、贵州、

陕西、甘肃。山西分布于中条山区。生于海拔 450 ～ 1600m 的低中山河边、沟岸、山坡、路边草地及杂木林中。

【经济价值】全草入药，有毒，不能内服，外用可治恶疮及皮肤病。也可作农药。

223. 白屈菜（土黄连、水黄连、水黄草、断肠草、见肿消、观音草）

Chelidonium majus

【科属】罂粟科 Papaveraceae 白屈菜属 *Chelidonium*

【形态特征】多年生草本。主根粗壮，植物体内具黄色汁液。茎聚伞状多分枝，节上较密。基生叶少，叶片倒卵状长圆形或宽倒卵形，羽状全裂，全裂片 2 ～ 4 对，倒卵状长圆形，具不规则的深裂或浅裂，裂片边缘圆齿状，叶柄基部扩大成鞘；茎生叶互生，叶形同基生叶。伞形花序多花，花梗纤细，花瓣倒卵形，全缘，黄色。蒴果狭圆柱形，具通常比果短的柄。花果期 4 ～ 9 月。

【分布生境】中国大部分地区均有分布。山西各林区均有分布。生于海拔

500 ～ 2200m 的山坡谷地、林缘草地或路旁、石缝。

【经济价值】单种属植物。全草入药，有毒。可作农药。

224. 荷青花

Hylomecon japonica

【科属】罂粟科 Papaveraceae 荷青花属 *Hylomecon*

【形态特征】多年生草本。具黄色汁液。根茎斜生，肉质，盖以褐色、膜质的鳞片，鳞片圆形。茎直立，不分枝，具条纹，草质，绿色转红色至紫色。基生叶少数，叶片羽状全裂，边缘具不规则的圆齿状锯齿或重锯齿，叶面深绿色，叶背淡绿色；茎生叶通常 2 枚，稀 3 枚，

叶片同基生叶，具短柄。花1～2（3）朵排列成伞房状，顶生，有时腋生。蒴果，2瓣裂，具宿存花柱；种子卵形。花期4～7月，果期5～8月。

【分布生境】分布于河北、山西、辽宁、吉林、黑龙江、浙江、河南、湖北、湖南、重庆、四川、陕西、甘肃。山西南部山区有分布。生于海拔300～2400m的林下、林缘或沟边。

【经济价值】根茎药用。

225. 秃疮花

Dicranostigma leptopodum

【科属】罂粟科 Papaveraceae 秃疮花属 *Dicranostigma*

【形态特征】多年生草本。全株含淡黄色汁液。主根圆柱形。基生叶丛生，叶片狭倒披针形，羽状深裂，裂片4～6对，再次羽状深裂或浅裂，叶面绿色，叶背灰绿色；茎生叶少数，生于茎上部，羽状深裂、浅裂或二回羽状深裂。花1～5朵于茎和分枝先端排列成聚伞花序；花瓣倒卵形至圆形，黄色；子房狭圆柱形，绿色，密被疣状短毛；花柱短，柱头2裂，直立。蒴果线形，绿色，2瓣自顶端开裂至近基部。花期3～5月，果期6～7月。

【分布生境】分布于河北、山西、山东、河南、广东、广西、四川、云南、西藏、陕西、甘肃、青海、宁夏、新疆。生于海拔400～3700m的林缘、草坡或路旁，田埂、墙头、屋顶也常见。

【经济价值】根及全草药用。

226. 野罂粟（冰岛罂粟、山罂粟、冰岛虞美人）

Papaver nudicaule

【科属】罂粟科 Papaveraceae 罂粟属 *Papaver*

【形态特征】多年生草本。叶基生，卵形或窄卵形，羽状浅裂、深裂或全裂，裂片2～4对，小裂片窄卵形、披针形或长圆形，两面稍被白粉，被刚毛，稀近无

毛；叶柄基部鞘状，被刚毛。花莛1至数枝，被刚毛，花单生花莛顶端，花瓣4枚，宽楔形或倒卵形，具浅波状圆齿及短爪，淡黄色、黄色或橙黄色，稀红色。果窄倒卵圆形、倒卵圆形或倒卵状长圆形，密被平伏刚毛。花果期5～9月。

【分布生境】分布于北京、天津、河北、山西、内蒙古、辽宁、吉林、黑龙江、河南、湖北、广东、重庆、云南、陕西、甘肃、青海、宁夏、新疆。山西各林区均有分布。生于海拔500～3500m的林下、林缘、山坡草地。

【经济价值】栽培观赏。

227. 蝙蝠葛（北豆根）

Menispermum dauricum

【科属】防己科 Menispermaceae 蝙蝠葛属 *Menispermum*

【形态特征】多年生落叶草质藤本。根状茎褐色，垂直生长，茎自近顶部的侧芽生出，1年生茎纤细，有条纹。单叶螺旋状排列，叶纸质或近膜质，心状扁圆形，具3～9角或3～9裂，稀近全缘，基部心形或近平截，叶背被白粉，掌状脉（7）9～12。花小，雌雄异株；圆锥花序单生或双生，花序梗细长，有花数朵至20余朵，花密集成稍疏散。核果紫黑色。花期6～7月，果期8～9月。

【分布生境】分布于北京、天津、河北、山西、内蒙古、辽宁、吉林、黑龙江、江苏、福建、江西、山东、河南、湖北、四川、云南、陕西、甘肃。山西中南部山区均有分布。生于山坡林缘、灌丛中、田边、路旁及石砾滩地，或攀缘于岩石上。

【经济价值】根茎入药。可用于护坡绿化或地被。

228. 红毛七（类叶牡丹）

Caulophyllum robustum

【科属】小檗科 Berberidaceae 红毛七属 *Caulophyllum*

【形态特征】多年生草本。根状茎粗短。茎生2叶，互生，二至三回三出复叶，下部叶具长柄，小叶卵形，长圆形或阔披针形，先端渐尖，基部宽楔形，全缘，叶

面绿色，叶背淡绿色或带灰白色，顶生小叶具柄，侧生小叶近无柄。圆锥花序顶生，花淡黄色，萼片花瓣状，先端圆形，花瓣6枚，远较萼片小，蜜腺状，扇形，基部缢缩呈爪状。蓇果极易开裂；种子浆果状，微被白粉，熟后蓝黑色，外被肉质假种皮。花期5～6月，果期7～9月。

【分布生境】分布于北京、天津、河北、山西、辽宁、吉林、黑龙江、浙江、安徽、河南、湖北、湖南、重庆、四川、贵州、云南、西藏、陕西、甘肃、青海。山西南部山区均有分布。生于海拔950～3500m林下、山沟阴湿处。

【经济价值】根及根状茎入药。

229. 淫羊藿
Epimedium brevicornu

【科属】小檗科 Berberidaceae 淫羊藿属 *Epimedium*

【形态特征】多年生草本。根状茎粗短，木质化，暗棕褐色。二回三出复叶，具9枚小叶，基生叶1～3枚丛生，具长柄；

茎生叶2枚，对生，小叶纸质或厚纸质，卵形或阔卵形，先端急尖或短渐尖，基部深心形，顶生小叶基部裂片圆形，近等大；侧生小叶基部裂片稍偏斜，急尖或圆形，网脉显著，基出7脉，叶缘具刺齿。花茎具2枚对生叶，圆锥花序具20～50朵花，花白色或淡黄色。蓇果，宿存花柱喙状。花期5～6月，果期6～8月。

【分布生境】分布于山西、浙江、江西、河南、湖北、湖南、重庆、四川、贵州、陕西、甘肃、青海、宁夏。山西中南部山区均有分布。生于海拔650～3500m林下、沟边灌丛或山坡阴湿处。

【经济价值】全草供药用。

230. 类叶升麻
Actaea asiatica

【科属】毛茛科 Ranunculaceae 类叶升麻属 *Actaea*

【形态特征】多年生草本。根状茎横走，质坚实，外皮黑褐色，生多数细长的根。茎圆柱形，微具纵棱，下部无毛，中

部以上被白色短柔毛，不分枝。叶2～3枚，叶为三回三出近羽状复叶，具长柄，叶片三角形；顶生小叶卵形至宽卵状菱形，3裂边缘有锐锯齿；侧生小叶卵形至斜卵形，叶面近无毛，叶背变无毛。总状花序密被白色或灰色短柔毛，花瓣匙形，下部渐狭成爪。果实浆果状，紫黑色。花期5～6月，果期7～9月。

【分布生境】分布于北京、天津、河北、山西、内蒙古、辽宁、吉林、黑龙江、安徽、河南、湖北、湖南、重庆、四川、贵州、云南、西藏、陕西、甘肃、青海、宁夏、新疆。山西中南部山区均有分布。生于海拔350～3100m山地林下、沟边阴处或河边湿草地。

【经济价值】根状茎在民间供药用，茎、叶可作土农药。

231. 升麻（绿升麻）

Actaea cimicifuga

【科属】毛茛科 Ranunculaceae 类叶升麻属 *Actaea*

【形态特征】多年生草本。根状茎粗壮，坚实，表面黑色。叶为二至三回三出羽状复叶互生，小叶菱形或卵形，浅裂，具不规则锯齿。花序具分枝3～20条，花轴密被灰色或锈色的腺毛及短毛，花两性；萼片倒卵状圆形，白色或绿白色，花瓣状，无花瓣。蓇葖果长圆形，有伏毛，顶端有短喙；种子椭圆形，褐色，有横向的膜质鳞翅，四周有鳞翅。花期7～9月，果期8～10月。

【分布生境】分布于北京、天津、河北、山西、吉林、浙江、安徽、福建、江西、山东、河南、湖北、湖南、重庆、四川、贵州、云南、西藏、陕西、甘肃、青海、宁夏。山西中南部山区均有分布。生于海拔1700～2300m的山地林缘、林中或路旁草丛中。

【经济价值】根状茎入药。也可作土农药。

232. 单穗升麻（野菜升麻）

Actaea simplex

【科属】毛茛科 Ranunculaceae 类叶升麻属 *Actaea*

【形态特征】多年生草本。根状茎粗壮，横走，外皮带黑色。茎单一，下部茎生叶为二至三回三出近羽状复叶，具长柄，小叶窄卵形或菱形，3深裂或浅裂，具锯齿；侧生小叶通常无柄，狭斜卵形，较顶生小叶为小，叶面无毛，叶背沿脉疏生白色长柔毛；茎上部叶较小，一至二回羽状三出。总状花序不分枝或有时在基部有少数短分枝，密被腺毛或柔毛；萼片白色，宽椭圆形。蓇葖果具长柄；种子周围具膜质翼状鳞翅。花期8～9月，果期9～10月。

【分布生境】分布于北京、河北、山西、内蒙古、辽宁、吉林、黑龙江、浙江、河南、湖北、重庆、四川、云南、西藏、陕西、甘肃、台湾。山西中南部山区均有分布。生于海拔300～2300m山地林缘、草坡、潮湿灌丛或路旁草丛中。

【经济价值】根状茎药用。

233. 高乌头

Aconitum sinomontanum

【科属】毛茛科 Ranunculaceae 乌头属 *Aconitum*

【形态特征】多年生草本。根长达20cm，圆柱形。茎高95～150cm，中下部几无毛，上部近花序处被反曲短柔毛，生4～6叶。基生叶与茎下部叶具长柄，叶片肾形或圆肾形，基部宽心形，3深裂约至6/7处，边缘有不整齐的三角形锐齿，中裂片较小，楔状窄菱形，渐尖，侧裂片斜扇形，不等3裂稍超过中部，两面疏被短柔毛或变无毛。总状花序具密集的花，轴及花梗多少密被紧贴反曲短柔毛；苞片比花梗长，下部苞片叶状，其他的苞片线形，小苞片通常生花梗中部，线形；萼片蓝紫色或淡紫色，密被短曲柔毛，上萼片圆筒形，外缘在中部之下稍缢缩；花瓣长达2cm，唇舌形，距向后拳卷。蓇葖果光滑无毛。花果期6～10月。

【分布生境】中国特有。分布于北京、天津、河北、山西、浙江、河南、湖北、湖南、重庆、四川、贵州、陕西、甘肃、青海、宁夏、新疆。山西各林区均有分布。生于海拔1000～3700m山坡草地或林中。

【经济价值】根药用。可用于观赏。

234. 牛扁（扁桃叶根）

Aconitum barbatum var. *puberulum*

【科属】毛茛科 Ranunculaceae 乌头属 *Aconitum*

【形态特征】多年生草本。根近直立，圆柱形。茎高达 90cm，在花序之下分枝，茎和叶柄均被反曲而紧贴的短柔毛。基生叶 2～4，茎下部叶具长柄，叶片肾形或圆肾形，3 全裂，裂片夹角处常有白斑，中裂片宽菱形，3 深裂不近中脉，末回小裂片三角形或窄披针形，叶面疏被短毛，叶背被长柔毛；叶柄被短柔毛，具鞘。顶生总状花序，具密集的花，轴及花梗密被反曲紧贴短柔毛；下部苞片窄线形，中部的披针状钻形，上部的三角形，被短柔毛，小苞片生花梗中部附近，窄三角；萼片黄色，密被短柔毛，上萼片圆筒形，下缘近直；花瓣的唇长约 2.5mm，距比唇稍短，直或稍向后弯曲。蓇葖果疏被紧贴的短毛。花果期 7～10 月。

【分布生境】分布于北京、天津、河北、山西、辽宁、河南、陕西、甘肃。山西各林区均有分布。生于海拔 400～2700m 山地疏林下或较阴湿处。

【经济价值】根供药用。根煮水可灭虱。

235. 乌头（草乌）

Aconitum carmichaelii

【科属】毛茛科 Ranunculaceae 乌头属 *Aconitum*

【形态特征】多年生草本。块根倒圆锥形，侧根倒卵圆形至倒卵形，常数个侧生于主根四周。茎高 60～200cm，中部

之上疏被反曲的短柔毛，等距离生叶，分枝。茎下部叶在开花时枯萎。茎中部叶有长柄，叶片薄革质或纸质，五角形，基部浅心形3裂达或近基部，中央全裂片宽菱形，有时倒卵状菱形或菱形，急尖，有时短渐尖近羽状分裂，2回裂片约2对，斜三角形，生1～3枚牙齿，间或全缘，侧全裂片不等2深裂，叶面疏被短伏毛，叶背通常只沿脉疏被短柔毛。顶生总状花序有5～15朵花，轴及花梗多少密被反曲而紧贴的短柔毛；下部苞片3裂，其他的狭卵形至披针形，小苞片生花梗中部或下部；萼片蓝紫色，外面被短柔毛，上萼片高盔形，下缘稍凹，喙不明显；花瓣无毛，瓣片长约1.1cm，唇长约6mm，微凹，距通常拳卷。蓇葖果疏或密被短柔毛。花期9～10月，果期10～11月。

【分布生境】中国乌头属中分布最广的种。分布于云南、四川、湖北、贵州、湖南、广西、广东、江西、浙江、江苏、安徽、陕西、河南、山东、辽宁。山西各林区均有分布。生于海拔100～2200m山地草坡或灌丛中。

【经济价值】根入药，母根称为“乌头”，为镇痉剂。侧根（子根）称为“附子”，有回阳、逐冷、祛风湿的作用。可用于观赏。

236. 北乌头（小叶鸦儿芦、鸦头、五毒根、鸡头草、草乌）

Aconitum kusnezoffii

【科属】毛茛科 Ranunculaceae 乌头属 *Aconitum*

【形态特征】与乌头的区别在于：块

根圆锥形或胡萝卜形。茎高80～150cm，无毛。叶面疏被短曲毛，叶背无毛。顶生总状花序有9～22朵花，通常与其下的腋生花序形成圆锥花序，轴和花梗无毛；萼片有疏曲柔毛或几无毛，上萼片盔形或高盔形，有短或长喙，距向后弯曲或近拳卷。蓇葖果无毛。花期7～9月，果期9～10月。

【分布生境】分布于北京、天津、河北、山西、内蒙古、辽宁、吉林、黑龙江、江西、山东、河南、广东、重庆、四川、贵州、云南、陕西、甘肃、新疆。山西各林区均有分布。生于海拔200～450m山地草坡或疏林中。

【经济价值】块根有剧毒，经炮制后可入药。块根可作农药，防治稻螟虫、棉蚜等虫害，以及棉花立枯病、小麦秆锈病等病害，也可消灭蝇蛆、孑孓等。可用于观赏。

237. 山西乌头

Aconitum smithii

【科属】毛茛科 Ranunculaceae 乌头属 *Aconitum*

【形态特征】与北乌头的区别在于：

块根2个，狭圆锥形或胡萝卜形。茎高40～80cm，只在上部被伸展的短柔毛。叶片两面无毛，叶柄与叶片近等长，无毛。顶生总状花序有3～7朵花，轴和花梗有开展的淡黄色柔毛，萼片外面疏被短柔毛，上萼片下缘具弧状下弯的喙，距短，球形，向后弯曲。蓇葖果微有毛。花期7～9月，果期9～10月。

【分布生境】分布于山西、河北。山西吕梁山、五台山及中条山有分布。生于海拔2100～2700m山地林缘、草坡。

【经济价值】块根可入药。可用于观赏。

238. 华北乌头

Aconitum jeholense var. *angustius*

【科属】毛茛科 Ranunculaceae 乌头属 *Aconitum*

【形态特征】与山西乌头的区别在于：块根2个，倒圆锥形。茎高70～110cm，无毛。叶片五角形，3全裂，中央全裂片宽卵形，基部突变狭成短柄，近羽状深裂，深裂片2～3对，末回小裂片线形或狭线形，边缘干时稍反卷，两面无毛或几无毛，叶柄比叶片稍短，无鞘。顶生总状花序有15～30朵花，轴和花梗均无毛，上萼片无毛，盔形，有短或长喙，距向后弯曲。蓇葖果无毛。花期8～9月，果期9～10月。

【分布生境】分布于北京、天津、河北、山西、内蒙古、四川。山西各林区均有分布。生于海拔1980～3000m山坡草地、灌丛、林缘。

【经济价值】块根可入药。可用于观赏。

239. 宁武乌头
Aconitum ningwuense

【科属】毛茛科 Ranunculaceae 乌头属 *Aconitum*

【形态特征】与山西乌头的区别在于：中央全裂片菱形，渐尖，二回羽状深裂近中脉，末回裂片披针状线形或线形，叶面有稀疏短曲毛，叶背无毛。顶生总状花序约有 8 朵花，花序轴和花梗无毛；上萼片盔形，外面无毛，有短爪，下缘具弧状下弯的喙，末端微凹，距末端球形，拳卷。蓇葖果微有毛。花期 8～9 月，果期 9～10 月。

【分布生境】分布于河北、山西、内蒙古。山西管涔山、五台山、中条山有分布。生于海拔 1500～2000m 山地林缘、河边。

【经济价值】块根可入药。可用于观赏。

240. 秦岭翠雀花（蓝花草、虎膝）
Delphinium giraldii

【科属】毛茛科 Ranunculaceae 翠雀属 *Delphinium*

【形态特征】多年生草本。茎直立，高 55～150cm，与叶柄、花序轴和花梗均无毛，等距离生叶，上部分枝。茎下部叶叶柄稍长，叶五角形，3 全裂，中裂片菱形或菱状倒卵形，中部 3 裂，侧裂片宽为中裂片 2 倍，不等 2 深裂近基部，两面被短柔毛；叶柄长约叶片 1.5 倍。总状花序数个组成圆锥花序，花梗斜上展；萼片蓝紫色，卵形或椭圆形，外面有短柔毛，距钻形，直或呈镰状向下弯曲；花瓣蓝色，无毛或有疏缘毛，顶端 2 浅裂，退化雄蕊蓝色，瓣片 2 裂稍超过中部，腹面有黄色髯毛，爪与瓣片近等长，基部有钩状附属物。蓇葖果。花期 7～8 月，果期 8～10 月。

【分布生境】分布于山西、河南、湖北、重庆、四川、陕西、甘肃、宁夏。山西分布于山西历山国家级自然保护区。生于海拔 960 ～ 2000m 山地草坡或林中。

【经济价值】全草药用。可用于观赏。

241. 还亮草

Delphinium anthriscifolium

【科属】毛茛科 Ranunculaceae 翠雀属 *Delphinium*

【形态特征】一年生草本。具直根。等距离生叶，分枝。二至三回近羽状复叶，或三出复叶；叶菱状卵形或三角状卵形，羽片 2 ～ 4 对，对生，稀互生，窄卵形，先端长渐尖，常分裂近中脉，小裂片窄卵形或披针形，叶面疏被柔毛，叶背无毛或近无毛。总状花序有 2 ～ 15 朵花，轴和花梗被反曲的短柔毛；花萼片堇色或紫色，疏被短柔毛，距钻形或圆锥状钻形；花瓣顶部宽。蓇葖果；种子扁球形，上部有螺旋状生长的横膜翅，下部约有 5 条同心的横膜翅。花期 3 ～ 5 月，果期 5 ～ 6 月。

【分布生境】分布于山西、上海、江苏、浙江、安徽、福建、江西、河南、湖北、湖南、广东、广西、重庆、四川、贵州、云南、陕西、甘肃。山西中条山有分布。生于海拔 200 ～ 1200m 的低山疏林、山坡草丛或溪边草地。

【经济价值】全草药用。

242. 驴蹄草（马蹄草、马蹄叶）

Caltha palustris

【科属】毛茛科 Ranunculaceae 驴蹄草属 *Caltha*

【形态特征】多年生草本。有多数肉质须根。基生叶 3 ～ 7，有长柄，叶草质或近纸质，近圆形、圆肾形或心形，基部深心形，密生三角形小牙齿；茎生叶通常向上逐渐变小，稀与基生叶近等大，圆肾形或三角状心形，具较短的叶柄或最上部叶完全不具柄。茎或分枝顶部有由 2 朵花组成的简单的单歧聚伞花序，花梗长；萼片 5 枚，黄色，倒卵形或窄倒卵形；花瓣无。聚合蓇葖果。花果期 5 ～ 10 月。

【分布生境】分布于北京、天津、河北、山西、内蒙古、辽宁、吉林、黑龙江、浙江、河南、湖北、广东、重庆、四川、贵州、云南、西藏、陕西、甘肃、青海、宁夏、新疆。山西北部、中部山区均有分布。生于海拔 600 ～ 4000m 阴湿林下、草

坡、山谷溪边或草甸。

【经济价值】全草药用。也可制土农药。可用于观赏。

243. 金莲花（阿勒泰金莲花）

Trollius chinensis

【科属】毛茛科 Ranunculaceae
金莲花属 *Trollius*

【形态特征】多年生草本。茎不分枝，疏生 3～4 叶。基生叶 1～4，具长柄，叶五角形，基部心形，3 全裂，裂片分开，中裂片菱形，先端尖，3 裂达中部或稍过中部，常三回裂，具不等三角形锐齿，侧裂片扇形，2 深裂近基部，基部具窄鞘；茎生叶单叶互生，似基生叶，下部叶具长柄，上部叶较小，具短柄或无柄。单花顶生或 2～3 朵成聚伞花序；萼片金黄色；花瓣稍长于萼片或与萼片近等长，条形。蓇葖果。花期 6～7 月，果期 8～9 月。

【分布生境】分布于北京、天津、河北、山西、内蒙古、黑龙江、河南、重庆、四川、贵州、甘肃、青海。山西各林区均有分布。生于海拔 1800～2500m 山地草坡、高山草甸或疏林地带。

【经济价值】花入药。嫩梢、花蕾、

新鲜种子可作为食品调味料。绿色种荚可腌制泡菜。干花可制成金莲花茶供饮用。花和鲜嫩叶可作色拉菜生食。未熟的叶有辛辣味，作香辛料使用或用于泡菜。茎、叶、果实均含有精油。其茎叶形态优美，花大色艳，是很好的观赏植物。

244. 大火草（野棉花）

Anemone tomentosa

【科属】毛茛科 Ranunculaceae
银莲花属 *Anemone*

【形态特征】多年生草本。有根状茎。基生叶三出复叶，有时有 1～2 叶为单叶，中央小叶有长柄，小叶片卵形至三角状卵形，顶端急尖，基部浅心形，3 浅裂至 3 深裂，边缘有不规则小裂片和锯齿，叶面有糙伏毛，叶背密被白色茸毛；侧生小叶稍斜，叶柄长，与花莛都密被白色或淡黄色短茸毛。聚伞花序长，二至三回分枝；萼片 5 枚，淡粉红色或白色，倒卵形、宽倒卵形或宽椭圆形；子房密被茸毛。聚合果球形，瘦果有细柄，密被棉毛。花果期 7～10 月。

【分布生境】分布于天津、河北、山西、江苏、浙江、江西、河南、湖北、湖南、

重庆、四川、贵州、云南、陕西、甘肃、青海、宁夏。山西各林区均有分布。生于海拔 700 ～ 3400m 林缘、山地草坡或路边阳处。

【经济价值】根状茎供药用。茎含纤维，脱胶后可搓绳。种子可榨油，种子毛可作填充物。花多美丽，可供观赏。

245. 阿尔泰银莲花（九节菖蒲）
Anemone altaica

【科属】毛茛科 Ranunculaceae 银莲花属 *Anemone*

【形态特征】多年生草本。根状茎横走或稍斜。基生叶 1 枚或不存在，具长柄，叶片薄草质，宽卵形，3 全裂，中裂片 3 裂，具缺刻状牙齿，侧裂片不等 2 全裂，两面近无毛。花莛近无毛，单花顶生；萼

片 8 ～ 10 枚，白色，倒卵状长圆形或长圆形，顶端圆形，无毛。聚合瘦果卵球形，有柔毛。花果期 3 ～ 5 月。

【分布生境】分布于河北、山西、河南、广西、四川、云南、陕西、甘肃、新疆。生于海拔 1200 ～ 1800m 山地林下、灌丛或沟边。

【经济价值】根状茎药用。

246. 蜀侧金盏花（毛黄连）
Adonis sutchuenensis

【科属】毛茛科 Ranunculaceae 侧金盏花属 *Adonis*

【形态特征】多年生草本。根状茎短而粗。茎不分枝或有时分枝。叶在花后长大，叶片正三角形，3 全裂，全裂片有长柄，二至三回细裂。花萼常带淡灰紫色，长圆形或倒卵形长圆形，萼片短于花瓣；花瓣 8 ～ 12 枚，黄色，倒卵状长圆形或狭倒卵形。瘦果倒卵球形，被短柔毛，有短宿存花柱。花期 4 ～ 5 月，果期 5 ～ 6 月。

【分布生境】分布于山西、湖北、重庆、四川、陕西、甘肃。山西中条山有分布。生于海拔 1100 ～ 3300m 山地林中、灌丛中或草坡上。

【经济价值】全草药用。可用于观赏。

247. 短柱侧金盏花
Adonis amurensis

【科属】毛茛科 anunculaceae 侧金盏花属 *Adonis*

【形态特征】与蜀侧金盏花的区别在于：花瓣 7 ～ 10 枚，白色，有时带淡紫色。花期 4 ～ 7 月，果期 8 ～ 9 月。

【分布生境】分布于山西、湖北、重庆、四川、贵州、云南、西藏、陕西、甘肃。山西中条山、黑茶山有分布。生于海拔 1900～3500m 林中、沟边或山地草坡。

【经济价值】全草药用。可用于观赏。

248. 毛茛

Ranunculus japonicus

【科属】毛茛科 Ranunculaceae 毛茛属 *Ranunculus*

【形态特征】多年生草本。茎直立，中空有槽，具分枝。基生叶多数，叶片圆心形或五角形，基部心形或截形，通常 3 深裂不达基部，中裂片倒卵状楔形或宽卵圆形或菱形，3 浅裂，边缘有粗齿或缺刻，侧裂片不等 2 裂，下部叶与基生叶相似，渐向上叶柄变短，叶片较小，3 深裂，裂片披针形，有尖齿牙或再分裂；最上部叶线形，全缘，无柄。聚伞花序有多数花，疏散，花瓣 5 枚，倒卵状圆形，基部有爪。聚合瘦果，扁平，边缘有棱，喙短直或外弯。花果期 4～9 月。

【分布生境】除西藏外，中国各地广布。山西各林区均有分布。生于海拔

200～2500m 疏林、林缘路边和田间沟旁。

【经济价值】全草具毒，也可药用。可用于观赏。

249. 华北耧斗菜（紫霞耧斗、五铃花）

Aquilegia yabeana

【科属】毛茛科 Ranunculaceae 耧斗菜属 *Aquilegia*

【形态特征】多年生草本。基生叶数个，有长柄，一或二回三出复叶，小叶菱状倒卵形或宽菱形 3 裂，边缘有圆齿，茎中部叶有稍长柄，二回三出复叶，上部叶小，三出复叶。单歧或二歧聚伞花序，有少数花，密被短腺毛，花下垂；萼片花瓣

状，紫色，狭卵形；花瓣紫色，下部常向下延长成距，末端钩状内曲，外面有稀疏短柔毛。蓇葖果，有明显隆起的脉网。花果期 5～6 月。

【分布生境】分布于北京、天津、河北、山西、内蒙古、辽宁、吉林、山东、河南、湖北、湖南、重庆、四川、云南、陕西、甘肃、宁夏。山西各林区均有分布。生于山坡杂木林下、林缘或山地草坡。

【经济价值】根含糖类，可作饴糖或酿酒。种子含油，可供工业用。可用于观赏。

250. 瓣蕊唐松草
Thalictrum petaloideum

【科属】毛茛科 Ranunculaceae 唐松草属 *Thalictrum*

【形态特征】多年生草本。植株高达 80cm。基生叶数个，三至四回三出或羽状复叶，小叶草质，倒卵形、宽倒卵形、窄椭圆形、菱形或近圆形，3 裂或不裂，全缘；叶柄长，基部有鞘。花序伞房状，具多花；萼片 4 枚，白色，卵形，早落；雄蕊多数，花丝上部倒披针形，比花药宽，下部丝状。聚合瘦果窄椭圆形，稍扁。花果期 4～9 月。

【分布生境】分布于北京、天津、河北、山西、内蒙古、辽宁、吉林、黑龙江、上海、浙江、安徽、福建、山东、河南、湖北、广东、四川、贵州、云南、陕西、甘肃、青海、新疆。山西各林区均有分布。生于海拔 700～3000m 疏林、林缘或山坡草地。

【经济价值】根药用。可用于观赏。

251. 贝加尔唐松草
Thalictrum baicalense

【科属】毛茛科 Ranunculaceae 唐松草属 *Thalictrum*

【形态特征】多年生草本。植株高达 80cm，茎中部叶具短柄，三回三出复叶，小叶草质，顶生小叶宽菱形、扁菱形或

菱状宽倒卵形，基部宽楔形或近圆形，3浅裂，裂片有圆齿，脉在叶背隆起；叶柄基部有狭鞘。花序上部分枝呈伞房状或密集呈伞形；萼片4枚，绿白色，早落，椭圆形；花丝上部窄倒披针形，与花药近等宽，下部丝状。聚合瘦果卵球形或宽椭圆球形，稍扁。花期5～6月，果期6～8月。

【分布生境】分布于北京、天津、河北、山西、内蒙古、辽宁、吉林、黑龙江、河南、四川、云南、西藏、陕西、甘肃、青海、宁夏。山西中南部山区均有分布。生于海拔900～2800m山地林下或湿润草坡。

【经济价值】根可代替黄连用。

252. 展枝唐松草（猫爪子）

Thalictrum squarrosum

【科属】毛茛科 Ranunculaceae
唐松草属 *Thalictrum*

【形态特征】与贝加尔唐松草的区别在于：植株高达1m，中部以上近二歧状分枝。叶背被白粉，脉平或下面稍隆起。圆锥花序伞房状，近二歧状分枝，花梗长1.5～3cm；萼片4枚，淡黄绿色，

花丝丝状，花药长圆形，具小尖头。聚合瘦果近纺锤形，稍斜。花期7～8月，果期8～9月。

【分布生境】分布于北京、天津、河北、山西、内蒙古、辽宁、吉林、黑龙江、山东、河南、四川、陕西、甘肃、青海、宁夏、新疆。山西各林区均有分布。生于海拔200～1900m林缘、田边或平原草地。

【经济价值】叶含鞣质，可提制栲胶。

253. 长柄唐松草

Thalictrum przewalskii

【科属】毛茛科 Ranunculaceae
唐松草属 *Thalictrum*

【形态特征】与贝加尔唐松草的区别在于：植物高50～120cm，通常分枝。基生叶和近基部的茎生叶在开花时枯萎。

圆锥花序多分枝；萼片白色或稍带黄绿色，狭卵形，早落；雄蕊多数，花药长圆形，比花丝宽，花丝白色，上部线状倒披针形，下部丝形，有子房柄。聚合瘦果扁，斜倒卵形，有明显果柄。花期 6 ～ 8 月，果期 8 ～ 9 月。

【分布生境】分布于北京、天津、河北、山西、内蒙古、河南、湖北、湖南、重庆、四川、云南、西藏、陕西、甘肃、青海、宁夏。山西各林区均有分布。生于海拔 750 ～ 3500m 林下、灌丛边或草坡上。

【经济价值】花和果可治肝炎、肝肿大等症。根有祛风之效。可用于观赏。

254. 丝叶唐松草

Thalictrum foeniculaceum

【科属】毛茛科 Ranunculaceae 唐松草属 *Thalictrum*

【形态特征】多年生草本。植物高 70cm。基生叶 2 ～ 6 枚，二至四回三出复叶，小叶薄革质，线形或近丝状，全缘，中脉隆起。聚伞花序伞房状，花稀疏；萼片 4 枚，粉红或白色，椭圆形或窄倒卵形；雄蕊多数，花丝丝状，较花药短，花药顶端具小尖头。聚合瘦果窄长圆形。花期 6 ～ 7 月，果期 7 ～ 9 月。

【分布生境】分布于北京、天津、河北、山西、辽宁、山东、陕西、甘肃、宁夏。山西各林区均有分布。生于海拔 590 ～ 1000m 林缘、草坡或多砾石处。

【经济价值】可用于观赏。

255. 草芍药（野芍药、山芍药）

Paeonia obovata

【科属】芍药科 Paeoniaceae 芍药属 *Paeonia*

【形态特征】多年生草本。根粗壮，长圆柱形。植株高 30 ～ 70cm，无毛，基部生数枚鞘状鳞片。茎下部叶为二回三出复叶，顶生小叶倒卵形或宽椭圆形，先端短尖，基部楔形，全缘，叶面深绿色，叶背淡绿色，无毛或沿叶脉疏生柔毛，小叶柄长；侧生小叶比顶生小叶小，同形，具短柄或近无柄，茎上部叶为三出复叶或单叶，叶柄稍短。单花顶生，较大；萼片 3 ～ 5 枚，宽卵形，淡绿色；花瓣 6 枚，白色、红色或紫红色，倒卵形。聚合蓇葖果卵圆形，成熟时果皮反卷呈红色。花期 5 ～ 6 月中旬，果期 9 月。

【分布生境】分布于北京、天津、河北、山西、内蒙古、辽宁、吉林、黑

龙江、浙江、安徽、江西、河南、湖北、湖南、重庆、四川、贵州、陕西、甘肃、宁夏。山西各林区均有分布。生于海拔800～2600m疏林、林缘及山坡草地。

【经济价值】根药用。可用于观赏。

256. 川赤芍（单花赤芍）
Paeonia veitchii

【科属】芍药科 Paeoniaceae 芍药属 *Paeonia*

【形态特征】多年生草本。根圆柱形。植株高30～80cm，少有1m以上，无毛。叶为二回三出复叶，叶片宽卵形，小叶成羽状分裂，裂片窄披针形或披针形，先端渐尖，全缘，叶面深绿色，沿叶脉疏生短柔毛，叶背淡绿色，无毛，叶柄长。花2～4朵，较大，生茎顶端及叶腋，有时仅顶端一朵开放，苞片2～3枚，分裂或不裂，披针形，不等大，萼片4枚，宽卵形，花瓣6～9枚，倒卵形，紫红色或粉红色。蓇葖果密生黄色茸毛。花期5～6月，果期7月。

【分布生境】分布于天津、河北、山西、河南、四川、云南、西藏、陕西、甘肃、青海、宁夏。山西中部山区均有分布。生于海拔1500～3800m山坡林下草丛中及路旁。

【经济价值】根药用。可用于观赏。

257. 落新妇（红升麻、水生麻、升麻）
Astilbe chinensis

【科属】虎耳草科 Saxifragaceae 落新妇属 *Astilbe*

【形态特征】多年生草本。根状茎暗褐色，粗壮，须根多数。叶互生，基生叶为二至三回三出羽状复叶，顶生小叶片菱状椭圆形，侧生小叶片卵形至椭圆形，茎生叶2～3枚，较小。圆锥花序，下部第一回分枝长通常与花序轴成15°～30°角斜上，花序轴密被褐色卷曲长柔毛，花密集；萼片5，卵形；花瓣5，淡紫色至紫红色，线形。蒴果。种子褐色。花果期6～9月。

【分布生境】分布于北京、天津、河北、山西、内蒙古、辽宁、吉林、黑龙江、浙江、安徽、福建、江西、山东、河南、湖北、湖南、广东、广西、重庆、四川、贵州、云南、西藏、陕西、甘肃、青海、

宁夏。山西中南部山区均有分布。生于海拔 390 ～ 3600m 的林下、林缘、山谷溪边和草甸。

【经济价值】全草可提制栲胶。根状茎入药。

258. 球茎虎耳草
Saxifraga sibirica

【科属】虎耳草科 Saxifragaceae 虎耳草属 *Saxifraga*

【形态特征】多年生草本，具鳞茎。茎密被腺柔毛。单叶全部基生或兼茎生，基生叶具长柄，叶片肾形，7 ～ 9 浅裂，裂片卵形、阔卵形至扁圆形；茎生叶互生，叶肾形、阔卵形至扁圆形，5 ～ 9 浅裂，两面和边缘均具腺毛。聚伞花序伞房状，具 2 ～ 13 花，稀单生，花梗纤细，被腺柔毛；萼片直立，披针形或长圆形；花瓣白色，倒卵形至狭倒卵形。蒴果。花果期 5 ～ 11 月。

【分布生境】分布于北京、天津、河北、山西、内蒙古、黑龙江、浙江、山东、河南、湖北、重庆、四川、云南、西藏、陕西、甘肃、青海、新疆。山西中南部山区均有分布。生于海拔 770 ～ 5100m 的林下、灌丛、高山草甸和石隙。

【经济价值】可用于观赏。

259. 中华金腰
Chrysosplenium sinicum

【科属】虎耳草科 Saxifragaceae 金腰属 *Chrysosplenium*

【形态特征】多年生草本，植株无毛。叶对生，叶片通常阔卵形、近圆形，稀倒卵形，先端钝，边缘具钝齿（稀为锯齿），基部宽楔形至近圆形。聚伞花序具 4 ～ 10 花，花序分枝无毛；苞叶阔卵形、卵形至近狭卵形，边缘具 5 ～ 16 钝齿，基部宽

楔形至偏斜形；萼片直立，4枚，卵形或扁圆形，黄绿色，无花瓣。蒴果2果瓣明显不等大；种子黑褐色，椭球形至阔卵球形，有光泽。花果期4～8月。

【分布生境】分布于河北、山西、辽宁、吉林、黑龙江、浙江、安徽、江西、河南、湖北、湖南、重庆、四川、陕西、甘肃、青海。山西中南部山区均有分布。生于海拔500～3500m的林下或山沟阴湿处。

【经济价值】可用于观赏。

260. 柔毛金腰

Chrysosplenium pilosum* var. *valdepilosum

【科属】虎耳草科 Saxifragaceae 金腰属 *Chrysosplenium*

【形态特征】与中华金腰的区别在于：不育枝密被褐色柔毛，叶近扇形，先端钝圆，边缘具不明显的5～9波状圆齿，基部宽楔形，叶面疏生褐色柔毛，叶背无毛，边缘具褐色睫毛。花茎疏生柔毛；萼片直立，扁圆形、宽卵形或近圆形，先端钝圆或微凹。蒴果2果瓣不等大；种子宽椭球

形。花果期4～7月。

【分布生境】分布于北京、天津、河北、山西、内蒙古、黑龙江、浙江、湖北、重庆、四川、陕西、甘肃、青海、宁夏。山西中南部山区均有分布。生于海拔1500～3500m的林下阴湿处或山谷石隙。

【经济价值】可用于观赏。

261. 费菜（土三七、三七景天、景天三七）

Phedimus aizoon

【科属】景天科 Crassulaceae 费菜属 *Phedimus*

【形态特征】多年生草本。块根胡萝卜状，根状茎粗短。茎肉质，直立，无毛，不分枝。单叶互生，狭披针形、椭圆状披针形至卵状倒披针形，先端渐尖，基部楔形，边缘有不整齐的锯齿，叶坚实，近革质。聚伞花序多花，水平分枝，平展，下托以苞叶；花瓣5，黄色，长圆形至椭圆状披针形，有短尖。蓇葖果星芒状排列；种子细小，种子椭圆形。花期6～7月，果期8～9月。

【分布生境】分布于北京、天津、河

北、山西、内蒙古、辽宁、吉林、黑龙江、江苏、浙江、安徽、福建、江西、山东、河南、湖北、湖南、广西、重庆、四川、贵州、云南、西藏、陕西、甘肃、青海、宁夏、新疆。山西各林区均有分布。生于海拔 800～3500m 山地林缘、灌丛或河岸草丛。

【经济价值】根或全草药用。园林中可作地被植物。

262. 堪察加费菜（堪察加景天）

Phedimus kamtschaticus

【科属】景天科 Crassulaceae 费菜属 *Phedimus*

【形态特征】与费菜的区别在于：根状茎木质，分枝。叶倒披针形、匙形至倒卵形，先端圆钝，下部渐狭，成狭楔形，上部边缘有疏锯齿至疏圆齿。聚伞花序顶生，萼片 5 枚，披针形；花瓣 5 枚，黄色，披针形。种子倒卵形。花期 6～7 月，果期 8～9 月。

【分布生境】分布于北京、天津、河北、山西、内蒙古、辽宁、吉林、浙江、安徽、山东、河南、湖北、四川、陕西、甘肃、青海、宁夏。山西各林区均有分布。生于海拔 600～1800m 的林缘或多石山坡。

【经济价值】根或全草药用。园林中可作地被植物。

263. 繁缕景天（火焰草、卧儿菜）

Sedum stellariifolium

【科属】景天科 Crassulaceae 景天属 *Sedum*

【形态特征】一年生或二年生草本，植株被腺毛。有多数斜上的分枝，肉质，基部呈木质。单叶互生，正三角形或三角

状宽卵形，先端急尖，基部宽楔形至截形，全缘。总状聚伞花序顶生，萼片 5 枚，披针形至长圆形，花瓣 5 枚，黄色，披针状长圆形，先端渐尖。蓇葖果下部合生，上部略叉开；种子长圆状卵形。花期 7 ～ 8 月，果期 8 ～ 9 月。

【分布生境】分布于北京、河北、山西、黑龙江、浙江、安徽、福建、江西、山东、河南、湖北、湖南、广西、重庆、四川、贵州、云南、陕西、甘肃、台湾。山西中南部山区均有分布。生于海拔 1200 ～ 2200 m 林下、山谷石缝或阴湿山坡。

【经济价值】枝叶茂密，植株矮小，适合在城市造景中用于衬景。

264. 扯根菜

Penthorum chinense

【科属】扯根菜科 Penthoraceae 扯根菜属 *Penthorum*

【形态特征】多年生草本。根状茎分枝。茎不分枝，具多数叶。叶互生，披针形至狭披针形，先端渐尖，边缘具细重锯

齿，无毛。聚伞花序具多花，花序分枝与花梗均被褐色腺毛，花小，黄白色；萼片 5 枚，革质，三角形，无花瓣。蒴果红紫色。种子多数，卵状长圆形，表面具小丘状突起。花果期 7 ～ 10 月。

【分布生境】分布于北京、天津、河北、山西、内蒙古、辽宁、吉林、黑龙江、江苏、浙江、安徽、福建、江西、山东、河南、湖北、广东、广西、重庆、四川、贵州、云南、陕西、甘肃。山西南部山区有分布。生于海拔 90 ～ 2200m 的林下、灌丛草甸及水边。

【经济价值】全草入药。嫩苗可蔬食。

265. 蒙古黄芪（膜荚黄耆、黄芪、黄耆、蒙古黄耆）

Astragalus membranaceus* var. *mongholicus

【科属】豆科 Fabaceae 黄芪属 *Astragalus*

【形态特征】多年生草本植物。主根肥厚，木质，常分枝，灰白色。茎直立，上部多分枝，有细棱，被白色柔毛。奇数

羽状复叶互生，小叶 13 ～ 27 枚，椭圆形或长圆状卵形，先端钝圆或微凹，具小尖头或不明显，基部圆形，叶面绿色，近无毛，叶背被伏贴白色柔毛。总状花序稍密，有 10 ～ 20 朵花，总花梗与叶近等长或较长，至果期显著伸长，花梗连同花序轴稍密被棕色或黑色柔毛；花萼钟状，外面被白色或黑色柔毛，有时萼筒近于无毛，仅萼齿有毛，萼齿短，三角形至钻形，长仅为萼筒的 1/5 ～ 1/4；花冠黄色或淡黄色，旗瓣倒卵形，顶端微凹，基部具短瓣柄，翼瓣较旗瓣稍短，瓣片长圆形，基部具短耳，瓣柄较瓣片长约 1.5 倍，龙骨瓣与翼瓣近等长，瓣片半卵形，瓣柄较瓣片稍长；子房有柄，被细柔毛。荚果薄膜质，稍膨胀，半椭圆形，顶端具刺尖，两面被白色或黑色细短柔毛，果颈超出萼外。花期 6 ～ 8 月，果期 7 ～ 9 月。

【分布生境】分布于北京、天津、河北、山西、内蒙古、黑龙江、河南、湖北、广西、四川、西藏、陕西、青海。山西中北部山区均有分布。生于海拔 1200 ～ 2500m 林缘、灌丛或疏林下，亦见于山坡草地或草甸中。

【经济价值】根为常用中药材之一，全国各地多有栽培。

266. 蓝花棘豆（小黄芪、米口袋、紫花棘豆）

Oxytropis coerulea

【科属】豆科 Fabaceae
棘豆属 *Oxytropis*

【形态特征】多年生草本。主根粗壮而直伸。茎缩短，分枝不明显。奇数羽状复叶基生，小叶 23 ～ 41 枚，长圆状披针形，叶面无毛或几无毛，叶背疏被贴伏柔毛。12 ～ 20 朵花组成稀疏总状花序，花序梗比叶长 1 倍，稀近等长；蝶形花冠天蓝色或蓝紫色，旗瓣瓣片长椭圆状圆形，先端微凹、圆形、钝或具小尖。荚果长圆状卵形膨胀，纸质，果梗极短。花期 6 ～ 7 月，果期 7 ～ 8 月。

【分布生境】分布于北京、天津、河

北、山西、内蒙古、河南、陕西、甘肃、新疆。山西各林区均有分布。生于海拔1200～2500m山地林下或山坡草地。

【经济价值】根入药。蓝花棘豆是放牧型牧草，耐牧、耐践踏、再生力强，在生长季节可以多次利用，是很有前途的牧草。在土层瘠薄的碎石山坡上培育，用以改良退化的山坡草地。

267. 长柄山蚂蟥

Hylodesmum podocarpum

【科属】豆科 Fabaceae
长柄山蚂蟥属 *Hylodesmum*

【形态特征】多年生直立草本。根茎稍木质。羽状三出复叶，茎上部的叶柄较短，茎下部的叶柄较长，小叶纸质，两面疏被短柔毛或几无毛，顶生小叶宽倒卵形，最宽处在叶片中上部，先端突尖，基部楔形或宽楔形，全缘；侧生小叶斜卵形，较小。总状花序或圆锥花序，顶生或顶生和腋生，结果时延长至40cm，被柔毛和钩状毛，通常每节生2花，花冠紫红色，旗瓣宽倒卵形，翼瓣窄椭圆形，龙骨瓣与翼瓣相似。荚果，通常有2荚节，背缝线弯曲，节间深凹入达腹缝线。花果期8～9月。

【分布生境】分布于北京、山西、上海、江苏、浙江、安徽、福建、江西、山东、河南、湖北、湖南、广东、广西、重庆、四川、贵州、云南、西藏、陕西、甘肃。山西南部山区有分布。生于海拔120～2100m次生阔叶林下、山坡路旁、草坡或高山草甸处。

【经济价值】全草供药用。可作家畜饲料。

268. 两型豆（野毛扁豆、山巴豆、三籽两型豆、阴阳豆）

Amphicarpaea edgeworthii

【科属】豆科 Fabaceae
两型豆属 *Amphicarpaea*

【形态特征】一年生缠绕草本。茎纤细，被淡褐色柔毛。叶互生，羽状3出复叶，小叶薄纸质或近膜质，顶生小叶菱状卵形

或扁卵形，基出脉3，纤细，侧生小叶稍小，常偏斜。花二型：生在茎上部的为正常花，排成腋生的短总状花序，有花2～7朵，各部被淡褐色长柔毛，花冠淡紫色或白色，各瓣近等长，旗瓣倒卵形，翼瓣长圆形亦具瓣柄和耳，龙骨瓣与翼瓣近似；另生于下部为闭锁花，无花瓣，柱头弯至与花药接触，子房伸入地下结实。荚果二型，生于茎上部的完全花结的荚果为长圆形或倒卵状长圆形，扁平，微弯，被淡褐色柔毛，以背、腹缝线上的毛较密；由闭锁花伸入地下结的荚果呈椭圆形或近球形，不开裂，内含一粒种子。花果期8～11月。

【分布生境】分布于北京、河北、山西、内蒙古、辽宁、黑龙江、江苏、浙江、安徽、福建、江西、山东、河南、湖北、湖南、广西、重庆、四川、贵州、云南、西藏、陕西、甘肃。山西中南部山区均有分布。生于海拔300～1800m的疏林、灌丛、山坡路旁及旷野草地上。

【经济价值】种子可入药。家畜的优质饲料。

269. 广布野豌豆（鬼豆角、落豆秧、草藤、灰野豌豆）

Vicia cracca

【科属】豆科 Fabaceae 野豌豆属 *Vicia*

【形态特征】多年生草本。茎攀缘或蔓生，有棱，被柔毛。偶数羽状复叶互生，叶轴顶端卷须2～3分支，小叶5～12对，线形、长圆形或线状披针形，全缘。总状花序与叶轴近等长，花10～40朵密集，

花冠紫色、蓝紫色或紫红色，旗瓣长圆形，中部两侧缢缩呈提琴形，瓣柄与瓣片近等长，翼瓣与旗瓣近等长，明显长于龙骨瓣。荚果长圆形或长圆菱形，顶端有喙。花果期5～9月。

【分布生境】全国各地均有分布。山西各林区均有分布。生于林缘、灌丛、林间草地、山坡草甸或河滩草地。

【经济价值】嫩时为牛羊等牲畜喜食饲料。为早春蜜源植物。可用于水土保持绿肥植物。

270. 救荒野豌豆（马豆、野毛豆、山扁豆、箭舌野豌豆、大巢菜）

Vicia sativa

【科属】豆科 Fabaceae 野豌豆属 *Vicia*

【形态特征】与广布野豌豆的区别在于：一年或二年生草本。小叶2～7对，长椭圆形或近心形。花1～2(4)朵，腋生，近无梗，旗瓣长倒卵圆形，翼瓣短于旗瓣。荚果线状长圆形，熟后呈黄色，种子间稍缢缩，有毛。花期4～7月，果期7～9月。

【分布生境】全国各地均有分布。山

西各林区均有分布。生于海拔 50 ～ 3000m 的山地疏林、灌丛、山坡荒地或田边草丛。

【经济价值】全草药用。为绿肥植物及优良牧草。

271. 山野豌豆（豆豌豌、落豆秧、白花山野豌豆、绢毛山野豌豆）

Vicia amoena

【科属】豆科 Fabaceae 野豌豆属 *Vicia*

【形态特征】与广布野豌豆的区别在于：茎具棱，多分枝，斜升或攀缘。小叶 4 ～ 7 对，明显较大，互生或近对生，革质，椭圆形或卵状披针形，叶面被贴伏长柔毛，叶背粉白色。总状花序具 10 ～ 20（30）朵密生的花。荚果长圆形，两端渐尖，无毛。花期 4 ～ 6 月，果期 7 ～ 10 月。

【分布生境】分布于北京、天津、河北、山西、内蒙古、辽宁、吉林、黑龙江、江苏、安徽、山东、河南、湖北、四川、贵州、云南、西藏、陕西、甘肃、青海、宁夏。华北及西北。山西各林区均有分布。生于海拔 600 ～ 1700m 山坡林缘、河滩岸边或灌丛湿地。

【经济价值】优良牧草，牲畜喜食。早春蜜源植物。全草入药。其花期长，色彩艳丽，亦可作绿篱和人工草场。繁殖迅速，再生力强，是优良的防风固沙、水土保持及绿肥植物。

272. 歪头菜（豆叶菜、偏头草、山豌豆、豆苗菜、草豆）

Vicia unijuga

【科属】豆科 Fabaceae 野豌豆属 *Vicia*

【形态特征】与广布野豌豆的区别在于：叶轴顶端具细刺尖，偶见卷须，小叶 1 对，卵状披针形或近菱形，先端尾状渐尖，基部楔形，边缘具小齿状，两面均疏被微柔毛。总状花序单一稀有分枝，呈复总状花序，明显长于叶，有 8 ～ 20 朵密集的花，旗瓣中部两侧缢缩呈倒提琴形。荚果扁，长圆形。花期 6 ～ 7 月，果期 8 ～ 9 月。

【分布生境】分布于北京、天津、河

北、山西、内蒙古、辽宁、吉林、黑龙江、江苏、安徽、山东、河南、湖北、重庆、四川、贵州、云南、西藏、陕西、甘肃、青海、宁夏、台湾。山西各林区均有分布。生于海拔 4000m 以下的林缘、灌丛、山地沟边或山坡草地。

【经济价值】优良牧草，牲畜喜食。嫩时可为蔬菜。早春蜜源植物。全草药用。生长旺盛，广布荒草坡，可用作水土保持及绿肥植物。

273. 蚊子草（合叶子）

Filipendula palmata

【科属】蔷薇科 Rosaceae 蚊子草属 *Filipendula*

【形态特征】多年生草本。茎有棱。奇数羽状复叶，互生，有小叶 2 对，顶生小叶特别大，5 ～ 9 掌状深裂，边缘常有小裂片和尖锐重锯齿，叶面绿色无毛，叶背密被白色茸毛；侧生小叶较小，3 ～ 5 裂，托叶大，绿色，半心形，边缘有尖锐锯齿，托叶不与叶柄连合。顶生圆锥花序，花小而多；花瓣白色，倒卵形，有

长爪。聚合瘦果半月形，直立，有短柄，沿背腹两边有柔毛。花果期 7 ～ 9 月。

【分布生境】分布于天津、河北、山西、内蒙古、辽宁、吉林、黑龙江、台湾。山西五台山、管涔山有分布。生于海拔 200 ～ 2000m 的林下、林缘、沟谷、河岸及山麓草地。

【经济价值】根入药。根、茎和叶含鞣质，可提制栲胶。可用于观赏。

274. 路边青（水杨梅）

Geum aleppicum

【科属】蔷薇科 Rosaceae 路边青属 *Geum*

【形态特征】多年生草本。茎被开展粗硬毛。基生叶为大头羽状复叶，边缘常浅裂，有粗大锯齿，茎生叶羽状复叶，向上小叶逐渐减少，顶生小叶披针形或倒卵披针形。花序顶生，疏散排列；花瓣黄色，近圆形；花柱顶生，在上部 1/4 处扭曲，成熟后自扭曲处脱落。聚合果倒卵球形，瘦果被长硬毛，花柱宿存顶端有小钩。花果期 7 ～ 10 月。

【分布生境】全国各地均有分布。山西各林区均有分布。生于海拔 200 ～ 3500m 林地、林缘、山坡、路旁、田地，极常见。

【经济价值】全草入药。全株含鞣质，可提制栲胶。种子含干性油，可用制肥皂和油漆。鲜嫩叶可食用。

275. 蕨麻（鹅绒委陵菜、莲花菜、蕨麻委陵菜、延寿草、人参果）

Argentina anserina

【科属】蔷薇科 Rosaceae 蕨麻属 *Argentina*

【形态特征】多年生草本。根向下延长，有时在根的下部长成纺锤形或椭圆形块根。植株呈灰白色，茎匍匐，节处生根，常着地长出新植物，叶柄、花茎被平展白色绢状柔毛。小叶两面密被紧贴灰白色绢状柔毛或叶面比叶背毛较疏；基生叶为间断羽状复叶，最上面一对小叶基部下延与叶轴汇合，小叶椭圆形、卵状披针形或长椭圆形，边缘有尖锐锯齿或呈裂片状，小叶之间夹生小小叶。单花腋生，花瓣黄色，倒卵形。瘦果卵形。花果期 4 ～ 9 月。

【分布生境】全国各地均有分布。山西各林区均有分布。生于海拔 700 ～ 2200m 林间空地、潮湿林缘、山坡阴处、水旁路旁、田间地头或河滩草甸，极常见。

【经济价值】根部膨大，根含丰富淀粉，可入药，又可制食品及酿酒用。茎叶可提取黄色染料。是蜜源植物和饲料植物。

276. 朝天委陵菜（铺地委陵菜、鸡毛菜、仰卧委陵菜、伏委陵菜）

Potentilla supina

【科属】蔷薇科 Rosaceae 委陵菜属 *Potentilla*

【形态特征】与蕨麻的区别在于：主根细长，并有稀疏侧根。茎平展，上升或直立，叉状分枝，被疏柔毛或脱落几无毛。小叶 2 ～ 5 对，长圆形或倒卵状长圆形，两面绿色，被稀疏柔毛或脱落几无毛，茎

生叶与基生叶相似，向上小叶对数逐渐减少。花茎上多叶，下部花自叶腋生，顶端呈伞房状聚伞花序，常密被短柔毛。瘦果长圆形。花果期 3 ～ 10 月。

【分布生境】全国各地均有分布。山西各林区均有分布。生于海拔 100 ～ 2000m 林间空地、山坡阴处、田边荒地、河岸沙地或草甸。

【经济价值】块根营养价值高，可食，亦可入药。是优良的野生天然食品。

277. 莓叶委陵菜（毛猴子、雉子筵）
Potentilla fragarioides

【科属】蔷薇科 Rosaceae 委陵菜属 *Potentilla*

【形态特征】多年生草本。根极多，簇生。花茎多数，丛生，上升或铺散，被长柔毛。基生叶羽状复叶，有小叶 2～3（4）对，叶柄被疏柔毛，小叶有短柄或几无柄，小叶倒卵形，椭圆形或长椭圆形，有多数急尖或圆钝锯齿，近基部全缘，两面绿色，叶背沿脉较密，锯齿边缘有时密被缘毛；茎生叶常有 3 小叶，小叶与基生叶小叶相似或长圆形，先端有锯齿，下半部全缘，叶柄短或几无柄。伞房状聚伞花序顶生，

多花，疏散，花梗纤细，被疏柔毛；花瓣黄色，倒卵形，先端圆钝或微凹。聚合瘦果近肾形。花期 4 ～ 6 月，果期 6 ～ 8 月。

【分布生境】全国各地均有分布。山西中南部山区均有分布。生于海拔 350 ～ 2400m 疏林、灌丛、沟边草地或田间地头。

【经济价值】植株较矮，春花植物，叶色深绿，叶形美观，适宜在城市公园、广场等绿地片植，也可布置花坛和花境，或植于路边、疏林、草坪，是一种很好的地被植物。

278. 菊叶委陵菜（蒿叶委陵菜、叉菊委陵菜、砂地委陵菜）
Potentilla tanacetifolia

【科属】蔷薇科 Rosaceae 委陵菜属 *Potentilla*

【形态特征】与莓叶委陵菜的区别在于：根粗壮，圆柱形。基生叶羽状复叶有小叶 5 ～ 8 对，小叶叶面伏生疏柔毛或密被长柔毛，或脱落几无毛，叶背被短柔毛，叶脉伏生柔毛，或被稀疏腺毛，茎生叶与基生叶相似，唯小叶对数较少。花茎直立或上升，被长柔毛、短柔毛或卷曲柔毛。

瘦果卵球形。花果期 5 ～ 10 月。

【分布生境】全国各地均有分布。山西各林区均有分布。生于海拔 400 ～ 2600m 林缘、低洼草地或沙地草原。

【经济价值】全草入药。

279. 蛇莓

Duchesnea indica

【科属】蔷薇科 Rosaceae 蛇莓属 *Duchesnea*

【形态特征】多年生草本。匍匐茎细长，在节处生不定根。三出复叶，基生叶数个，茎生叶互生，小叶倒卵形至菱状卵形，先端圆钝，边缘具钝锯齿；具柔毛。花单生叶腋，萼片卵形，副萼片倒卵形较长，先端有 3 ～ 5 锯齿；花瓣倒卵形，黄色，心皮多数，离生。聚合果近球形，花托膨大，肉质，鲜红色，瘦果卵圆，明显突出于肉质花托上。花期 6 ～ 8 月，果期 8 ～ 10 月。

【分布生境】全国各地均有分布。山西南部山区均有分布。生于海拔 2000m 以下林缘、山坡草地、河谷岸边。

【经济价值】全草药用。全草水浸液可防治农业害虫蛆、孑孓等。植株低矮，枝叶茂密，具有春季返青早、耐阴、绿色期长、春季赏花、夏季观果的特点，是不可多得的优良地被植物。

280. 东方草莓（红颜草莓）
Fragaria orientalis

【科属】蔷薇科 Rosaceae
草莓属 *Fragaria*

【形态特征】与蛇莓的区别在于：花序聚伞状，有（1）2～5（6）花，萼片卵圆披针形，顶端尾尖，副萼片线状披针形，偶有2裂，花瓣白色，近圆形，基部具短爪。聚合果半圆形，成熟后红色。瘦果卵圆形，嵌于红色肉质花托内。花期5～7月，果期7～9月。

【分布生境】分布于北京、天津、河北、山西、内蒙古、辽宁、吉林、黑龙江、江苏、福建、河南、湖北、湖南、广西、重庆、四川、贵州、云南、西藏、陕西、甘肃、青海、宁夏。山西中南部山区均有分布。生于海拔1200～4000m山坡草地或林下。

【经济价值】果实鲜红色，质软而多汁，香味浓厚，略酸微甜，可生食或供制果酒、果酱。可用于地被植物。

281. 龙芽草（路边黄、仙鹤草）
Agrimonia pilosa

【科属】蔷薇科 Rosaceae
龙牙草属 *Agrimonia*

【形态特征】多年生草本。根呈块茎状，周围长出若干侧根，基部常有1至数个地下芽。茎被毛。间断奇数羽状复叶，常有3～4对小叶，杂有小型小叶，叶缘有急尖至圆钝锯齿，两面被疏毛，有显著腺点。花序穗状总状顶生，花瓣黄色，长圆形。果实倒卵圆锥形，外面有10条肋，被疏柔毛，顶端有钩刺。花果期5～12月。

【分布生境】全国各地均有分布。山西各林区均有分布。生于海拔100～3800m疏林、灌丛、林缘草地、溪边或路旁。

【经济价值】全草入药。可作农药，防治酎虫及小麦锈病。

282. 地榆（一串红、山枣子）
Sanguisorba officinalis

【科属】蔷薇科 Rosaceae 地榆属 *Sanguisorba*

【形态特征】多年生草本。根粗壮，多呈纺锤形，稀圆柱形。基生叶为羽状复叶，小叶 4～6 对，小叶有短柄，卵形或长圆状卵形，先端圆钝稀急尖，基部心形或浅心形，有粗大圆钝稀急尖锯齿，两面绿色，无毛；茎生叶较少，小叶有短柄或几无柄，长圆形或长圆状披针形，狭长，基部微心形或圆，先端急尖。穗状花序椭圆形、圆柱形或卵圆形，直立，紫红色。果实包藏在宿存萼筒内，外面有 4 棱。花果期 7～10 月。

【分布生境】全国各地均有分布。山西各林区均有分布。生于海拔 3500m 以下的疏林、灌丛、山坡草地或草原、草甸。

【经济价值】根为止血要药，也可用

于治疗烧伤、烫伤。根、茎、叶可用来提制栲胶。嫩叶可食，又作代茶饮。全草可作农药，治蚜虫及红蜘蛛。

283. 葎草（锯锯藤、拉拉藤、拉拉秧、割人藤）
Humulus scandens

【科属】大麻科 Cannabaceae 葎草属 *Humulus*

【形态特征】多年生缠绕草本。茎、枝、叶柄均具倒钩刺。单叶互生，纸质，

肾状五角形，掌状 5 ～ 7 深裂，稀为 3 裂，叶面粗糙，有毛，叶背有柔毛和黄色腺体，边缘具锯齿。雄花小，黄绿色，圆锥花序，雌花序球果状，苞片纸质，三角形，被白色茸毛。瘦果成熟时露出苞片外。花期 6 ～ 10 月，果期 8 ～ 11 月。

【分布生境】全国各地均有分布。山西各林区均有分布。生于林缘、沟边、山坡灌丛或田间地头，为常见杂草。

【经济价值】茎纤维可作造纸、人造棉原料。全草入药。种子可制肥皂、油墨、润滑油等。

284. 透茎冷水花
Pilea pumila

【科属】荨麻科 Urticaceae 冷水花属 *Pilea*

【形态特征】一年生草本。茎肉质直立，全株无螫毛。单叶对生，同对的近等大，叶近膜质，菱状卵形或宽卵形，边缘除基部全缘外，其上有牙状锯齿，两面疏生透明硬毛，钟乳体条形。花雌雄同株并常同序，蝎尾状，密集，几乎生于每个叶腋；雄花常生于花序的下部；雌花花被片 3 枚，条形，在果时增长。瘦果三角状卵形，扁，常有褐色或深棕色斑点，熟时色斑多少隆起。花期 6 ～ 8 月，果期 8 ～ 10 月。

【分布生境】全国各地均有分布。山西中南部山区均有分布。生于海拔 400 ～ 2200m 山坡林下、阴湿岩缝或水旁湿地。

【经济价值】根、茎药用。

285. 山冷水花
Pilea japonica

【科属】荨麻科 Urticaceae 冷水花属 *Pilea*

【形态特征】与透茎冷水花的区别在

于：单叶对生，茎顶部轮生，同对叶不等大，菱状卵形或卵形，稀披针状，先端尖，稀钝尖或短尾尖，基部楔形，稀近圆或近平截。雄雌花均为聚伞花序，常成头状，1～2或几枚疏生花枝。瘦果卵形，稍扁，熟时灰褐色，外面有疣状突起，几乎被宿存花被包裹。花期 7～9 月，果期 8～11 月。

【分布生境】分布于北京、河北、山西、辽宁、吉林、江苏、浙江、安徽、福建、江西、河南、湖北、湖南、广东、广西、重庆、四川、贵州、云南、西藏、陕西、甘肃、台湾。山西中条山有分布。生于海拔 500～1900m 山坡林下、山谷溪旁或石缝阴湿处。

【经济价值】全草入药。

286. 蝎子草（天天麻、蜇人草）

Girardinia diversifolia* subsp. *suborbiculata

【科属】荨麻科 Urticaceae
蝎子草属 *Girardinia*

【形态特征】一年生草本。茎麦秆色或紫红色，疏生刺毛和糙伏毛。单叶互生，先端短尾状或短渐尖，基部近圆形、截形或浅心形，稀宽楔形，边缘有 8～13 枚缺刻状的粗牙齿或重牙齿，稀在中部 3 浅裂，叶面疏生纤细的糙伏毛，叶背有稀疏的微糙毛，两面生很少刺毛，基出脉 3，侧脉 3～5 对。花雌雄同株，雌花序单个或雌雄花序成对生于叶腋，雄花序穗状，雌花序短穗状。瘦果双凸透镜状，熟时灰褐色，有不规则的粗疣点。花期 7～9 月，果期 9～11 月。

【分布生境】分布于北京、天津、河北、山西、辽宁、河南、湖北、四川、陕西、甘肃。山西中南部山区均有分布。生于海拔 50～800m 林下、沟边或住宅旁阴湿处。

【经济价值】全草入药。

287. 艾麻

Laportea cuspidata

【科属】荨麻科 Urticaceae
艾麻属 *Laportea*

【形态特征】多年生草本。根数条丛生，纺锤状，肥厚。茎下部多少木质化，在上部呈之字形，具 5 条纵棱，有时带紫红色，有毛。单叶，互生，叶近膜质，卵形，

边缘具粗大的锐牙齿，钟乳体细点状。雌雄同株，雄花序圆锥状，生于植株下部叶腋，直立；雌花序长穗状，生于茎梢叶腋，小团伞花序稀疏着生于序轴上，疏生刺毛和柔毛。瘦果卵球形，歪斜，双凸透镜状，绿褐色，光滑。花期 6 ～ 7 月，果期 8 ～ 9 月。

【分布生境】分布于北京、天津、河北、山西、辽宁、浙江、安徽、江西、河南、湖北、湖南、广西、重庆、四川、贵州、云南、西藏、陕西、甘肃。山西南部山区均有分布。生于海拔 800 ～ 2700m 山坡林下或沟边。

【经济价值】根药用。韧皮纤维可制绳索和代麻用。

288. 花点草
Nanocnide japonica

【科属】荨麻科 Urticaceae
花点草属 *Nanocnide*

【形态特征】多年生小草本。茎直立，自基部分枝，下部多少匍匐，常半透明，黄绿色，有时上部带紫色，被向上倾斜的微硬毛。叶三角状卵形或近扇形，边缘每边具圆齿或粗牙齿，钟乳体短杆状。雄花序为多回二歧聚伞花序，具长梗，长于叶；雌花序成团伞花序，具短梗，均生于枝顶叶腋。瘦果卵形，黄褐色，有疣点状突起。花期 4 ～ 5 月，果期 6 ～ 7 月。

【分布生境】分布于山西、上海、江苏、浙江、安徽、福建、江西、河南、湖北、湖南、重庆、四川、贵州、云南、陕西、甘肃、台湾。山西历山国家级自然保护区有分布。生于海拔 100 ～ 1600m 山谷林下、河边草地和石缝阴湿处。

【经济价值】全草入药。

289. 狭叶荨麻（螫麻、小荨麻）
Urtica angustifolia

【科属】荨麻科 Urticaceae
荨麻属 *Urtica*

【形态特征】多年生草本，有木质化根状茎。茎四棱形，茎疏生刺毛和稀疏糙毛。单叶对生，叶披针形或披针状线形，稀窄卵形，先端长渐尖或尖，基部圆，稀浅心形，具 9 ～ 19 对牙齿，叶面生糙伏

毛和具粗密缘毛，叶背沿脉疏生糙毛，基出脉 3，侧生的 1 对近直伸达上部齿尖，侧脉 2 ～ 3 对。雌雄异株，花序圆锥状，有时近穗状，生于叶腋。瘦果卵形或宽卵形，双凸透镜状，近光滑或有不明显的细疣点。花期 6 ～ 8 月，果期 8 ～ 9 月。

【分布生境】分布于北京、天津、河北、山西、内蒙古、辽宁、吉林、黑龙江、福建、湖北、湖南、重庆、云南、西藏、甘肃、新疆。山西中南部山区有分布。生于海拔 800 ～ 2200m 山地林缘、河谷溪边或台地潮湿处。

【经济价值】茎皮纤维可作纺织原料。幼嫩茎叶可食。全草入药，有祛风定惊、消食通便之效。

290. 墙草
Parietaria micrantha

【科属】荨麻科 Urticaceae
墙草属 *Parietaria*

【形态特征】一年生铺散草本。茎肉质，纤细，被短柔毛。单叶互生，叶膜质，卵形或卵状心形，有毛，钟乳体点状。花杂性，聚伞花序具短梗或近簇生状，生于叶腋。瘦果坚果状，卵圆形，黑色，极光滑，有光泽，具宿存的花被和苞片。花期 6 ～ 7 月，果期 8 ～ 10 月。

【分布生境】全国各地均有分布。山西中南部山区有分布。生于海拔 700 ～ 4000m 山坡林缘、阴湿草地、屋宅墙上或岩石下阴湿处。

【经济价值】全草药用。

291. 八角麻（山麻、龟叶麻、野苎麻、悬铃木叶苎麻）
Boehmeria platanifolia

【科属】荨麻科 Urticaceae
苎麻属 *Boehmeria*

【形态特征】多年生草本或亚灌木。茎中部以上与叶柄和花序轴密被短毛。单叶对生，稀顶部叶互生，纸质，扁五角形或扁圆卵形，上部叶常卵形，先端 3 骤尖或 3 浅裂，基部平截、浅心形或宽楔形，叶缘牙齿长 1 ～ 2cm，叶面被糙伏毛，叶

背密被柔毛。穗状花序单生叶腋，同一植株的全为雌性，或茎上部的雌性，其下的为雄性，雌的分枝呈圆锥状或不分枝，雄的分枝呈圆锥状。瘦果狭倒卵形或狭椭圆形，生短硬毛，顶端具宿存花柱。花期6～7月，果期8～9月。

【分布生境】分布于北京、天津、河北、山西、江苏、浙江、安徽、福建、江西、山东、河南、湖北、湖南、广东、广西、重庆、四川、贵州、云南、陕西、甘肃。山西南部山区均有分布。生于海拔500～1400m低山山谷疏林下、林缘、沟边或田边。

【经济价值】根、叶药用。茎皮纤维坚韧，光泽如丝，弹力和拉力都很强，可纺纱织布，也可做高级纸张。民间常用茎皮搓绳，编草鞋。叶可作猪饲料。种子含脂肪油，可制肥皂或食用。

292. 赤麻
Boehmeria silvestrii

【科属】荨麻科 Urticaceae
苎麻属 *Boehmeria*

【形态特征】多年生草本或亚灌木。

茎下部无毛，上部疏被短伏毛。单叶对生，薄草质，茎中部的近五角形或圆卵形，茎上部叶渐变小，常为卵形，顶端具3或5骤尖头，边缘自基部之上有牙齿。雌雄异株或雌雄同株，穗状花序单生叶腋。瘦果近卵球形或椭圆球形，光滑，基部具短柄。花期6～8月，果期8～9月。

【分布生境】分布于北京、天津、河北、山西、辽宁、江苏、福建、山东、河南、湖北、湖南、重庆、四川、贵州、陕西、甘肃。山西南部山区均有分布。生于海拔700～1400m的山谷林缘、低山草坡、石边阴处或沟边。

【经济价值】茎皮纤维坚韧，可供织麻布、拧绳索用。

293. 赤瓟
Thladiantha dubia

【科属】葫芦科 Cucurbitaceae
赤瓟属 *Thladiantha*

【形态特征】多年生攀缘草质藤本，全株被黄白色长柔毛状硬毛。根块状。单叶互生，叶片宽卵状心形，边缘浅波状，有大小不等的细齿。卷须纤细，不分叉。

雌雄异株，雄花单生或聚生于短枝的上端呈假总状花序，雌花单生，花冠黄色，上部向外反折，外面被短柔毛，内面有极短的疣状腺点。果实卵状长圆形，表面橙黄色或红棕色，被柔毛，具明显的纵纹；种子卵形，黑色，平滑无毛。花期 6 ～ 8 月，果期 8 ～ 10 月。

【分布生境】分布于北京、天津、河北、山西、内蒙古、辽宁、吉林、黑龙江、上海、江苏、河南、湖北、湖南、广西、四川、贵州、陕西、甘肃、青海、宁夏。山西中南部山区均有分布。生于海拔 300 ～ 1800m 的山坡林缘、田间地头或河谷湿处。

【经济价值】果实和根入药。可用于观赏。

294. 黄海棠（八宝茶、金丝蝴蝶）

Hypericum ascyron

【科属】金丝桃科 Hypericaceae 金丝桃属 *Hypericum*

【形态特征】多年生草本。茎及枝条幼时具 4 棱。单叶对生稀轮生，叶无柄，抱茎，披针形、长圆状披针形、长圆状卵形或椭圆形，全缘，坚纸质，叶背常淡绿色且散布淡色腺点。花序顶生，近伞房状至狭圆锥状；花瓣金黄色，倒披针形，平展或外反，十分弯曲；花药金黄色，具松脂状腺点。蒴果卵球形或卵球状三角形，棕褐色。花期 7 ～ 8 月，果期 8 ～ 9 月。

【分布生境】除新疆及青海外，全国各地均有分布。山西中南部山区均有分布。生于海拔 2800m 以下山坡林下、林缘、灌丛、溪旁草丛、河岸湿地或草甸。

【经济价值】全草药用。是提取栲胶原料。叶作茶叶代用品饮用。可庭园栽培供观赏。

295. 赶山鞭（小金丝桃、小连壳）
Hypericum attenuatum

【科属】金丝桃科 Hypericaceae 金丝桃属 *Hypericum*

【形态特征】与黄海棠的区别在于：叶卵状长圆形、卵状披针形或长圆状倒卵形，较小，略抱茎。聚伞花序顶生，为近伞房状或圆锥花序；花两性，花瓣淡黄色，长圆状倒卵形。蒴果较小。花期7～8月，果期8～9月。

【分布生境】除新疆、青海及西南各地区外，全国各地均有分布。山西中南部山区均有分布。生于海拔1300m以下林内、林缘、山坡草地、半湿草原、田野草丛。

【经济价值】全草入药。代茶叶用。

296. 斑叶堇菜
Viola variegata

【科属】堇菜科 Violaceae 堇菜属 *Viola*

【形态特征】多年生草本，无地上茎。根状茎节密生，具数条淡褐色或近白色长根。叶均基生，呈莲座状，叶片圆形或圆卵形，边缘具钝齿，沿叶脉有明显的白色斑纹，叶背通常稍带紫红色，两面通常密被短粗毛。花红紫色或暗紫色；花瓣倒卵形，侧方花瓣里面基部有须毛，下方花瓣基部白色并有堇色条纹，距筒状。蒴果椭圆形。幼果球形通常被短粗毛。花期4～8月，果期6～9月。

【分布生境】分布于北京、天津、河北、山西、内蒙古、辽宁、吉林、黑龙江、江苏、浙江、安徽、山东、河南、湖北、重庆、四川、贵州、云南、陕西、甘肃。山西各林区均有分布。生于海拔

2300m以下的林下、灌丛、山坡草地或阴处岩石缝隙中。

【经济价值】全草可入药。可用于观赏。

297. 蒙古堇菜（白花堇菜）
Viola mongolica

【科属】堇菜科 Violaceae
堇菜属 *Viola*

【形态特征】多年生草本，无地上茎。根状茎稍粗壮，生多条白色细根。叶数枚基生，叶心形、卵状心形或椭圆状心形，边缘具钝锯齿。花白色，花梗常高出于叶；侧方花瓣里面近基部稍有须毛，下方花瓣连距长 1.5 ～ 2cm，中下部有时具紫色条纹，距管状，稍向上弯，末端钝圆。蒴果卵形，无毛。花果期 5 ～ 8 月。

【分布生境】分布于北京、天津、河北、山西、内蒙古、辽宁、吉林、黑龙江、江西、山东、河南、陕西、甘肃、青海、宁夏。山西中南部山区有分布。生于海拔 2100m 以下的林下、林缘、沟边或石砾地。

【经济价值】全草可入药。可用于观赏。

298. 早开堇菜（泰山堇菜、毛花早开堇菜）
Viola prionantha

【科属】堇菜科 Violaceae
堇菜属 *Viola*

【形态特征】多年生草本，无地上茎。根状茎短而较粗壮，根数条，淡褐色或灰白色。叶多数，均基生，叶片在花期呈长圆状卵形、卵状披针形，边缘密生细圆齿，果期叶片显著增大，三角状卵形。花大，紫堇色或淡紫色，喉部色淡并有紫色条纹；侧方花瓣长圆状倒卵形，里面基部通常有须毛或近于无毛，距粗管状，末端微向上弯。蒴果长椭圆形。花果期 4 ～ 9 月。

【分布生境】全国各地均有分布。山西各林区均有分布。生于海拔 800 ～ 1400m 山地林缘、山谷草坡或田间沟旁。

【经济价值】全草供药用。花形较大，色鲜艳，早春即开始开花，是一种美丽的观赏花卉。

299. 裂叶堇菜（深裂叶堇菜）
Viola dissecta

【科属】堇菜科 Violaceae
堇菜属 *Viola*

【形态特征】多年生草本，无地上茎。根状茎节密，常自下部发出数条较肥厚的淡黄色根。基生叶圆形、肾形或宽卵形，通常3裂，稀5全裂。花较大，淡紫色至紫堇色；侧方花瓣长圆状倒卵形，里面基部有长须毛或疏生须毛，距明显，圆筒形，末端钝而稍膨胀。蒴果长圆形，果皮坚硬无毛。花期4～9月，果期5～10月。

【分布生境】分布于北京、天津、河北、山西、内蒙古、辽宁、吉林、黑龙江、浙江、安徽、江西、山东、河南、四川、西藏、陕西、甘肃、青海、新疆。山西中南部山区均有分布。生于海拔700～2500m杂木林缘、灌丛、山坡草地或田间路旁。

【经济价值】全草可入药。可用于观赏。

300. 鸡腿堇菜（走边疆）

Viola acuminata

【科属】堇菜科 Violaceae

堇菜属 *Viola*

【形态特征】多年生草本。根状茎较粗，垂直或倾斜，密生多条淡褐色根。茎直立，通常2～4条丛生。单叶互生，通常无基生叶。叶片心形、卵状心形或卵形，先端锐尖、短渐尖至长渐尖，基部通常心形（狭或宽心形变异幅度较大），稀截形，具钝齿及短缘毛，两面密生褐色腺点，托叶篦梳状。花小，淡紫色或近白色；花瓣有褐色腺点，侧瓣里面近基部有长须毛，下瓣里面常有紫色脉纹，距通常直，呈囊状，末端钝。蒴果椭圆形，无毛，通常有黄褐色腺点，先端渐尖。花果期5～9月。

【分布生境】分布于北京、天津、河北、山西、内蒙古、辽宁、吉林、黑龙江、江苏、浙江、安徽、福建、江西、山东、河南、湖北、湖南、广西、重庆、四川、贵州、陕西、甘肃。山西中南部山区均有分布。生于海拔800～2200m的杂木林林下、林缘、灌丛、山坡草地或溪谷湿地

等处。

【经济价值】全草供药用。嫩叶作蔬菜食用。

301. 铁苋菜（蛤蜊花、海蚌含珠、蚌壳草）

Acalypha australis

【科属】大戟科 Euphorbiaceae

铁苋菜属 *Acalypha*

【形态特征】一年生草本。单叶互生，叶膜质，长卵形、近菱状卵形或阔披针形，边缘具圆锯齿。雌雄花同序，花序腋生，稀顶生；雄花集成穗状或头状，生于花序上部，下部具雌花；雌花 1 ～ 3 朵生于苞腋，苞片卵状心形，具齿。蒴果绿色，疏生毛和小瘤体。花果期 4 ～ 11 月。

【分布生境】除西部高原或干燥地区外，中国大部分地区均有分布。山西中南部山区有分布。生于海拔 1900m 以下疏林、山坡草地、平原荒地或农田路旁。

【经济价值】全草可入药。

302. 大戟（湖北大戟、京大戟、北京大戟）

Euphorbia pekinensis

【科属】大戟科 Euphorbiaceae 大戟属 *Euphorbia*

【形态特征】多年生草本。根圆柱状。单叶互生，椭圆形，稀披针形或披针状椭圆形，先端尖或渐尖，基部楔形、近圆或近平截，全缘，两面无毛或有时叶背具柔毛。苞叶 2 枚，近圆形，先端具短尖头，基部平截或近平截。花序单生二歧分枝顶端，无梗；总苞杯状，边缘 4 裂，裂片半圆形，腺体 4 枚，半圆形或肾状圆形，淡褐色；花无花被；雄花多数，伸出总苞之外；雌花 1 枚，具较长的子房柄。蒴果球状，被稀疏的瘤状突起。花期 5 ～ 8 月，果期 6 ～ 9 月。

【分布生境】除台湾、云南、西藏和新疆外，全国各地均有分布。山西各林区均有分布。生于海拔 200 ～ 3000m 疏林、林缘、山坡灌丛或路旁荒地。

【经济价值】根入药。可作兽药用，但有毒，宜慎用。

303. 甘肃大戟（阴山大戟）

Euphorbia kansuensis

【科属】大戟科 Euphorbiaceae 大戟属 *Euphorbia*

【形态特征】与大戟的区别在于：叶

线形、线状披针形或倒披针形，较典型的呈长圆形。苞叶 2 枚，卵状三角形，先端尖，基部平截或略内凹。花序单生二歧分枝顶端，无柄；雄花多枚，伸出总苞之外。蒴果三角状球形，具微皱纹，无毛。花果期 4 ～ 6 月。

【分布生境】分布于北京、天津、河北、山西、江苏、浙江、河南、湖北、四川、西藏、陕西、甘肃、青海、宁夏。山西中南部山区均有分布。生于海拔 500 ～ 4000m 林缘、灌丛、山坡草丛或沟谷。

【经济价值】肉质根入药。

304. 乳浆大戟（乳浆草、东北大戟、新疆大戟、华北大戟、猫眼草）

Euphorbia esula

【科属】大戟科 Euphorbiaceae 大戟属 *Euphorbia*

【形态特征】多年生草本。根圆柱状。单叶互生，叶线形至卵形，全缘；变化极不稳定，不育枝叶常为松针状；苞叶 2 枚，常为肾形，少为卵形或三角状卵形，先端渐尖或近圆，基部近平截。花序单生于二歧分枝的顶端，雄花多枚，

雌花 1 枚。蒴果三棱状球形，具 3 个纵沟。花果期 4 ～ 10 月。

【分布生境】除海南、贵州、云南和西藏外，全国各地均有分布。山西各林区均有分布。生于海拔 3000m 山坡林下、河边草地、干燥沙地或田边路旁。

【经济价值】种子含油量达 30%，可供工业用。全草入药。

305. 地锦草（千根草、草血竭、奶汁草、红丝草）

Euphorbia humifusa

【科属】大戟科 Euphorbiaceae 大戟属 *Euphorbia*

【形态特征】一年生草本。根纤细。茎匍匐，基部常红色或淡红色，被柔毛。单叶对生，矩圆形或椭圆形，边缘常于中

部以上具细锯齿，叶背淡绿色，有时淡红色，两面被疏柔毛。花序单生于叶腋，雄花数枚，雌花1枚。蒴果三棱状卵球形。花果期5～10月。

【分布生境】除海南外，全国各地均有分布。山西各林区均有分布。生于山坡林缘、路旁荒地、田间地边或河滩沙地。

【经济价值】全草入药。

306. 野亚麻
Linum stelleroides

【科属】亚麻科 Linaceae

亚麻属 *Linum*

【形态特征】一年生或二年生草本。茎圆柱形，基部木质化。单叶互生，线形、线状披针形或狭倒披针形，全缘；萼片边缘有黑色腺齿。单花或多花组成聚伞花序；花瓣5，倒卵形，淡红色、淡紫色或蓝紫色。蒴果球形或扁球形，有纵沟5条，室间开裂；种子长圆形。花期6～9月，果期8～10月。

【分布生境】分布于北京、天津、河北、山西、内蒙古、辽宁、吉林、黑龙江、江苏、江西、山东、河南、湖北、广西、重庆、四川、贵州、陕西、甘肃、宁夏、新疆。山西各林区均有分布。生于海拔630～2750m林间草地、山坡荒地或田边路旁。

【经济价值】茎皮纤维可作人造棉、麻布和造纸原料。

307. 老鹳草
Geranium wilfordii

【科属】牻牛儿苗科 Geraniaceae

老鹳草属 *Geranium*

【形态特征】多年生草本。根茎粗壮，具簇生纤维状细长须根，茎直立。叶对生，圆肾形；基生叶5深裂达2/3，裂片倒卵状楔形，下部全缘，上部不规则齿裂，叶面被伏毛，叶背沿脉和边缘被柔毛；茎生叶3裂，裂片长卵形或宽楔形，上部齿状浅裂，先端长渐尖，叶面被短伏毛，叶背沿脉被短糙毛。花梗与总花梗相似，长为花的2～4倍；花瓣白色或淡红色，倒卵形，与萼片近等长；花丝淡棕色，下部扩展，被缘毛，雌蕊被短糙状毛，花柱分枝紫红色。蒴果，被短柔毛和长糙毛。花期6～8月，果期8～9月。

【分布生境】分布于北京、天津、河北、山西、内蒙古、辽宁、吉林、黑龙江、

江苏、浙江、安徽、福建、江西、山东、河南、湖北、湖南、广西、重庆、四川、贵州、云南、西藏、陕西、甘肃、新疆。山西中条山有分布。生于海拔 1800m 以下的低山林下或草甸。

【经济价值】全草供药用。

308. 粗根老鹳草（长白老鹳草）

Geranium dahuricum

【科属】牻牛儿苗科 Geraniaceae 老鹳草属 *Geranium*

【形态特征】多年生草本。具簇生纺锤形块根。茎具棱槽，假二叉状分枝。叶基生和茎上对生，基生叶和茎下部叶具长柄，最上部叶几无柄，叶片七角状肾圆形，掌状 7 深裂，全缘。花序腋生和顶生，长于叶，密被倒向柔毛，花序梗具 2 花；花瓣紫红色，倒长卵形。蒴果具长喙，5 果瓣，果瓣在喙顶部合生，成熟时沿主轴从基部向上端反卷开裂，弹出种子或种子与果瓣同时脱落，附着于主轴的顶部，果瓣内无毛。花期 7～8 月，果期 8～9 月。

【分布生境】分布于北京、天津、河北、山西、内蒙古、辽宁、吉林、黑龙江、河南、四川、云南、西藏、陕西、甘肃、青海、宁夏、新疆。山西各林区均有分布。生长于海拔 300～3500m 的山地疏林、林缘或高山草甸。

【经济价值】根状茎含鞣质，可提取栲胶。

309. 毛蕊老鹳草

Geranium platyanthum

【科属】牻牛儿苗科 Geraniaceae 老鹳草属 *Geranium*

【形态特征】多年生草本。具束生肥厚块根或肉质细长块根。茎假二叉状分枝或不分枝。叶基生，茎上互生，叶片五角状肾圆形，掌状 5 裂，下部全缘，上部具牙齿状缺刻。花序通常为伞形聚伞花序；花瓣淡紫红色，宽倒卵形或近圆形，向上反折，具深紫色脉纹；花丝淡紫色，花药紫红色。蒴果，被开展糙毛和糙腺毛。花期 6～7 月，果期 8～9 月。

【分布生境】分布于北京、天津、河北、山西、内蒙古、吉林、黑龙江、河南、四川、云南、陕西、甘肃、青海、宁夏。山西各林区均有分布。生于海拔 1000～2300m 山地林下、灌丛和草甸。

【经济价值】全草入药。

310. 露珠草（牛泷草、心叶露珠草）
Circaea cordata

【科属】柳叶菜科 Onagraceae 露珠草属 *Circaea*

【形态特征】多年生草本。被柔毛和腺毛。根状茎不具块茎。叶狭卵形至宽卵形，先端短渐尖，基部常心形，有时宽楔形、圆或平截，边缘具锯齿至近全缘。总状花序顶生，或基部具分枝，花序轴混生腺毛与柔毛；花瓣白色。果实斜倒卵形至透镜形，背面压扁，边缘及子房室之间木栓质略显增厚，但不具明显的纵沟。花期 6 ～ 8 月，果期 7 ～ 9 月。

【分布生境】分布于北京、天津、河北、山西、内蒙古、辽宁、吉林、黑龙江、浙江、安徽、福建、江西、山东、河南、湖北、湖南、广西、重庆、四川、贵州、云南、西藏、陕西、甘肃、台湾。山西中南部山区均有分布。生于海拔 3000m 以下的林下及山谷湿地。

【经济价值】全草入药。

311. 高山露珠草
Circaea alpina

【科属】柳叶菜科 Onagraceae 露珠草属 *Circaea*

【形态特征】与露珠草的区别在于：根状茎顶端具块茎，茎无毛或被短镰状毛，以及花序上被腺毛。叶形变异极大，狭卵状菱形或椭圆形至近圆形。萼片白色或粉红色，稀紫红色，或只先端淡紫色，果实棒状至倒卵状，基部平滑渐窄向果柄。花期 6 ～ 8 月，果期 7 ～ 9 月。

【分布生境】分布于北京、天津、河北、山西、内蒙古、辽宁、吉林、黑龙江、安徽、江西、河南、湖北、四川、贵州、云南、西藏、陕西、甘肃、青海、宁夏、新疆、台湾。山西各林区均有分布。生于海拔 1600 ～ 3000m 的山坡林下、灌丛、溪旁草地或沟边湿处。

【经济价值】全草入药。

312. 柳兰（火烧兰）
Chamerion angustifolium

【科属】柳叶菜科 Onagraceae 柳兰属 *Chamerion*

【形态特征】多年丛生草本。根状茎匍匐，木质化。茎无毛，表皮撕裂状脱落。单叶螺旋状互生，稀近基部对生，无柄，茎下部的叶近膜质，披针状长圆形至倒卵形，常枯萎，褐色；中上部的叶近革质，线状披针形或狭披针形，基部钝圆，两面无毛，近全缘或疏生浅小齿，无柄。总状花序直立，萼片紫红色，被灰白色柔毛；花冠粉红色至紫红色，稀白色；花药初期红色，开裂时变紫红色，产生带蓝色的花粉。蒴果，密被白灰色柔毛。花期6～9月，果期8～10月。

【分布生境】分布于北京、天津、河北、山西、内蒙古、辽宁、吉林、黑龙江、湖北、重庆、四川、贵州、云南、西藏、陕西、甘肃、青海、宁夏、新疆。山西各林区均有分布。生于海拔1500～3100m山坡、林缘及林间空地。

【经济价值】根状茎可入药。为火烧后先锋植物与重要蜜源植物。嫩苗过开水后可作沙拉食用，茎叶可作猪饲料。可用于观赏。

313. 柳叶菜（鸡脚参、水朝阳花）
Epilobium hirsutum

【科属】柳叶菜科 Onagraceae 柳叶菜属 *Epilobium*

【形态特征】与柳兰的区别在于：植株稍矮，常在中上部多分枝，密被伸展长柔毛，常混生较短而直的腺毛，尤其花序上，稀密被白色棉毛。叶草质，单叶对生，茎上部的互生，无柄，多少抱茎，茎生叶披针状椭圆形至狭倒卵形，稀狭披针形，两面被长柔毛，有时叶背混生短腺毛，稀叶背密被棉毛或近无毛。总状花序直立；萼片长圆状线形；花瓣玫瑰红色、粉红色或紫红色，宽倒心形，先端凹缺；花药乳黄色。蒴果被毛。花期6～8月，果期7～9月。

【分布生境】广布于中国温带与热带地区。山西中南部山区均有分布。成片生于海拔150～2000m的山沟溪边、湿地灌丛、河谷沼泽、河床沙地、路旁石砾地或沟边、湖边向阳湿处。

【经济价值】根或全草入药。嫩苗嫩叶可作沙拉凉菜。可用于观赏。

314. 毛脉柳叶菜（黑龙江柳叶菜）
Epilobium amurense

【科属】柳叶菜科 Onagraceae 柳叶菜属 *Epilobium*

【形态特征】与柳叶菜的区别在于：植株矮小，高50cm，不分枝或有少数分枝，上部被曲柔毛与腺毛，中下部有时甚至上部常有2条明显的毛棱线，其余无毛。叶对生，花序上的互生，卵形，有时长圆状披针形，先端锐尖，有时近渐尖或钝，基部圆或宽楔形，边缘有锐齿，侧脉4～6对，脉上与边缘有曲柔毛，其余无毛；近无柄或茎下部的有很短的柄。花小，花瓣白、粉红色或玫瑰紫色，倒卵形。蒴果疏被柔毛或无毛。花期7～8月，果期8～10月。

【分布生境】分布于北京、河北、山西、吉林、福建、江西、河南、湖北、湖南、广东、广西、重庆、四川、贵州、云南、西藏、陕西、甘肃、青海、宁夏、台湾。山西各林区均有分布。生于海拔1300～2000m林缘、山区溪边、沼泽地或草坡湿润处。

【经济价值】带根全草入药。

315. 锦葵（棋盘花、小钱花、钱葵）
Malva cathayensis

【科属】锦葵科 Malvaceae 锦葵属 *Malva*

【形态特征】二年生或多年生直立草本。分枝多，疏被粗毛。单叶互生，叶圆心形或肾形，边缘具圆锯齿，托叶偏斜，卵形，具锯齿。花3～11朵簇生；花紫红色或白色。果扁圆形，分果爿9～11枚，肾形，被柔毛。花果期5～10月。

【分布生境】分布于北京、天津、河北、山西、辽宁、吉林、黑龙江、江苏、浙江、安徽、福建、江西、山东、河南、

湖北、湖南、广东、广西、重庆、四川、贵州、云南、西藏、陕西、甘肃、青海、宁夏、新疆、台湾。山西各林区均有分布。

【经济价值】供观赏。花和叶入药。

316. 草瑞香（粟麻）

Diarthron linifolium

【科属】瑞香科 Thymelaeaceae 草瑞香属 *Diarthron*

【形态特征】多年生草本。扫帚状，小枝纤细，茎下部淡紫色。单叶互生，草质，线形至线状披针形或狭披针形，全缘，微反卷，有时散生少数白色纤毛。花两性，较小，绿色，顶生总状花序。坚果卵形或圆锥状，黑色。果皮膜质，无毛。花期 5 ～ 7 月，果期 6 ～ 8 月。

【分布生境】分布于北京、天津、河北、山西、内蒙古、辽宁、吉林、黑龙江、江苏、安徽、山东、河南、陕西、甘肃、宁夏、新疆。山西中南部山区均有分布。生于海拔 500 ～ 1400m 阳坡、半阳坡林缘或山坡河滩地。

【经济价值】根及茎皮入药。

317. 狼毒（瑞香狼毒、断肠草、火柴头花、狗蹄子花）

Stellera chamaejasme

【科属】瑞香科 Thymelaeaceae 狼毒属 *Stellera*

【形态特征】多年生草本。根茎木质，粗壮，圆柱形，不分枝或分枝，表面棕色，内面淡黄色。茎绿色，有时带紫色，基部木质化，有时具棕色鳞片。叶互生，稀对生或近轮生，薄纸质，披针形或长圆状披针形，稀长圆形，边缘全缘，两面无毛。花白色、黄色至带紫色，芳香；多花的头状花序，顶生，圆球形；花萼筒细瘦，具明显纵脉，基部略膨大，无毛，裂片 5，卵状长圆形。小坚果圆锥形，上部或顶部有灰白色柔毛，为宿存的花萼筒所包围。花期 4 ～ 6 月，果期 7 ～ 9 月。

【分布生境】分布于北京、天津、河北、山西、内蒙古、辽宁、吉林、黑龙江、江苏、浙江、福建、河南、湖南、广西、四川、贵州、云南、西藏、陕西、甘肃、青海、宁夏、新疆。山西中南部山区均有分布。生于海拔 1300 ～ 3000m 干燥而向

阳的山地林缘、山坡草地或河滩台地。

【经济价值】根入药，有大毒。可用于观赏。

318. 蒙古葶苈（毛果蒙古葶苈）
Draba mongolica

【科属】十字花科 Brassicaceae 葶苈属 *Draba*

【形态特征】多年丛生草本。根茎分枝多，分枝茎下部宿存纤维状枯叶，上部簇生莲座状叶。茎直立，单一或分枝，被灰白色小星状毛、分枝毛或单毛。莲座状茎生叶披针形，全缘，茎生叶长卵形，基部宽，无柄或近于抱茎，叶缘有齿。总状花序有花 10～20 朵，密集成伞房状，花白色，少有硫黄色。短角果卵形或狭披针形，扁平或扭转，呈近于直角开展或贴近花序轴。花果期 6～7 月。

【分布生境】分布于天津、河北、山西、内蒙古、吉林、四川、青海、新疆。山西中南部山区均有分布。生于海拔 1400～3900m 阴坡林缘或高山草地。

【经济价值】种子含油，可供制皂工业用。

319. 蔊菜（印度蔊菜）
Rorippa indica

【科属】十字花科 Brassicaceae 蔊菜属 *Rorippa*

【形态特征】一或二年生草本。茎单一或分枝，具纵沟。单叶互生，基生叶及茎下部叶具长柄，常大头羽状分裂，顶裂片大，卵状披针形，具不整齐牙齿，侧裂片 1～5 对；茎上部叶宽披针形或近匙形，疏生齿，具短柄或基部耳状抱茎。总状花序顶生或侧生，花小，多数；花冠黄色，匙形，基部渐狭成短爪，与萼片近等长。长角果线状圆柱形，短而粗。花期 4～6 月，果期 6～8 月。

【分布生境】分布于天津、河北、山西、内蒙古、辽宁、上海、江苏、浙江、安徽、福建、江西、山东、河南、湖北、湖南、广东、广西、海南、重庆、四川、贵州、云南、西藏、陕西、甘肃、青海、台湾、香港。山西南部山区有分布。生于海拔 1700m 以下山坡林缘、路旁田边或屋

边墙脚较潮湿处。

【经济价值】全草入药。

果期 6 ～ 8 月。

【分布生境】分布于北京、天津、河北、山西、辽宁、吉林、黑龙江、江苏、安徽、山东、河南、湖南、广西、四川、云南、西藏、陕西、青海、新疆。生于海拔 2000m 以下阴坡林缘、潮湿环境或近水处。

【经济价值】种子含油量达 30%，可供食用及工业用。嫩株可作饲料。

320. 沼生蔊菜（风花菜）
Rorippa palustris

【科属】十字花科 Brassicaceae 蔊菜属 *Rorippa*

【形态特征】与蔊菜的区别在于：叶羽状深裂或大头羽裂，长圆形至狭长圆形，边缘不规则浅裂或呈深波状，基部耳状抱茎。短角果椭圆形或近圆柱形，有时稍弯曲，果瓣肿胀。花期 4 ～ 7 月，

321. 紫花碎米荠（紫花弯蕊芥）
Cardamine purpurascens

【科属】十字花科 Brassicaceae 碎米荠属 *Cardamine*

【形态特征】多年生草本。根茎具丛生白色小鳞茎。茎表面具沟棱，疏被长毛。奇羽复叶互生，基生叶具小叶 4 ～ 5 对，顶生小叶菱状卵形，顶端 3 浅裂；侧生小叶卵形或椭圆形，全缘或具钝齿，茎生叶

具小叶 5 ～ 6 对；顶生小叶与侧生小叶均为卵形或披针形，顶端全缘或具 1 ～ 3 裂齿，全部小叶两面均被柔毛。总状花序顶生，萼片带紫色，花紫色。长角果线形，扁平，熟时常自下而上开裂或弹裂卷起。花期 5 ～ 7 月，果期 6 ～ 8 月。

【分布生境】分布于河北、山西、陕西、甘肃、青海、四川、云南、西藏。山西南部山区均有分布。生于海拔 1000 ～ 3200m 的山沟草地或林下阴湿处。

【经济价值】全草食用，亦供药用。可作为观赏植物栽植于湿地公园、道路两旁绿化树下，成片栽植绿意盎然，花期紫花点缀，别有一番美化效果。

322. 白花碎米荠
Cardamine leucantha

【科属】十字花科 Brassicaceae 碎米荠属 *Cardamine*

【形态特征】与紫花碎米荠的区别在于：花瓣白色。花期 4 ～ 7 月，果期 6 ～ 8 月。

【分布生境】分布于北京、天津、河北、山西、内蒙古、辽宁、吉林、黑龙江、江苏、浙江、安徽、江西、河南、湖北、湖南、四川、西藏、陕西、甘肃、宁夏。山西南部山区均有分布。生于海拔 2000m 以下杂木林下、山谷沟边或山坡湿草地。

【经济价值】全草及根状茎入药。嫩苗可作野菜食用。全草晒干，民间用以代茶叶。

323. 裸茎碎米荠
Cardamine scaposa

【科属】十字花科 Brassicaceae 碎米荠属 *Cardamine*

【形态特征】多年生草本。全株无毛。根状茎匍匐生长，其上有小的淡黄白色瘤状突起和枯萎的叶柄残基。基生叶为单叶，近于圆形或肾状圆形，边缘波状，无茎生叶。总状花序顶生，花瓣白色，倒卵形。长角果扁平，光滑无毛。花期 5 ～ 6 月，果期 7 月。

【分布生境】分布于北京、天津、河

北、山西、陕西。山西南部山区均有分布。生于海拔 1500m 以下林下及灌丛阴湿处。

【经济价值】全草入药。

324. 糖芥

Erysimum amurense

【科属】十字花科 Brassicaceae 糖芥属 *Erysimum*

【形态特征】一年或二年生草本。密生伏贴二叉毛。单叶互生，基生叶披针形或线形，全缘，两面被丁字毛；茎生叶无柄，基部近抱茎，具波状浅齿或近全缘。总状花序顶生，花较大；萼片长圆形，密被丁字毛，边缘膜质；花瓣橘黄色，倒披针形。长角果线形，稍呈四棱形。花期 6～8 月，果期 7～9 月。

【分布生境】分布于北京、天津、河北、山西、内蒙古、辽宁、黑龙江、江苏、浙江、河南、湖北、四川、贵州、西藏、陕西、青海。山西各林区均有分布。生于海拔 700～3000m 山坡林缘或路边灌丛。

【经济价值】全草和种子入药。

325. 山萮菜（细弱山萮菜、云南山萮菜）

Eutrema yunnanense

【科属】十字花科 Brassicaceae 山萮菜属 *Eutrema*

【形态特征】多年生草本。根茎横卧。近地面处生数茎，表面有纵沟，上部有单毛。单叶，基生叶片近圆形，边缘具波状齿或牙齿；茎生叶长卵形或卵状三角形，边缘有波状齿或锯齿。花序密集呈伞房状，果期伸长；花瓣白色，长圆形。角果长圆筒状，果梗纤细，向下反折，角果常翘起。花果期 3～7 月。

【分布生境】分布于山西、江苏、浙江、安徽、湖南、广西、重庆、四川、云南、陕西、甘肃。山西历山国家级自然保护区有分布。生于海拔 700～2500m 林下、山坡草地或山谷沟边。

【经济价值】根茎研磨成酱，具有强烈的香辛味，作为吃生鱼片的调味料。地上茎叶可直接作新鲜蔬菜。山萮菜酱或汁液用纱布包裹贴敷患处，能减轻神经疼痛。

326. 蓝雪花（蓝花丹、角柱花）
Ceratostigma plumbaginoides

【科属】白花丹科 Plumbaginaceae 蓝雪花属 *Ceratostigma*

【形态特征】多年生直立草本。地下茎节上有一红褐至褐色鳞片。地上茎细弱，枝上部的棱上有稀少硬毛，被细小钙质颗粒。单叶互生，叶宽卵形或倒卵形。花序生于枝端，花冠筒部紫红色，裂片蓝色，倒三角形，花药蓝色。蒴果椭圆状卵形，淡黄褐色。种子红褐色，粗糙，有棱，先端约 1/3 渐细成喙。花期 7～9 月，果期 8～10 月。

【分布生境】中国特产。分布于北京、山西、江苏、河南、重庆、四川、贵州。山西中条山有，分布于晋城、阳城等地。生于海拔 1000m 以下阴湿林缘或坡地。

【经济价值】叶色翠绿，花色淡雅，炎热的夏季给人以清凉感觉，可盆栽点缀居室、阳台，是 2008 年奥运会期间装饰北京环境的新优观花花卉之一。

327. 卷茎蓼（蔓首乌、卷旋蓼）
Fallopia convolvulus

【科属】蓼科 Polygonaceae 藤蓼属 *Fallopia*

【形态特征】一年生草本。茎缠绕，具纵棱，具小突起。单叶互生，叶卵形或心形，全缘，托叶鞘膜质，偏斜，无缘毛。花序总状，腋生或顶生，花稀疏，下部间断；有时成花簇，生于叶腋；花被 5 深裂，淡绿色，边缘白色，花被片长椭圆形。瘦果椭圆形，具 3 棱，黑色，密被小颗粒，无光泽，包于宿存花被内。花期 5～8 月，果期 6～9 月。

【分布生境】分布于北京、河北、山西、内蒙古、辽宁、吉林、黑龙江、上海、浙江、山东、河南、湖北、重庆、四川、贵州、云南、西藏、陕西、甘肃、宁夏、新疆。山西各林区均有分布。生于海拔 3500m 以下疏林、山坡林缘、山谷灌丛或沟边湿地。

【经济价值】种子入药。

328. 翼蓼
Pteroxygonum giraldii

【科属】蓼科 Polygonaceae 翼蓼属 *Pteroxygonum*

【形态特征】多年生草本。块根粗壮，近圆形，横断面暗红色。茎攀缘，圆柱形，中空，具细纵棱，无毛或被疏柔毛。单叶，2～4 簇生，叶片三角状卵形或三角形，叶面无毛，叶背叶脉疏生短柔毛，边缘具短缘毛；托叶鞘膜质，宽卵形顶端急尖，基部被短柔毛。花序总状腋生，苞片窄卵状被针形，花被白色，花被片椭圆形。瘦果卵形，黑色，具 3 锐棱，沿棱具黄褐色膜质翅，基部具 3 个黑色角状附属物，果柄粗，具 3 个下延窄翅。花期 6～8 月，果期 7～9 月。

【分布生境】分布于北京、天津、河北、山西、上海、河南、湖北、四川、贵州、陕西、甘肃。山西中南部山区均有分布。生于海拔 600～2000m 山谷灌丛、山坡路旁或沟边石缝中。

【经济价值】块根入药。

329. 波叶大黄（华北大黄、长叶波叶大黄）
Rheum rhabarbarum

【科属】蓼科 Polygonaceae 大黄属 *Rheum*

【形态特征】多年生直立草本。茎具细沟纹，粗糙。单叶互生，基生叶较大，叶片心状卵形到宽卵形，边缘具皱波，叶面灰绿色或蓝绿色，叶背暗紫红色，被短毛；茎生叶较小，叶片三角状卵形，越向上叶柄越短至近无柄，托叶鞘抱茎，棕褐色，外面被短硬毛。大型圆锥花序，花黄白色。瘦果宽椭圆形到矩圆状椭圆形，两端微凹，有时近心形，棱扩展成翅状。花期 6 月，果期 6～7 月。

【分布生境】分布于北京、天津、河北、山西、内蒙古、河南、湖南、四川、西藏、陕西、甘肃、青海、宁夏。山西各林区均有分布。生于海拔 1000～2500m 林缘或山坡石滩。

【经济价值】根及根状茎可入药。嫩茎叶可食用，新鲜茎可用于制作果酱。

330. 巴天酸模（羊蹄）
Rumex patientia

【科属】蓼科 Polygonaceae
酸模属 *Rumex*

【形态特征】多年生草本。茎粗壮，具细条纹，有棱槽。基生叶或茎下部叶长圆形或长圆状披针形，基部圆形或微心形，稀为楔形，全缘，有波状起伏；茎上部叶较窄而小，近无柄，托叶鞘筒状，膜质，易破裂。圆锥状花序顶生。瘦果卵形，具3锐棱，顶端渐尖，褐色，有光泽。花期5～6月，果期6～7月。

【分布生境】分布于北京、天津、河北、山西、内蒙古、辽宁、吉林、黑龙江、上海、江苏、浙江、江西、山东、河南、湖北、湖南、重庆、四川、西藏、陕西、甘肃、青海、宁夏、新疆。山西各林区均有分布。生于海拔 3500m 以下阴坡林缘、沟边湿地或路边荒地。

【经济价值】根入药。

331. 皱叶酸模（土大黄）
Rumex crispus

【科属】蓼科 Polygonaceae
酸模属 *Rumex*

【形态特征】多年生草本。根粗壮，黄褐色。茎具浅沟槽。基生叶披针形或狭披针形，边缘皱波状；茎生叶较小狭披针形，托叶鞘膜质，易破裂。花序狭圆锥状，花序分枝近直立或上升，花两性，淡绿色。瘦果卵形，顶端急尖，具 3 锐棱，暗褐色。花期 5 ～ 6 月，果期 6 ～ 7 月。

【分布生境】分布于北京、天津、河北、山西、内蒙古、辽宁、吉林、黑龙江、浙江、江西、山东、河南、湖北、湖南、广东、广西、重庆、四川、贵州、云南、西藏、陕西、甘肃、青海、宁夏、新疆、台湾。山西中南部山区均有分布。生于海拔 2500m 以下阴坡林缘、路边湿地或河滩荒地。

【经济价值】根入药。

332. 尼泊尔蓼
Persicaria nepalensis

【科属】蓼科 Polygonaceae 蓼属 *Persicaria*

【形态特征】一年生草本。茎外倾或斜上，基部分枝，无毛或节部疏被腺毛。单叶互生，茎下部叶卵形或三角状卵形，沿叶柄下延成翅，两面无毛或疏被刺毛，疏生黄色透明腺点；茎上部较小，近无柄或抱茎，托叶鞘膜质，淡褐色，基部具刺毛。花序头状，基部常具 1 叶状总苞片；花被 4 裂，淡红色或白色，长圆形。瘦果宽卵形，双凸镜状，黑色，包于宿存花被内。花期 5 ～ 8 月，果期 7 ～ 10 月。

【分布生境】除新疆外，全国各地均有分布。山西各林区均有分布。生于海拔 1000 ～ 4000m 山坡林缘、山谷路旁或沟边草地。

【经济价值】茎、叶柔软，为优等牧草，各种家畜喜食。

333. 拳参（拳蓼）
Bistorta officinalis

【科属】蓼科 Polygonaceae 拳参属 *Bistorta*

【形态特征】多年生草本。根状茎肥厚，弯曲，黑褐色。单叶互生，基生叶宽披针形或狭卵形，纸质，沿叶柄下延成翅，边缘外卷，微呈波状；茎生叶披针形或线形，无柄，托叶筒状，膜质，下部绿色，上部褐色。总状花序呈穗状，紧密圆柱形顶生，花被白色或淡红色。瘦果椭圆形，两端尖，褐色。花期 6 ～ 7 月，果期 8 ～ 9 月。

【分布生境】分布于北京、天津、河北、山西、内蒙古、辽宁、吉林、黑龙江、江苏、浙江、安徽、江西、山东、河南、湖北、云南、陕西、甘肃、青海、

新疆。山西各林区均有分布。生于海拔800～3000m山地林缘、山坡草地或山顶草甸。

【经济价值】根状茎入药。

334. 支柱蓼（红三七）

Bistorta suffulta

【科属】蓼科 Polygonaceae 拳参属 *Bistorta*

【形态特征】多年生草本。根状茎呈念珠状，黑褐色。茎细弱。基生叶卵形或长卵形，先端渐尖或尖，基部心形，疏生短缘毛，两面无毛或疏被柔毛，全缘；茎生叶卵形，具短柄，最上部叶基部抱茎，托叶鞘膜质，褐色。穗状花序，紧密，花被白色或淡红色。瘦果宽椭圆形，具3锐棱，黄褐色。花期6～7月，果期7～10月。

【分布生境】分布于北京、天津、河北、山西、浙江、安徽、江西、河南、湖北、湖南、重庆、四川、贵州、云南、西藏、陕西、甘肃、青海、宁夏。山西中南部山区均有分布。生于海拔1300～4000m林下湿地、山坡路旁及沟边草地。

【经济价值】根状茎入药。

335. 蔓孩儿参（蔓假繁缕）

Pseudostellaria davidii

【科属】石竹科 Caryophyllaceae 孩儿参属 *Pseudostellaria*

【形态特征】多年生草本。块根纺锤形。茎匍匐，细弱，稀疏分枝。单叶对生，卵形，先端尖，基部近圆，具缘毛。花单生于茎中部以上叶腋，花梗细；萼片4枚，窄披针形，被柔毛；花瓣5枚，白色，长倒卵形，全缘，比萼片长1倍。蒴果宽卵圆形，稍长于宿存萼。花期5～7月，果期7～8月。

【分布生境】分布于北京、天津、河北、山西、内蒙古、辽宁、吉林、黑龙江、浙江、安徽、福建、江西、山东、河南、湖北、广西、四川、云南、西藏、陕西、甘肃、青海。山西中南部山区均有分布。生于海拔3500m以下林下、林缘、溪旁或石质山坡。

【经济价值】块根入药，可补气健脾，生津润肺。

336. 卷耳（细叶卷耳、狭叶卷耳）

Cerastium arvense* subsp. *strictum

【科属】石竹科 Caryophyllaceae 卷耳属 *Cerastium*

【形态特征】多年生草本。茎基部匍匐，上部直立，绿色并带淡紫红色，下部被下向的毛，上部混生腺毛。单叶对生，叶片线状披针形或长圆状披针形，抱茎，被疏长柔毛，叶腋具不育短枝。聚伞花序顶生，花瓣 5 枚，白色，倒卵形，比萼片长 1 倍或更长。蒴果长圆形，顶端倾斜。花期 5～8 月，果期 7～9 月。

【分布生境】分布于河北、山西、内蒙古、陕西、甘肃、宁夏、青海、新疆、四川。山西中南部山区均有分布。生于海拔 800～2600m 高山草地、林缘或丘陵区。

【经济价值】块根入药。

337. 鹅肠菜（牛繁缕、鹅儿肠、鹅肠草）

Stellaria aquatica

【科属】石竹科 Caryophyllaceae 繁缕属 *Stellaria*

【形态特征】二年生或多年生草本，具须根。茎外倾或上升，上部被腺毛。单叶对生，叶片卵形或宽卵形，先端尖，基部近圆或稍心形，边缘波状；上部叶常无柄，有时边缘具毛。顶生二歧聚伞花序，花瓣白色，2 深裂至基部，裂片线形或披针状线形。蒴果卵圆形，稍长于宿存萼。花期 5～8 月，果期 6～9 月。

【分布生境】分布于北京、天津、河北、山西、辽宁、吉林、黑龙江、上海、江苏、浙江、安徽、福建、江西、山东、河南、湖北、湖南、广东、广西、海南、重庆、四川、贵州、云南、西藏、陕西、甘肃、青海、新疆、台湾、香港。山西中南部山区均有分布。生于海拔 350～2700m 林缘、灌丛、水沟旁或河流两旁冲积沙地的低湿处。

【经济价值】全草供药用。幼苗可作

野菜和饲料。

338. 沼生繁缕

Stellaria palustris

【科属】石竹科 Caryophyllaceae 繁缕属 *Stellaria*

【形态特征】多年生草本。全株无毛，灰绿色，沿茎棱、叶缘和中脉背面粗糙，均具小乳凸。茎 4 棱。单叶对生，叶片线状披针形至线形，无柄，带粉绿色。二歧聚伞花序；萼片卵状披针形；花瓣白色，较萼片稍短，2 深裂近基部，裂片近线形。蒴果卵状长圆形。花期 6～7 月，果期 7～8 月。

【分布生境】分布于北京、河北、山西、内蒙古、辽宁、黑龙江、安徽、山东、河南、湖北、湖南、重庆、四川、云南、陕西、甘肃、青海、宁夏。山西南部山区均有分布。生于海拔 1000～3600m 山坡草地或山谷疏林地。

339. 中国繁缕（雅雀子窝）

Stellaria chinensis

【科属】石竹科 Caryophyllaceae 繁缕属 *Stellaria*

【形态特征】多年生草本。茎具 4 棱，

无毛。单叶对生，叶片卵形至卵状披针形，全缘，两面无毛，有时带粉绿色，叶干时边缘波状，茎下部叶具柄。聚伞花序腋生，疏散，花序梗细长；苞片膜质；萼片 5，披针形；花白色，花瓣 5，短于萼片，2 深裂，裂片窄披针形，雄蕊与花瓣近等长。蒴果，比宿存萼稍长或等长，6 齿裂。花期 5～6 月，果期 7～8 月。

【分布生境】分布于北京、天津、河北、山西、江苏、浙江、安徽、福建、江西、山东、河南、湖北、湖南、广西、重庆、四川、贵州、云南、陕西、甘肃。山西中南部山区均有分布。生于海拔 160～2500m 林下、灌丛或阴湿石缝中。

【经济价值】全草入药。也可作饲料。

340. 石生蝇子草（太子参、山女娄菜、蝇子草、麦瓶草、石生麦瓶草）

Silene tatarinowii

【科属】石竹科 Caryophyllaceae 蝇子草属 *Silene*

【形态特征】多年生草本。全株被柔毛。根纺锤形或倒圆锥形，黄白色。茎长达80cm，分枝稀疏。单叶对生，卵状披针形或披针形，稀卵形，基部近圆，骤窄成短柄，两面疏被柔毛，具缘毛，基出脉3。二歧聚伞花序多花，疏散，花梗细，被柔毛；花萼筒状，10纵脉绿色，有时紫色，萼齿三角状卵形；花瓣白色，爪倒披针形，内藏或微伸出花萼，瓣片2浅裂达1/4，两侧中部各具1小裂片，副花冠椭圆形。蒴果卵圆形或长卵圆形，短于宿萼。花期7～8月，果期8～10月。

【分布生境】分布于北京、天津、河北、山西、内蒙古、河南、湖北、湖南、重庆、四川、贵州、云南、西藏、陕西、甘肃、宁夏。山西中南部山区均有分布。生于海拔800～2900m疏林、灌丛、石质的山坡或岩石缝中。

【经济价值】块根入药。也可作饲料，花冠奇特，可在公园、花圃栽培供观赏。

341. 石竹（长萼石竹、北石竹、林生石竹、高山石竹）

Dianthus chinensis

【科属】石竹科 Caryophyllaceae 石竹属 *Dianthus*

【形态特征】多年生草本。全株无毛，带粉绿色。茎由根颈生出，疏丛生，直立，上部分枝。单叶对生，线状披针形，先端渐尖，基部稍窄，全缘或具微齿。花单生或成聚伞花序；花萼筒形，具纵纹，萼齿披针形，先端尖；花紫红色、粉红色、鲜红色或白色，瓣片倒卵状三角形，先端不整齐齿裂，喉部具斑纹，疏生髯毛。蒴果圆筒形，包于宿存萼内，顶端4裂。花期5～6月，果期7～9月。

【分布生境】全国各地均有分布。山西各林区均有分布。生于林缘沙地、山坡灌丛、山地草甸及河滩石砾地。

【经济价值】根和全草入药。是很好的观赏花卉。

342. 瞿麦
Dianthus superbus

【科属】石竹科 Caryophyllaceae 石竹属 *Dianthus*

【形态特征】与石竹的区别在于：花1或2朵生枝端；花萼筒形，常带红紫色，萼齿披针形；花瓣淡红色或带紫色，稀白色，瓣片宽倒卵形，上缘细裂成流苏状，喉部具髯毛。蒴果筒形，与宿萼等长或稍长，顶端4裂。花期6～9月，果期8～10月。

【分布生境】全国各地均有分布。山西各林区均有分布。生于海拔400～3200m疏林、林缘、丘陵山地或山顶草甸。

【经济价值】全草入药。也可作农药，能杀虫。

343. 长蕊石头花（长蕊丝石竹、霞草、山蚂蚱菜）
Gypsophila oldhamiana

【科属】石竹科 Caryophyllaceae 石头花属 *Gypsophila*

【形态特征】多年生草本。根粗壮，木质化，淡褐色至灰褐色。茎数个由根颈处生出，二歧或三歧分枝，开展，老茎常红紫色。单叶对生，叶片近革质，稍厚，长圆形，先端短凸尖，两叶基相连成短鞘状，微抱茎，基脉3～5，稍肉质。伞房状聚伞花序较密集，顶生或腋生，无毛；花萼钟形或漏斗状，膜质，具缘毛；花瓣粉红色，倒卵状长圆形，长于花萼1倍，顶端截形或微凹；雄蕊明显长于花瓣。蒴果卵球形，稍长于宿萼，顶端4裂。花期6～9月，果期8～10月。

【分布生境】分布于北京、天津、河北、山西、内蒙古、辽宁、吉林、黑龙江、江苏、浙江、安徽、山东、河南、湖北、广东、广西、四川、陕西、甘肃、宁夏、新疆。山西中条山有分布。生于海拔 2000m 以下疏林、灌丛、沟边岩石缝隙、山坡草地或沙滩乱石间。

【经济价值】根可入药。根的水浸剂可防治蚜虫、红蜘蛛、地老虎等，可用于洗涤毛、丝织品。全草可作猪饲料。可栽培供观赏。

344. 牛膝（牛磕膝、倒扣草、怀牛膝）
Achyranthes bidentata

【科属】苋科 Amaranthaceae 牛膝属 *Achyranthes*

【形态特征】多年生草本。根圆柱形，土黄色。茎有棱角或四方形，绿色或带紫色，几无毛，节部膝状膨大，分枝对生。单叶对生，椭圆形或椭圆披针形，顶端尾尖，基部楔形或宽楔形。穗状花序顶生及腋生，花多数，密生，苞片宽卵形，顶端长渐尖；小苞片刺状，顶端弯曲，基部两侧各有 1 卵形膜质小裂片；花被片 5 枚，披针形，绿色。胞果矩圆形，黄褐色，光滑。花期 7～9 月，果期 9～10 月。

【分布生境】除东北地区外全国各地均有分布。山西中条山有分布。生于海拔 2000m 以下山坡林下、河滩草地。

【经济价值】根可入药。

345. 藜（灰条菜）
Chenopodium album

【科属】苋科 Amaranthaceae 藜属 *Chenopodium*

【形态特征】一年生草本。茎具条棱及绿色或紫红色色条。单叶互生，菱状，

卵形至宽披针形，边缘具不整齐锯齿。花两性，花簇于枝上部排列成穗状圆锥状花序；花被扁球形或球形，5深裂，裂片宽卵形或椭圆形，背面具纵脊，先端钝或微凹，边缘膜质。果皮与种子贴生。花果期5～10月。

【分布生境】全国各地均有分布。山西各林区均有分布。生于疏林、林缘、丘陵山地或田间路旁。

【经济价值】幼苗可作蔬菜用。全草可入药。

346. 杂配藜（血见愁、大叶藜）
Chenopodiastrum hybridum

【科属】苋科 Amaranthaceae 麻叶藜属 *Chenopodiastrum*

【形态特征】与藜的区别在于：叶宽卵形或卵状三角形，两面近同色，幼嫩时有粉粒，先端尖或渐尖，基部圆、平截或稍心形，边缘掌状浅裂，裂片三角形，不等大。花被5裂，裂片窄卵形，先端钝，背面具纵脊、边缘膜质。胞果果皮膜质，常有白色斑点。花果期7～9月。

【分布生境】分布于北京、天津、河北、山西、内蒙古、辽宁、吉林、黑龙江、山东、河南、广东、重庆、四川、云南、西藏、陕西、甘肃、青海、宁夏、新疆。山西中南部山区均有分布。生于林缘、灌丛、山坡沟边或田间路旁。

【经济价值】田间杂草，全草可入药。

347. 商陆（猪母耳、见肿消、山萝卜）
Phytolacca acinosa

【科属】商陆科 Phytolaccaceae 商陆属 *Phytolacca*

【形态特征】多年生草本。全株无毛。根肉质，倒圆锥形。茎有纵沟，肉质，绿色或红紫色，多分枝。叶大形，互生，叶片薄纸质，椭圆形、长椭圆形或披针状椭圆形，两面散生细小白色斑点（针晶体）。总状花序顶生或与叶对生，直立，多花密

生；花被片5枚，花被片白色、黄绿色；花药粉红色。果序直立，浆果扁球形，熟时紫黑色。花期5～8月，果期6～10月。

【分布生境】除青海、新疆外，全国各地均有分布。山西南部山区均有分布。生于海拔500～3000m的沟谷、山坡林下或林缘路旁。

【经济价值】根入药。可作兽药及农药。果实含鞣质，可提制栲胶。嫩茎叶可供蔬食。

348. 窄萼凤仙花

Impatiens stenosepala

【科属】凤仙花科 Balsaminaceae 凤仙花属 *Impatiens*

【形态特征】一年生直立草本。茎和枝上有紫色或红褐色斑点。单叶互生，矩圆形或矩圆状披针形，先端尾状渐尖，基部楔形，边缘有圆锯齿，基部有少数缘毛状腺体。总花梗腋生，有花1～2朵，花梗纤细；花大，紫红色；侧生萼片4枚，外面2枚条状披针形，内面的2枚条形；旗瓣宽肾形，先端微凹，翼瓣无柄，2裂，唇瓣囊状，基部圆形，有内弯的短矩。蒴果纺锤状，中部膨大。花果期7～9月。

【分布生境】分布于山西、河南、湖北、湖南、重庆、四川、贵州、陕西、甘肃。山西中条山有分布。生于海拔800～1800m山坡林下、山沟水旁或草丛中。

【经济价值】全草和种子均入药。具有很高的观赏价值。适于作花坛应用或盆栽。

349. 水金凤

Impatiens noli-tangere

【科属】凤仙花科 Balsaminaceae 凤仙花属 *Impatiens*

【形态特征】与窄萼凤仙花的区别在于：叶片卵形或卵状椭圆形，先端钝，稀

急尖，基部圆钝或宽楔形，边缘有粗圆齿状齿，齿端具小尖，两面无毛，叶面深绿色，叶背灰绿色。总状花序具2～4花，花黄色；旗瓣圆形，背面中肋具绿色鸡冠状突起，顶端具短喙尖，翼瓣无柄，2裂，近基部散生橙红色斑点，唇瓣宽漏斗状，喉部散生橙红色斑点，基部渐狭成长内弯的距。蒴果线状圆柱形。花果期7～9月。

【分布生境】分布于北京、天津、河北、山西、内蒙古、辽宁、吉林、黑龙江、浙江、江西、山东、河南、湖北、湖南、广东、广西、重庆、四川、贵州、云南、陕西、甘肃、青海、新疆。山西各林区均有分布。生于海拔900～2400m的山坡林下、林缘草地或沟边。

【经济价值】全草入药。

350. 花荵

Polemonium caeruleum

【科属】花荵科 Polemoniaceae 花荵属 *Polemonium*

【形态特征】多年生直立草本。不分枝。羽状复叶，互生，小叶长卵形至披针形，全缘，无小叶柄。聚伞圆锥花序，顶生或上部腋生，疏生多花，花冠钟状，蓝紫色，裂片倒卵形。蒴果球形，包于宿萼内。种子褐色，纺锤形。花期6～7月，果期8～9月。

【分布生境】分布于北京、河北、山西、吉林、四川、甘肃。山西中南部山区均有分布。生于海拔1000～2700m的山谷疏林、山坡草丛、路边灌丛及溪流湿地。

【经济价值】根与根状茎入药。

351. 点地梅

Androsace umbellata

【科属】报春花科 Primulaceae 点地梅属 *Androsace*

【形态特征】一年生或二年生草本。叶全部基生，叶片近圆形或卵圆形，边缘具三角状钝牙齿，两面均被短柔毛。花莛通常数枚自叶丛中抽出，被白色短柔毛。伞形花序，花冠白色，喉部黄色。蒴果近球形，果皮白色，近膜质。花期2～4月，

果期5～6月。

【分布生境】分布于北京、天津、河北、山西、内蒙古、辽宁、吉林、黑龙江、上海、江苏、浙江、安徽、江西、山东、河南、湖北、湖南、广西、重庆、四川、贵州、云南、陕西、甘肃、宁夏、台湾。山西中南部山区均有分布。生于海拔700～2000m林缘、草地及疏林下。

【经济价值】全草入药。

352. 胭脂花

Primula maximowiczii

【科属】报春花科 Primulaceae 报春花属 *Primula*

【形态特征】多年生草本。全株无粉。根状茎短，黄白色。叶基生，倒卵状椭圆形、狭椭圆形至倒披针形，边缘具三角形小牙齿，稀近全缘；叶柄具膜质宽翅。伞形花序，花莛稍粗壮；花冠暗朱红色；冠筒管状，喉部有环状突起，裂片狭矩圆形，全缘，通常反折贴于冠筒上，稍长于花萼。蒴果圆柱形。花期5～6月，果期7月。

【分布生境】分布于北京、天津、河北、山西、内蒙古、黑龙江、河南、四川、贵州、云南、陕西、甘肃、青海、宁夏、新疆。山西中南部山区均有分布。生于海拔1800～2800m林下、林间草地、亚高山草甸或林缘湿润处。

【经济价值】全草入药。花美丽，可引种栽培供观赏。植株低矮，适宜在岩石园栽植及灌木丛旁作地被材料。种子的胚乳可加工香料，制成化妆用香粉。

353. 河北假报春

Cortusa matthioli subsp. *pekinensis*

【科属】报春花科 Primulaceae 假报春属 *Cortusa*

【形态特征】多年生草本。根状茎细弱。叶基生，叶片轮廓肾状圆形或近圆形，掌状7～11裂，裂深达叶片的1/3或有时近达中部，裂片通常长圆形，边缘有不规整的粗牙齿，顶端3齿较深，常呈3浅裂状。伞形花序，花冠紫红色，钟状。蒴果椭圆形，光滑。花期6月，果期7～8月。

【分布生境】分布于北京、天津、河

北、山西、湖北、四川、陕西、甘肃、宁夏。山西中北部山区均有分布。生于海拔1600～2800m山坡林下、林缘、灌丛或溪边。

【经济价值】可引种栽培作观赏植物。

354. 狼尾花（珍珠菜、虎尾草）
Lysimachia barystachys

【科属】报春花科 Primulaceae 珍珠菜属 *Lysimachia*

【形态特征】多年生草本。具横走的根茎，全株密被柔毛。单叶互生或近对生，叶片矩圆状披针形或倒披针形。总状花序顶生，花密集，常向一侧弯曲呈尾状；花冠白色，雄蕊内藏，常有暗紫色短腺条。蒴果近球形；种子多数，红棕色。花期5～8月，果期8～10月。

【分布生境】分布于北京、天津、河北、山西、内蒙古、辽宁、吉林、黑龙江、江苏、浙江、安徽、江西、山东、河南、

湖北、湖南、重庆、四川、贵州、云南、陕西、甘肃、青海。山西各林区均有分布。生于海拔1000～2000m山坡林缘、路旁灌丛或草甸。

【经济价值】全草入药。

355. 狭叶珍珠菜
Lysimachia pentapetala

【科属】报春花科 Primulaceae 珍珠菜属 *Lysimachia*

【形态特征】一年生草本，全体无毛。茎多分枝，密被褐色无柄腺体。单叶互生，狭披针形至线形，叶面绿色，叶背粉绿色，有褐色腺点。总状花序顶生，花冠白色，雄蕊内藏。蒴果球形；种子有翅。花期7～8月，果期8～9月。

【分布生境】分布于北京、天津、河北、山西、辽宁、黑龙江、江苏、浙江、安徽、福建、江西、山东、河南、湖北、湖南、四川、贵州、云南、陕西、甘肃。山西中南部山区均有分布。生于海拔1000～1800m山坡疏林、沟边灌丛或田边路旁。

【经济价值】全草入药。营养丰富，可做菜用。

356. 北方拉拉藤
Galium boreale

【科属】茜草科 Rubiaceae 拉拉藤属 *Galium*

【形态特征】多年生草本。主根粗壮伸直，须根丝状，红色。茎直立，具4棱，无毛或节部被微柔毛。叶4片轮生，纸质，无柄，狭披针形，边缘稍反卷，被微柔毛，基3脉。聚伞花序顶生，花小，白色。果实双头形，密生污黄色刚毛。花期5～8月，果期6～10月。

【分布生境】分布于北京、天津、河北、山西、内蒙古、辽宁、吉林、黑龙江、

江西、山东、河南、湖北、四川、西藏、陕西、甘肃、青海、宁夏、新疆。山西各林区均有分布。生于海拔700～3000m林下、灌丛、林缘沟旁或山坡草地。

【经济价值】全草入药。

357. 蓬子菜（重台草）

Galium verum

【科属】茜草科 Rubiaceae 拉拉藤属 *Galium*

【形态特征】多年生直立草本，基部稍木质化。根棕色。茎具4棱，被短柔毛。叶6～10片轮生，稍革质，线形，边缘反卷，叶面稍有光泽。聚伞花序顶生和腋生，通常在茎先端组成带叶的圆锥花序状，稍紧密，花小，黄色。小坚果双生，近球状，无毛。花期4～8月，果期5～10月。

【分布生境】全国各地均有分布。山西各林区均有分布。生于海拔4000m以下林下、灌丛、山地旷野或河滩草地。

【经济价值】全草可入药。

358. 四叶葎（四叶草）

Galium bungei

【科属】茜草科 Rubiaceae 拉拉藤属 *Galium*

【形态特征】多年生丛生直立草本，有红色丝状根。茎有4棱。叶纸质，4片轮生，叶形变化较大，卵状长圆形、卵状披针形、披针状长圆形或线状披针形。聚伞花序，花小，花冠黄绿色或白色，辐状。小坚果双生，有小疣点、小鳞片或短钩毛，稀无毛。花期4～9月，果期5～11月。

【分布生境】全国各地均有分布。山西南部山区均有分布。生于海拔 2500m 以下山地林下、沟边灌丛、丘陵草地或田间旷野。

【经济价值】全草药用。

359. 茜草

Rubia cordifolia

【科属】茜草科 Rubiaceae

茜草属 *Rubia*

【形态特征】多年生攀缘草本。根状茎和其节上的须根均红色。茎 4 棱，棱上具倒生小刺。叶轮生，纸质，叶片卵形或卵状披针形，全缘，边缘具倒刺，叶面粗

糙或疏被硬毛，叶背疏被刺状糙毛。聚伞花序顶生和腋生，通常组成大而疏松的圆锥花序，花冠黄色，干时淡褐色。浆果近球形，表面平滑，成熟后黑色或紫黑色。花期 6～7 月，果期 9～10 月。

【分布生境】全国各地均有分布。山西南部山区均有分布。生于海拔 900～1800m 山坡林下、山谷林缘、沟边灌丛或路旁草地。

【经济价值】根供药用。

360. 秦艽（大叶龙胆、左拧根）

Gentiana macrophylla

【科属】龙胆科 Gentianaceae

龙胆属 *Gentiana*

【形态特征】多年生草本。茎基部为残叶纤维包围，斜升或直立，茎单一。基生叶较大，狭披针形至狭倒披针形，少椭圆形，叶脉 5～7 条。聚伞花序，花多数，无花梗，簇生枝顶呈头状或腋生作轮状；花萼膜质，侧面破裂，较花冠短；花冠蓝紫色，管状钟形，具 5 裂片。蒴果长椭圆形，

包藏在宿存花冠内。花期 7 ～ 8 月，果期 9 ～ 10 月。

【分布生境】分布于北京、天津、河北、山西、内蒙古、辽宁、吉林、黑龙江、福建、河南、四川、贵州、云南、西藏、陕西、甘肃、青海、宁夏、新疆。山西各林区均有分布。生于海拔 1000 ～ 2400m 山坡林下、山谷林缘、沟边路旁、河滩草地或草甸。

【经济价值】根入药。可用于观赏。

361. 鳞叶龙胆
Gentiana squarrosa

【科属】龙胆科 Gentianaceae 龙胆属 *Gentiana*

【形态特征】一年生小草本。茎细弱，多分枝，枝铺散斜升。叶对生，边缘粗糙，软骨质，先端具芒刺，叶柄白色膜质，基生叶较大，宽卵形或卵状椭圆形，茎生叶

匙形，基部连合成管。花单生枝顶，近无梗；花萼钟形，长约花冠一半，被细乳突，裂片外反，卵圆形或卵形，边缘软骨质，粗糙；花冠蓝色，钟形，裂片 5 枚，卵状三角形，褶常三角形，较裂片短。蒴果倒卵状长圆形，2 瓣开裂，果柄在果期伸长，常伸出宿存花冠外。花果期 4 ～ 9 月。

【分布生境】全国各地均有分布。山西各林区均有分布。生于海拔 1700 ～ 2400m 山坡草地、草甸、灌丛下。生于海拔 3500m 以下山坡疏林、路边灌丛、河滩荒地或高山草甸。

【经济价值】全草入药。可用于观赏。

362. 红花龙胆
Gentiana rhodantha

【科属】龙胆科 Gentianaceae 龙胆属 *Gentiana*

【形态特征】多年生草本。茎直立 4

棱，单生或数个丛生，上部多分枝。基生叶呈莲座状，椭圆形、倒卵形或卵形，先端急尖，基部楔形；茎生叶单叶对生，叶宽卵形或卵状三角形，先端渐尖或急尖，基部圆形或心形，连合成短筒抱茎。淡红色花单生茎顶；花萼膜质，有时微带紫色；花冠筒形，浅裂，上部有紫色纵纹稍开展，裂片卵形或卵状三角形，褶宽三角形，比裂片稍短，先端具细长流苏。蒴果长椭圆形。花果期 8 ～ 9 月。

【分布生境】山西、江西、河南、湖北、湖南、广西、重庆、四川、贵州、云南、西藏、陕西、甘肃。山西太宽河国家级自然保护区有分布。生于海拔 500 ～ 1800m 山坡疏林、山地灌丛或高山草地。

【经济价值】全草入药。可用于观赏。

363. 扁蕾

Gentianopsis barbata

【科属】龙胆科 Gentianaceae 扁蕾属 *Gentianopsis*

【形态特征】一年生或二年生直立草本。茎四棱形，下部单一，上部有分枝，有时带紫色。节部稍膨大。单叶对生，基

生叶匙形或条状披针形；茎生叶 4 ～ 7 对，条状披针形，先端尖，边缘少反卷。单花顶生，花蓝紫色；花冠筒状漏斗形，顶端 4 裂，具微波状小齿。蒴果狭矩圆形，具短柄，2 瓣开裂。花果期 7 ～ 9 月。

【分布生境】分布于北京、天津、河北、山西、内蒙古、辽宁、吉林、黑龙江、江西、河南、湖北、云南、西藏、陕西、甘肃、青海、宁夏、新疆。山西各林区均有分布。生于海拔 900 ～ 2300m 山谷林下、沟边灌丛、山坡草地或沙丘边缘。

【经济价值】全草入药。可用于观赏。

364. 花锚

Halenia corniculata

【科属】龙胆科 Gentianaceae 花锚属 *Halenia*

【形态特征】一年生草本。茎直立，近四棱形，具细条棱，从基部起分枝，节间比叶长。基生叶倒卵形或椭圆形，基部渐狭呈宽扁的叶柄，常早枯萎；茎生叶对生，椭圆状披针形或卵形，全缘，叶脉 3 条，无柄或具极短而宽扁的叶柄。聚伞花序顶生或腋生，花冠白色（未受粉以前）至黄白色或淡绿色（受粉以后），钟状，4 裂达 2/3 处，裂片卵形或椭圆状卵形，花冠基部具 4 个斜向的长距。蒴果卵圆形，淡褐色，顶端 2 瓣开裂。花期 7 ～ 8 月，果期 9 ～ 10 月。

【分布生境】分布于北京、天津、河北、山西、内蒙古、辽宁、吉林、黑龙江、浙江、江西、河南、湖北、湖南、广西、重庆、四川、贵州、云南、西藏、陕西、

甘肃、青海、宁夏、新疆。山西各林区均有分布。生于海拔 800 ～ 2000m 林下、林缘或山坡草地。

【经济价值】全草入药。可用于观赏。

365. 镰萼喉毛花

Comastoma falcatum

【科属】龙胆科 Gentianaceae 喉毛花属 *Comastoma*

【形态特征】一年生草本。茎从基部分枝，斜升，四棱形，常带紫色。叶大部分基生，叶片矩圆状匙形或矩形，先端钝圆，基部渐狭成柄，全缘；茎生叶矩圆形或长圆形，先端钝。花单生枝顶，花梗细长而稍弯；花萼长为花冠的 1/2，深裂近基部，裂片不整齐，常为卵状披针形，弯曲成镰状；花冠蓝色，高脚杯状，喉部膨大，裂片开展近平展，喉具一圈副花冠，白色，10 束。蒴果狭椭圆形或披针形。花果期 7 ～ 9 月。

【分布生境】分布于北京、河北、山西、内蒙古、上海、四川、云南、西藏、甘肃、青海、宁夏、新疆。山西中部林区有分布。生于海拔 1100 ～ 3500m 山谷林下、山坡灌丛、河滩草地或高山草甸。

【经济价值】全草入药。可用于观赏。

366. 獐牙菜（双斑西伯菜、双斑享乐菜）

Swertia bimaculata

【科属】龙胆科 Gentianaceae 獐牙菜属 *Swertia*

【形态特征】一年生草本。茎直立，中空，中部以上分枝。基生叶在花期枯萎；茎生叶对生，无柄或具短柄，叶片椭圆形至卵状披针形，叶脉 3 ～ 5 条，弧形，最上部叶苞叶状。大型圆锥状复聚伞花序多花，疏松，开展，花 5 数；花萼绿色，长为花冠的 1/4 ～ 1/2，裂片狭倒披针形或狭椭圆形，边缘具窄的白色膜质，常外卷；

花冠黄色，上部具多数紫色小斑点，裂片椭圆形或长圆形，中部具 2 个黄绿色、半圆形的大腺斑。蒴果无柄，狭卵形。花果期 6 ～ 11 月。

【分布生境】分布于北京、河北、山西、辽宁、黑龙江、上海、江苏、浙江、安徽、福建、江西、河南、湖北、湖南、广东、广西、重庆、四川、贵州、云南、陕西、甘肃、新疆。山西中南部山区均有分布。生于海拔 3000m 的山坡林下、林缘灌丛或河滩沼泽。

【经济价值】全草入药。可用于观赏。

367. 北方獐牙菜（北方享乐菜）

Swertia diluta

【科属】龙胆科 Gentianaceae 獐牙菜属 *Swertia*

【形态特征】一年生草本。茎直立，四棱形，棱上具窄翅，多分枝。单叶对生，线状披针形至披针形，无叶柄。圆锥状复

聚伞花序，顶生及腋生，花 5 数；花萼绿色，长于或等于花冠；花冠浅蓝色，裂片椭圆状披针形，基部有 2 个矩圆形腺窝，周缘具长柔毛状流苏。蒴果卵圆形。花果期 8 ～ 10 月。

【分布生境】分布于北京、天津、河北、山西、内蒙古、辽宁、吉林、黑龙江、江苏、浙江、江西、山东、河南、湖北、湖南、广西、重庆、四川、贵州、云南、西藏、陕西、甘肃、青海、宁夏。山西各林区均有分布。生于海拔 2600m 以下的山坡林下、阴湿山谷。

【经济价值】全草入药。可用于观赏。

368. 红直獐牙菜（红直享乐菜、红直西伯菜）

Swertia erythrosticta

【科属】龙胆科 Gentianaceae 獐牙菜属 *Swertia*

【形态特征】多年生草本。茎直立，

常带紫色，中空，近圆形，具明显的条棱，不分枝。单叶对生，基生叶花期枯萎，凋落；茎生叶椭圆状矩圆形，具 3 ～ 5 脉，生于下部的叶具柄，连合而抱茎，上部的叶无柄。圆锥状聚伞花序顶生或腋生，狭窄，花下垂，黄绿色，具黑褐色斑点；花萼 5 裂，裂片长披针形，长为花冠的一半；花冠 5 深裂至基部，裂片矩圆形，近基部各具有 1 褐色圆形腺窝，边缘具流苏状裂齿。蒴果卵状椭圆形，二瓣开裂。花果期 7 ～ 9 月。

【分布生境】分布于北京、天津、河北、山西、湖北、重庆、四川、贵州、西藏、陕西、甘肃、青海、宁夏。山西中北部山区均有分布。生于海拔 1500 ～ 3500m 的山坡疏林、河滩草地或亚高山草甸。

【经济价值】全草入药。可用于观赏。

369. 肋柱花

Lomatogonium carinthiacum

【科属】龙胆科 Gentianaceae 肋柱花属 *Lomatogonium*

【形态特征】一年生草本。茎自下部多分枝，枝细弱，斜升，近四棱形，节间较叶长。基生叶早落，具短柄，匙形；茎生叶对生，披针形、椭圆形至卵状椭圆形，不合生，无柄。聚伞花序或花生顶端，花梗斜向上，不等长，花 5 数，大小不等大；花萼长为花冠的 1/2，裂片卵状披针形或椭圆形；花冠蓝色，裂片椭圆形或卵状椭圆形，基部两侧各具 1 个腺窝，腺窝管形，上部具流苏状裂片。蒴果圆柱形，与花冠等长或稍长。花果期 9 ～ 10 月。

【分布生境】分布于北京、天津、河北、山西、湖南、四川、云南、西藏、陕西、甘肃、青海、新疆。山西管涔山、五台山有分布。生于海拔 4000m 以下山坡灌丛、河滩草地或高山草甸。

【经济价值】全草入药。可用于观赏。

370. 牛皮消
Cynanchum auriculatum

【科属】夹竹桃科 Apocynaceae 鹅绒藤属 *Cynanchum*

【形态特征】多年生草本。宿根肉质，呈块状。茎圆形，灰绿色，被柔毛。叶对生，宽卵形至卵状椭圆形，先端短渐尖，基部心形，叶面绿色，叶背灰绿色。聚伞花序伞房状，腋生，花多数，花冠白色，5 裂，裂片卵状长圆形，蓇葖果披针形。种子卵状椭圆形，扁平。花期 7 ～ 8 月，果期 8 ～ 11 月。

【分布生境】全国各地均有分布。山西各林区均有分布。生于海拔 3500m 以下山坡疏林、林缘灌丛、沟谷路旁或田间地头。

【经济价值】全草及块根药用。

371. 白首乌
Cynanchum bungei

【科属】夹竹桃科 Apocynaceae 鹅绒藤属 *Cynanchum*

【形态特征】多年生草本。块根肉质肥厚。茎缠绕，近无毛。叶对生，戟形，先端渐尖，基部心形，两侧圆耳状，全缘，两面均被粗硬毛。聚伞花序，腋生，花多数；花萼 5 裂，裂片卵状披针形，外面被短硬毛；花冠白色，裂片椭圆状披针形，反卷，副花冠 5 深裂，裂片披针形，肉质，淡黄色，内面中间有舌片。蓇葖果单生或双生，角形。花期 6 ～ 7 月，果期 7 ～ 10 月。

【分布生境】分布于北京、天津、河北、山西、内蒙古、辽宁、江西、山东、河南、湖北、湖南、重庆、四川、贵州、云南、西藏、陕西、甘肃、青海、宁夏、新疆。山西中南部林区均有分布。生于海拔 1500m 以下的山坡疏林、山地灌丛、沟谷路边或岩石隙缝中。

【经济价值】块根入药。

372. 徐长卿（竹叶细辛）
Vincetoxicum pycnostelma

【科属】夹竹桃科 Apocynaceae 白前属 *Vincetoxicum*

【形态特征】多年生草本。根须状，

多条。具特异气味。茎直立，单一或稍分枝，无毛或下部被糙硬毛。叶对生，叶片披针形至线状披针形。圆锥状聚伞花序，顶生或茎顶叶腋生；花萼5裂，裂片披针形；花冠淡黄绿色，5裂近辐状，裂片卵状椭圆形，向外反卷，副花冠肉质，5裂，先端钝。蓇葖果单生，细角状。花期7～8月，果期9～11月。

【分布生境】分布于北京、天津、河北、山西、内蒙古、吉林、黑龙江、江苏、浙江、安徽、福建、江西、山东、河南、湖北、湖南、广东、广西、海南、重庆、四川、贵州、陕西、甘肃、青海、香港。山西中南部山区均有分布。生于海拔2000m以下向阳山坡疏林或灌草丛中。

【经济价值】全草可药用。

373. 竹灵消（白龙须、婆婆针线包）

Vincetoxicum inamoenum

【科属】夹竹桃科 Apocynaceae 白前属 *Vincetoxicum*

【形态特征】多年生直立草本。根须状，基部分枝甚多。茎中空，被单列柔毛。叶对生，卵形或近卵形，基部近心形。伞形聚伞花序，腋生，有花8～10朵，总柄短，花黄色；花萼裂片5枚，披针形；花冠辐状，裂片5，卵状长圆形，副花冠肉质，裂片三角形，急尖。蓇葖果双生，稀单生，狭披针形。花期5～6月，果期7～10月。

【分布生境】分布于北京、天津、河北、山西、辽宁、浙江、安徽、江西、山东、河南、湖北、湖南、重庆、四川、贵

州、云南、西藏、陕西、甘肃、青海、宁夏。山西中南部山区均有分布。生于海拔 3500m 以下的山地疏林、林缘灌丛或山坡草地。

【经济价值】根可药用。

374. 白薇（三百根、牛角胆草）
Vincetoxicum atratum

【科属】夹竹桃科 Apocynaceae 白前属 *Vincetoxicum*

【形态特征】多年生直立草本。根须状，有香气。叶卵形或卵状长圆形，顶端渐尖或急尖，基部圆形，两面均被有白色茸毛，特别以叶背及脉上为密。伞形状聚伞花序，无总花梗，生在茎的四周，花深紫色，花萼外面有茸毛，花冠辐状，外面有短柔毛，并具缘毛，副花冠 5 裂，裂片盾状，圆形，与合蕊柱等长。蓇葖单生，向端部渐尖，基部钝形，中间膨大。花期 4～8 月，果期 6～8 月。

【分布生境】分布于北京、天津、河北、山西、内蒙古、辽宁、吉林、黑龙江、江苏、安徽、福建、江西、山东、河南、湖北、湖南、广东、广西、重庆、四川、贵州、云南、西藏、陕西、甘肃、台湾。山西南部山区均有分布。生于海拔 2000m 疏林、林缘灌丛或沟边草丛。

【经济价值】根及部分根状茎供药用。

375. 浙赣车前紫草
Sinojohnstonia chekiangensis

【科属】紫草科 Boraginaceae 车前紫草属 *Sinojohnstonia*

【形态特征】多年生草本。茎数条，细长，平卧或斜升。单叶互生，基生叶数个，叶片长卵形，基部心形，两面都密生短糙毛，茎生叶较小。花序含多数花，密生短伏毛，花萼 5 裂至基部，裂片线状披针形，

花冠漏斗状，白色或稍带淡红色，无毛，冠筒较花萼长。小坚果4，碗状突起的边缘内折。花果期4～5月。

【分布生境】分布于山西、浙江、安徽、江西、河南、湖南、贵州、陕西。山西南部山区均有分布。生于海拔1300～1800m林下或阴湿的岩石旁。

【经济价值】可用于观赏。

376. 勿忘草
Myosotis alpestris

【科属】紫草科 Boraginaceae
勿忘草属 *Myosotis*

【形态特征】多年生草本。茎直立，单一或数条簇生，常具分枝，疏生糙毛或卷毛。单叶互生，基生叶和茎下部叶有柄，狭倒披针形、长圆状披针形或线状披针形，基部渐狭，下延成翅，两面被糙伏毛；茎中部以上叶无柄，较短而狭。聚伞花序，花后伸长呈总状，无苞片，花梗较粗；花萼果期增大，5深裂，裂片为花萼长度的2/3～3/4；花冠蓝色，裂片5，近圆形，喉部附属物5。小坚果卵形，暗褐色，有光泽，具狭边但顶端较明显。花果期6～8月。

【分布生境】分布于山西、内蒙古、新疆。山西管涔山、关帝山、五台山有分布。生于海拔1600～3000m山地林下、山坡林缘或山谷草地。

【经济价值】可用于观赏。

377. 钝萼附地菜
Trigonotis peduncularis* var. *amblyosepala

【科属】紫草科 Boraginaceae
附地菜属 *Trigonotis*

【形态特征】一年生或二年生草本。茎直立或斜升，常自基部分枝多丛生，被粗伏毛。单叶互生，基部叶密集，铺散，叶片通常匙形或狭椭圆形，两面被硬伏毛，有柄，上部叶较短而狭，几无柄。总状花序顶生，幼时卷曲，后渐延伸，无苞片或仅花序基部有1～2枚叶状苞片，花萼5裂，裂片倒卵状长圆形或狭匙形，先端钝圆，被短伏毛；花冠蓝色，喉部黄色，具5附属物，花冠筒长。小坚果4个，直立，斜三棱锥状四面体形，有短毛。花期5～6月，果期6～9月。

【分布生境】分布于北京、天津、

河北、山西、内蒙古、山东、河南、湖北、广西、四川、陕西、甘肃、青海、宁夏。山西中南部山区均有分布。生于海拔1500～2500m的山坡林下、沟旁林缘、荒野灌丛或田间草地。

【经济价值】优良牧草。

378. 打碗花（喇叭花）
Calystegia hederacea

【科属】旋花科 Convolvulaceae 打碗花属 *Calystegia*

【形态特征】多年生草质藤本植物。茎细，平卧，有细棱。单叶互生，基部叶片长圆形，顶端圆，基部戟形，上部叶片3裂，中裂片长圆形或长圆状披针形，侧裂片近三角形，全缘或2～3裂，叶片基部心形或戟形。花单朵腋生，花梗长于叶柄；苞片2，卵圆形，包被花萼，宿存；萼片长圆形；花冠漏斗状，淡红色，冠檐近截形或微裂。蒴果卵球形，宿萼及苞片与果近等长或稍短。花期5～9月。

【分布生境】全国各地均有分布。山西各地均有分布。为林间空地、山坡林缘、田间地头、路旁荒地常见的杂草。

【经济价值】全草可作猪饲料。根可药用。

379. 藤长苗
Calystegia pellita

【科属】旋花科 Convolvulaceae 打碗花属 *Calystegia*

【形态特征】多年生草本。茎缠绕或下部直立，有细棱，密被灰白色或黄褐色长柔毛，有时毛较少。叶长圆形或长圆状线形，基部圆形、截形或微呈戟形，全缘，两面被柔毛，通常叶背沿中脉密被长柔毛，叶脉在叶背稍突起。花单朵腋生；苞片2，卵形，外密被褐黄色短柔毛，包住花萼；

萼片5，长圆状卵形；花冠淡红色，漏斗状。蒴果近球形。花期6～8月，果期8～9月。

【分布生境】分布于北京、天津、河北、山西、内蒙古、辽宁、吉林、黑龙江、上海、江苏、安徽、山东、河南、湖北、重庆、四川、陕西、甘肃。山西南部山区均有分布。生于海拔300～1700m林间空地、山坡灌丛或路边草地。

【经济价值】饲用，全草可作猪饲料，也可药用。

380. 北鱼黄草（西伯利亚鱼黄草）
Merremia sibirica

【科属】旋花科 Convolvulaceae 鱼黄草属 *Merremia*

【形态特征】一年生缠绕草本。植株近无毛。茎圆柱状，具细棱，多分枝。单叶互生，叶片卵状心形，先端长渐尖或尾状渐尖，叶基心形，全缘或稍波状，叶柄基部具小耳状假托叶。聚伞花序腋生；苞片2，线形；萼片5，卵圆形，近相等，顶端具钻状短尖头；花冠钟状，淡红色，5浅裂，裂片三角形。蒴果，近球形，4瓣裂。花期7～8月，果期8～9月。

【分布生境】分布于北京、天津、河北、山西、辽宁、吉林、黑龙江、上海、江苏、浙江、安徽、福建、江西、山东、河南、湖北、湖南、海南、重庆、四川、贵州、云南、西藏、陕西、甘肃。山西北部山区有分布。生于海拔600～2800m的山坡疏林、路边灌丛或山地草丛。

【经济价值】全草药用。

381. 金灯藤
Cuscuta japonica

【科属】旋花科 Convolvulaceae 菟丝子属 *Cuscuta*

【形态特征】一年生寄生草本。茎较粗壮，缠绕，稍肉质，黄色，常带紫红色瘤状斑点，无毛，多分枝。无叶。花无柄或几无柄，形成穗状花序，基部常多分枝；苞片及小苞片鳞片状；花萼碗状，肉质，裂片5，裂片裂至基部，背面常被紫红色的瘤状突起；花冠钟状，淡红色或绿白色，顶端5浅裂，裂片卵状三角形，直立或稍反折。蒴果卵圆形，近基部周裂。花期8月，果期9月。

【分布生境】全国各地均有分布。山西各地均有分布。常寄生于草本或灌木上。

【经济价值】种子药用。

382. 漏斗脬囊草（漏斗泡囊草）

Physochlaina infundibularis

【科属】茄科 Solanaceae 脬囊草属 *Physochlaina*

【形态特征】多年生草本，除叶片外全体被腺质短柔毛；根状茎粗壮。茎分枝或稀不分枝。单叶互生，三角形或卵状三角形，有时近卵形，基部心形或截形，叶缘有少数三角形大牙齿，叶柄具翅。伞形式聚伞花序，顶生或腋生，具鳞片状的苞片；花萼漏斗状钟形，5裂，花后增大成漏斗状，果萼膜质；花冠斗状钟形，除筒部略带浅紫色外，其他部分绿黄色，5浅裂，裂片卵形，长约为筒部的1/3。蒴果包在宿萼中。花期3～4月，果期4～6月。

【分布生境】分布于山西、河南、湖北、四川、陕西。山西中条山有分布。生于海拔1500m山谷或林下。

【经济价值】是提取莨菪烷类生物碱的资源植物。可供药用。

383. 青杞（野茄子、野狗杞）

Solanum septemlobum

【科属】茄科 Solanaceae 茄属 *Solanum*

【形态特征】直立草本或灌木状。茎有棱，多分枝，被白色弯曲的短柔毛至近无毛。叶互生，叶片卵形，通常5～7裂，上部者近全缘，裂片卵状长圆形至披针形，先端尖或钝，两面均被疏短柔毛。二歧聚伞花序，顶生或腋外生；花萼杯状，5裂，萼齿三角形；花冠蓝紫色，先端5深裂，裂片长圆形，开放时常向外反折。浆果近球状，熟时红色。花期7～8月，果期8～9月。

【分布生境】分布于北京、天津、河北、山西、内蒙古、辽宁、吉林、黑龙江、江苏、浙江、山东、河南、四川、西藏、陕西、甘肃、青海、宁夏、新疆。山西各林区均有分布。生于海拔2500m以下山坡疏林、林缘灌丛或田边路旁。

【经济价值】地上部分药用。

384. 酸浆（红姑娘、锦灯笼）
Alkekengi officinarum

【科属】茄科 Solanaceae
酸浆属 *Alkekengi*

【形态特征】多年生草本。茎直立，较粗大，节膨大。单叶互生，茎上部成假对生，叶片卵形，近全缘或有疏波状齿，仅叶缘有短毛。花单生于叶腋，开花时直立，后向下弯曲，花梗近无毛或仅有稀疏柔毛，果时无毛；花萼阔钟形，宿存，筒部毛较稀疏，花冠辐状，白色或黄白色，裂片宽三角形。浆果球形，橙红色，被膨大宿萼所包裹，宿萼光滑无毛，橘红色，远较浆果为大，基部内凹，顶端闭合。花期 6 ~ 8 月，果期 7 ~ 9 月。

【分布生境】分布于河北、山西、甘肃、陕西、河南、湖北、四川、贵州和云南。山西中南部山区均有分布。生于山坡林下、沟边灌丛或田野草地。

【经济价值】宿萼或带果实的宿萼入药。栽培供观赏。

385. 小酸浆（毛苦蘵）
Physalis minima

【科属】茄科 Solanaceae
灯笼果属 *Physalis*

【形态特征】一年生草本。顶端多二歧分枝，分枝披散而卧于地上或斜升，生短柔毛。叶柄细弱，叶片卵形或卵状披针形，顶端渐尖，基部歪斜楔形，全缘而波状或有少数粗齿，两面脉上有柔毛。花具细弱的花梗，生短柔毛；花萼钟状，外面生短柔毛，裂片三角形，顶端短渐尖，缘毛密；花冠黄色。果实球状，果梗细瘦，俯垂，果萼近球状或卵球状。花果期夏秋季。

【分布生境】分布于北京、江苏、浙江、安徽、福建、江西、河南、湖北、湖南、广东、广西、海南、重庆、四川、贵州、云南、陕西、香港。山西中条山有分布。生于海拔 1000 ~ 1800m 的山坡疏林或沟谷林缘。

【经济价值】全草药用。

386. 幌菊

Ellisiophyllum pinnatum

【科属】车前科 Plantaginaceae 幌菊属 *Ellisiophyllum*

【形态特征】多年生柔弱、匍匐草本，除花冠外全体被短柔毛。匍匐茎纤细、蔓延，节间短，节稍膨大，下生不定根。单叶互生，上升，具长柄，与匍匐茎等粗或稍粗，叶片轮廓卵形或矩圆状卵形，纸质，通常羽状深裂几至中肋，少有浅裂而具大圆齿，裂片 5 ～ 9 枚，倒卵形，中部以上或上部有具短凸尖的圆齿。花单生于叶腋，花梗纤细，与叶柄近等长，果期卷曲；花冠白色，漏斗状，花冠筒长约为花冠的一半或稍短，内面从喉部至近基部密被单细胞髯毛，裂片 5，矩圆形至匙形。蒴果圆球形，被包于宿萼内。花果期 7 ～ 9 月。

【分布生境】分布于河北、山西、江西、广西、重庆、四川、贵州、云南、西藏、甘肃、台湾。山西蟒河国家级自然保护区有分布。生于海拔 500 ～ 2500m 的疏林、阴湿林缘或沟边草地。

【经济价值】可用于地被植物。

387. 水蔓菁（追风草）

Pseudolysimachion linariifolium* subsp. *dilatatum

【科属】车前科 Plantaginaceae 兔尾苗属 *Pseudolysimachion*

【形态特征】多年生草本。根状茎短。茎直立，单生，少 2 枝丛生，常不分枝，有白色而多卷曲的柔毛。叶几乎完全对生，至少茎下部的对生，叶片宽条形至卵圆形，下端全缘而中上端边缘有三角状锯齿，极少整片叶全缘的，两面无毛或被白色柔毛。总状花序单枝或数枝复出，长穗状，被柔毛，花冠蓝色或蓝紫色，少白色。蒴果近球状。花期 7 ～ 8 月，果期 9 ～ 10 月。

【分布生境】分布于北京、天津、河北、山西、内蒙古、辽宁、黑龙江、江苏、浙江、安徽、福建、江西、山东、河南、湖南、广东、广西、四川、云南、陕西、甘肃、青海、宁夏、台湾。山西各林区均有分布。生于海拔 3000m 以下山坡疏林、林缘灌丛或路边草地。

【经济价值】嫩苗可食用。可药用。可用于观赏。

388. 草本威灵仙（轮叶婆婆纳）
Veronicastrum sibiricum

【科属】车前科 Plantaginaceae
草灵仙属 *Veronicastrum*

【形态特征】多年生草本。茎圆柱形，不分枝。叶4～6枚轮生，矩圆形至宽条形，无毛或两面疏被多细胞硬毛，无柄。穗状花序顶生，长尾状，各部分无毛，花有短梗；花萼裂片不超过花冠半长，钻形；花冠红紫色、紫色或淡紫色，花冠筒长管状，伸直，内面上端被毛，檐部4裂深度相等，雄蕊伸出花冠几达一倍。蒴果卵状。花期7～9月。果期8～10月。

【分布生境】分布于北京、天津、河北、山西、内蒙古、辽宁、吉林、黑龙江、上海、山东、陕西、甘肃、宁夏。山西中南部山区均有分布。生于海拔2500m以下林间空地、山坡灌丛或山坡草地。

【经济价值】全草入药。可用于观赏，作花坛花境栽植。

389. 车前
Plantago asiatica

【科属】车前科 Plantaginaceae
车前属 *Plantago*

【形态特征】多年生草本。具须根。叶基生，卵形或宽卵形，先端圆钝，近全缘，波状，或有疏钝齿至弯缺，具5～7条弧形脉，叶柄基部扩大成鞘。花莛数条，直立，穗状花序，下部花较上部花疏生；花冠裂片披针形或长三角形，先端渐尖，反卷，淡绿色。蒴果椭圆形或卵形。花期6～8月，果期7～9月。

【分布生境】除西北外遍布全国。山西各林区均有分布。生于海拔3200m以下林间空地、山坡林缘、河岸湿地、路旁草地或田间地头。

【经济价值】全草和种子入药。

390. 平车前
Plantago depressa

【科属】车前科 Plantaginaceae
车前属 *Plantago*

【形态特征】一年生草本。具圆柱状直根。叶基生，平展或直立，椭圆形、椭圆状披针形或长卵状披针形，先端圆钝，基部宽楔形，叶缘具远离小齿或不整齐锯齿，纵脉 3 ～ 7 条，叶柄基部有宽叶鞘及叶鞘残余。花莛数个，直立或弧曲，穗状花序，疏生柔毛，花序顶端花密生，下部花较疏；花冠裂片 4，椭圆形或卵形，先

端锐尖，有时有浅齿。蒴果圆锥状。花期 6 ～ 8 月，果期 7 ～ 9 月。

【分布生境】全国各地均有分布。山西各林区均有分布。生于海拔 3500m 以下林间空地、山坡林缘、河岸湿地、路旁草地或田间地头。

【经济价值】种子、全株可入药，具清热、利尿、凉血、祛痰的功效。

391. 角蒿（羊角透骨草）
Incarvillea sinensis

【科属】紫葳科 Bignoniaceae
角蒿属 *Incarvillea*

【形态特征】一年生至多年生草本。单叶互生，二至三回羽状细裂，小叶不规则细裂，末回裂片线状披针形，具细齿或全缘。顶生总状花序；花萼钟状，绿色带紫红色；花冠淡玫瑰色或粉红色，有时带紫色，钟状漏斗形，基部收缩成细筒。蒴果淡绿色，细圆柱形。花期 5 ～ 9 月，果期 10 ～ 11 月。

【分布生境】分布于北京、天津、河北、山西、内蒙古、辽宁、吉林、黑龙江、江苏、浙江、山东、河南、广西、四川、云南、陕西、甘肃、青海、宁夏。山西中南部山区均有分布。生于海拔 500 ～ 2500m 山坡疏林、沟谷林缘、路旁灌丛或田间地头。

【经济价值】全草入药。可用于观赏。

392. 筋骨草
Ajuga ciliata

【科属】唇形科 Lamiaceae
筋骨草属 *Ajuga*

【形态特征】多年生草本。茎四棱形，基部略木质化，绿色或紫红色，被白色柔毛。单叶对生，叶卵状椭圆形至狭椭圆形。轮伞花序多数集聚茎顶成穗状花序，花冠紫色或蓝紫色，二唇形。小坚果长圆状或卵状三棱形，背部具网状皱

纹，果脐大，几乎占整个腹面。花期5～8月，果期7～9月。

【分布生境】分布于北京、天津、河北、山西、江西、山东、河南、湖北、湖南、重庆、四川、云南、西藏、陕西、甘肃、宁夏、香港。山西中南部山区均有分布。生于海拔300～1900m灌丛林下、阴湿草地或山谷溪旁。

【经济价值】全草入药。

393. 水棘针（细叶山紫苏、土荆芥）
Amethystea caerulea

【科属】唇形科 Lamiaceae
水棘针属 *Amethystea*

【形态特征】一年生草本，基部有时木质化。茎四棱形，呈金字塔形分枝，紫色、灰紫黑色或紫绿色。叶片三角形或近卵形，3深裂或全裂，裂片披针形，边缘具粗锯齿或重锯齿，无叶柄或几无柄。腋生松散的聚伞花序组成圆锥花序，花小；花萼钟

状；花冠蓝色或蓝紫色，冠筒内藏或略长于花萼。小坚果倒卵状三棱形。花期8～9月，果期9～10月。

【分布生境】分布于北京、天津、河北、山西、内蒙古、辽宁、吉林、黑龙江、江苏、安徽、山东、河南、湖北、广西、重庆、四川、云南、西藏、陕西、甘肃、青海、宁夏、新疆。山西中南部山区均有分布。生海拔3000m林间空地、山坡灌丛、路旁草地或田间地头。

【经济价值】全草入药。

394. 黄芩
Scutellaria baicalensis

【科属】唇形科 Lamiaceae 黄芩属 *Scutellaria*

【形态特征】多年生草本。茎基部伏地，上升，钝四棱形，具细条纹，近无毛或被上曲至开展的微柔毛，绿色或带紫色，自基部多分枝。单叶对生，叶披针形或线状披针形，先端钝，基部圆，全缘，叶背密被凹腺点；叶柄短。总状花序顶生，常于茎顶聚成圆锥花序；下部苞叶叶状，上部卵状披针形或披针形；花冠紫红色或蓝色，密被腺柔毛，冠筒近基部膝曲，下唇中裂片三角状卵形。小坚果黑褐色，卵球形。花期 7～8 月，果期 8～9 月。

【分布生境】分布于北京、天津、河北、山西、内蒙古、辽宁、吉林、黑龙江、江苏、安徽、江西、山东、河南、湖北、湖南、广东、广西、四川、贵州、云南、陕西、甘肃、青海、新疆。山西各林区均有分布。生于向阳草坡地、休荒地上，生于海拔 2500m 以下林间空地、山坡灌丛、沟谷路旁。

【经济价值】根入药。叶可代茶用。可用于观赏。

395. 并头黄芩
Scutellaria scordifolia

【科属】唇形科 Lamiaceae 黄芩属 *Scutellaria*

【形态特征】多年生直立草本。茎四棱形，常带紫色。单叶对生，叶三角状狭卵形、三角状卵形或披针形，基部浅心形或近截形，边缘具浅锯齿或不明显的波状齿，极少全缘；叶柄很短或近无柄。花单生于茎上部的叶腋内，偏向一侧；花冠蓝紫色，二唇形。小坚果黑色，椭圆形。花果期 6～9 月。

【分布生境】分布于北京、天津、河北、山西、内蒙古、吉林、黑龙江、山东、河南、湖北、四川、贵州、陕西、甘肃、青海、新疆。山西各林区均有分布。生于海拔 2000m 以下林下、林缘、山坡路旁或溪边草地。

【经济价值】根茎入药。叶可代茶用。

396. 黏毛黄芩
Scutellaria viscidula

【科属】唇形科 Lamiaceae 黄芩属 *Scutellaria*

【形态特征】多年生草本。茎直立或渐上升，多分枝，四棱形，被具腺短柔毛。叶柄极短或无柄；叶片披针形、披针状线形或线状长圆形至线形，全缘，密被短睫毛，叶面疏被短柔毛或几无毛，叶背被疏或密生的短柔毛，两面均有多数黄色腺点。总状花序顶生，花梗与序轴均密被具腺平展短柔毛；下部苞片似叶，向上渐小；花萼广钟形，密被开展的腺毛，果时萼明显增大。花冠黄白色或白色。花期 5 ～ 8 月，果期 7 ～ 8 月。

【分布生境】分布于天津、河北、山西、内蒙古、四川。山西北部林区均有分布。生于海拔 700 ～ 1400m 疏林、灌丛、山坡荒地和沙砾地杂草丛中。

397. 藿香
Agastache rugosa

【科属】唇形科 Lamiaceae 藿香属 *Agastache*

【形态特征】多年生高大草本。茎直立，四棱形。叶片心状卵形至长圆状披针形，向上渐小，边缘具粗锯齿，叶面橄榄绿色，近无毛，叶背浓绿色，被微柔毛及腺点。轮伞花序多花，聚集成顶生穗状花序；花萼管状倒圆锥形，多少带浅紫色或深红色，被腺毛及黄色小腺体；花冠淡紫蓝色，上唇直伸，先端微缺，下唇 3 裂；二强雄蕊外露。小坚果卵状长圆形，褐色。花期 6 ～ 9 月，果期 9 ～ 11 月。

【分布生境】分布于北京、天津、河北、山西、内蒙古、辽宁、吉林、黑龙江、上海、江苏、浙江、安徽、福建、江西、山东、河南、湖北、湖南、广东、广西、重庆、四川、贵州、云南、西藏、陕西、甘肃、青海、新疆。山西中南部山区均有分布。生于海拔 800 ～ 2300m 林下、林缘、山坡草地。

【经济价值】全草入药。果可作香料。茎、叶富含挥发性芳香油，为芳香油原料。

398. 裂叶荆芥（假苏、四棱杆蒿、小茴香、荆芥）

Schizonepeta tenuifolia

【科属】唇形科 Lamiaceae 裂叶荆芥属 *Schizonepeta*

【形态特征】一年生草本。茎四棱形，多分枝，被灰白色疏短柔毛，茎下部的节及小枝基部常微红色。叶通常指状 3 裂，大小不等，基部楔状渐狭并下延至叶柄；裂片披针形，全缘，草质，两面被毛，叶背有腺点。多数轮伞花序组成顶生穗状花序，上部连续，下部间断；花萼管状钟形；

花冠青紫色，二唇形；雄蕊 4，后对较长，均内藏。小坚果长圆状三棱形，褐色。花期 7 ～ 9 月，果期在 9 月以后。

【分布生境】分布于北京、天津、河北、山西、内蒙古、辽宁、黑龙江、浙江、福建、河南、湖北、湖南、重庆、四川、云南、陕西、宁夏。山西各林区均有分布。生于海拔 500 ～ 2700m 山坡疏林、山谷林缘或路边灌丛。

【经济价值】全草及花穗入药。全草亦含丰富的芳香油。

399. 康藏荆芥（野藿香）

Nepeta prattii

【科属】唇形科 Lamiaceae 荆芥属 *Nepeta*

【形态特征】多年生直立草本。茎粗

壮，中部、上部四棱形，被倒向短硬毛或无毛。叶卵状披针形至披针形，向上渐变小，先端急尖，基部浅心形，边缘具锯齿，两面被毛，叶背有黄色小腺点；下部叶具短柄，向上渐短至无柄。轮伞花序生于茎上部，位于下部的远离，上方的密集成假穗状；花萼二唇形；花冠紫色或蓝色，冠筒微弯，冠檐二唇形，上唇2裂，下唇3裂，中裂片先端微缺。小坚果倒卵状长圆形，褐色，腹面具棱，光滑。花期7～10月。果期8～11月。

【分布生境】分布于天津、河北、山西、内蒙古、浙江、河南、湖北、四川、云南、西藏、陕西、甘肃、青海、宁夏。山西各林区均有，分布于沁源、洪洞、五台、交城、介休等地。生于海拔1500～4300m的山坡林缘或溪旁草地。

400. 香青兰（青兰、野青兰、臭蒿、蓝秋花、山薄荷）

Dracocephalum moldavica

【科属】唇形科 Lamiaceae 青兰属 *Dracocephalum*

【形态特征】一年生草本，茎不明显四棱形，常带紫色。单叶对生，基生叶卵圆状三角形，先端圆钝，基部心形，叶缘具圆齿，具长柄，很快枯萎；茎生叶披针形至线状披针形，先端钝，基部圆形或宽楔形，两面脉上疏被小毛及黄色小腺点，叶缘具三角形牙齿或疏锯齿，有时基部裂齿有长刺。轮伞花序生于茎或分枝上部，排列疏松，花冠淡蓝紫色，二唇形。小坚果长圆形，顶平截，光滑。

花果期7～10月。

【分布生境】分布于北京、天津、河北、山西、内蒙古、辽宁、吉林、黑龙江、河南、湖北、广西、云南、陕西、甘肃、青海、宁夏、新疆。山西各林区均有分布。生于海拔700～2000m的山地疏林、干燥山坡灌丛或河滩多石处。

【经济价值】全草入药。可提取芳香油，作香料用。

401. 糙苏（小兰花烟、山芝麻）

Phlomoides umbrosa

【科属】唇形科 Lamiaceae 糙苏属 *Phlomoides*

【形态特征】多年生直立草本。茎四棱形，具浅槽，常带紫红色。单叶对生，叶近圆形、圆卵形至卵状矩圆形，边缘为不整齐的尖锯齿、齿状牙齿或圆齿。轮伞花序4～8花，花冠通常粉红色，二唇形。

小坚果黑褐色，柱状长圆形，无毛。花期7～8月，果期9～10月。

【分布生境】分布于北京、天津、河北、山西、内蒙古、辽宁、吉林、黑龙江、安徽、江西、山东、河南、湖北、湖南、广东、重庆、四川、贵州、云南、陕西、甘肃、青海、宁夏。山西各林区均有分布。生于海拔 3200m 以下的山坡疏林、沟谷灌丛或溪旁草地。

【经济价值】根入药。可用于观赏。

402. 大花糙苏
Phlomoides megalantha

【科属】唇形科 Lamiaceae
糙苏属 *Phlomoides*

【形态特征】多年生直立草本。茎上部具分枝，钝四棱形，疏被倒向短硬毛。单叶对生，叶卵圆形或卵状长圆形，基部心形，上部的有时近截形，缘具深圆锯齿；茎生叶叶柄向上渐短。轮伞花序多花，1或2轮着生于茎顶，花冠黄色、淡黄色至白色，二唇形。小坚果无毛。花期6～7月，果期8～11月。

【分布生境】分布于山西、河南、四川、云南、陕西、甘肃。山西太岳山、中条山有分布。生亍海拔 2000m 以上冷杉林、落叶松林或灌丛草坡。

【经济价值】根入药。可用于观赏。

403. 野芝麻（龙脑薄荷、山苏子、山麦胡、野藿香）
Lamium barbatum

【科属】唇形科 Lamiaceae
野芝麻属 *Lamium*

【形态特征】多年生草本。茎四棱形，具浅槽，中空。茎下部的叶卵圆形或心脏形，先端尾状渐尖，基部心形，边缘具不整齐的粗锯齿，茎上部叶较下部叶长而狭，两面均被短硬毛，叶柄向上渐变短。轮伞花序，生于叶腋；花冠白色或浅黄色，外被白色长毛，内面冠筒近基部有毛环，稍

上方呈囊状膨大，二唇形。小坚果倒卵圆形，淡褐色。花期4～6月，果期7～8月。

【分布生境】分布于河北、山西、辽宁、吉林、黑龙江、上海、江苏、浙江、安徽、福建、江西、河南、湖北、湖南、广东、重庆、四川、贵州、云南、陕西、甘肃、宁夏、新疆。山西中南部山区均有分布。生于海拔700～2000m山坡林缘、沟谷灌丛或田边路旁。

【经济价值】全草入药。

404. 益母草（益母蒿、九重楼、野天麻、益母花）

Leonurus japonicus

【科属】唇形科 Lamiaceae 益母草属 *Leonurus*

【形态特征】一年生或二年生草本。茎有倒向糙伏毛。单叶对生，叶变化较大，茎下部叶卵形，基部宽楔形或平截，掌状3裂，茎中部、上部叶常菱形3裂。轮伞花序腋生，花冠粉红色至淡紫红色，二唇形。小坚果长圆状，三棱形，褐色。花果期6～10月。

【分布生境】全国各地均有分布。山西各林区均有分布。生于海拔3500m以下山坡林缘、沟边灌丛、路旁草地及田间地头。

【经济价值】全草入药。可用于观赏。

405. 地蚕（野麻子、五眼草）

Stachys geobombycis

【科属】唇形科 Lamiaceae 水苏属 *Stachys*

【形态特征】多年生草本。根茎肥大，肉质。茎棱及节疏被倒向柔毛状糙硬毛。单叶对生，长圆状卵形，具圆齿状锅齿，两面疏被柔毛状糙伏毛，叶背沿脉毛较密。轮伞花序具4～6花，组成穗状花序，苞叶具短柄或近无柄；花萼倒圆锥形，密被微柔毛及腺微柔毛；花冠淡紫色或紫蓝色，

稀淡红色，冠筒上部被微柔毛，余无毛，冠檐上唇长圆状卵形，下唇卵形，中部被微柔毛，3 裂，中裂片长卵形，侧裂片卵形。花期 4 ～ 5 月。果期 6 ～ 7 月。

【分布生境】分布于山西、黑龙江、浙江、福建、江西、湖南、广东、广西。山西中条山有分布。生于海拔 1500m 以下山地林缘、沟谷灌丛或溪旁草丛。

【经济价值】全草可入药。肉质的根茎可供食用。

406. 丹参（血参、赤丹参、紫丹参、红根红参、阴行草）

Salvia miltiorrhiza

【科属】唇形科 Lamiaceae 鼠尾草属 *Salvia*

【形态特征】多年生直立草本。根肉质，外面朱红色。茎直立，四棱形，具槽，多分枝，被白色长柔毛。奇数羽状复叶，小叶 3 ～ 5（7），卵形、卵圆形或宽披针形，缘具圆锯齿，两面被柔毛，叶背较密。轮伞花序着花 4 ～ 6 朵或有时稍多，下部疏离，上部密集，成顶生或腋生的总状花序；花萼钟形，带紫色，外被长柔毛及腺毛，内被白色长硬毛；花冠蓝紫色，外被腺柔毛，二唇形。小坚果椭圆形。花期 4 ～ 8 月，果期 9 ～ 11 月。

【分布生境】分布于北京、天津、河北、山西、辽宁、上海、江苏、浙江、安徽、江西、山东、河南、湖北、湖南、广西、重庆、四川、陕西、甘肃。山西南部山区均有分布。生于海拔 1500m 以下林下草丛、山谷灌丛或山坡草地。

【经济价值】根入药。可用于观赏。

407. 荫生鼠尾草（山椒子、山苏子）

Salvia umbratica

【科属】唇形科 Lamiaceae 鼠尾草属 *Salvia*

【形态特征】一年生或二年生草本。茎钝四棱形，分枝，被长柔毛，间有腺毛。叶片三角形或卵圆状三角形，先端渐尖或尾状渐尖，基部心形或戟形，有时截形，边缘具锯齿或重圆齿，叶面疏生长柔毛或短硬毛，叶背沿脉被长柔毛，余部散生腺点。轮伞花序多 2 花，疏离，呈顶生或腋生的总状花序；花冠紫蓝色或紫色，内面近基部有疏毛环，冠筒向上突然膨大，弯曲成喇叭状，二唇形。小坚果椭圆形。花期 7 ～ 9 月，果期 9 ～ 10 月。

【分布生境】分布于北京、天津、河北、山西、河南、湖北、四川、陕西、甘肃、宁夏。山西中南部山区均有分布。生于海拔 600 ～ 2000m 的山坡疏林、沟谷灌丛或路旁草地。

408. 香薷（野芝麻、野紫苏、山苏子、荆芥、臭荆芥、水荆芥）

Elsholtzia ciliata

【科属】唇形科 Lamiaceae 香薷属 *Elsholtzia*

【形态特征】一年生草本。茎通常自基部多分枝，直立，无毛或被柔毛，老时紫褐色。叶卵形或椭圆状披针形，先端渐尖，基部楔形下延，具锯齿，叶面疏被细糙硬毛，叶背疏被树脂腺点，沿脉疏被细糙硬毛；穗状花序偏向一侧，花序轴密被白色短柔毛；花冠淡紫色，被柔毛，上部疏被腺点，喉部被柔毛，上唇先端微缺，下唇中裂片半圆形，侧裂片弧形。小坚果黄褐色，长圆形。花期 7 ～ 10 月，果期 10 月至翌年 1 月。

【分布生境】分布于北京、天津、河北、山西、内蒙古、辽宁、吉林、黑龙江、江苏、浙江、安徽、福建、江西、山东、河南、湖北、湖南、广东、广西、海南、重庆、四川、贵州、云南、西藏、陕西、甘肃、青海、宁夏、台湾、香港。山西各林区均有分布。生于海拔 3200m 以下山坡林下、林缘草地、路旁荒地、河边砂石地及高山草地。

【经济价值】全草入药。嫩叶尚可喂猪。

409. 密花香薷

Elsholtzia densa

【科属】唇形科 Lamiaceae 香薷属 *Elsholtzia*

【形态特征】一年生草本。茎通常自基部多分枝，直立，被短柔毛，茎及枝均四棱形。叶为长圆状披针形至椭圆形，边缘基部以上有锯齿，两面被短柔毛。轮伞花序多花密集，组成密被紫色串珠状长柔毛的圆柱形穗状花序；苞片卵圆状圆形；

花萼钟状，萼齿5；花冠小，淡紫色。小坚果近圆形，暗褐色，顶端具小疣突起。花果期7～10月。

【分布生境】分布于北京、天津、河北、山西、内蒙古、辽宁、江苏、江西、湖北、湖南、广东、重庆、四川、云南、西藏、陕西、甘肃、青海、宁夏、新疆。山西各林区均有分布。生于海拔1000～3000m山坡林下、沟谷林缘、河边荒地或高山草甸。

【经济价值】代香薷入药。

410. 蓝萼香茶菜（蓝萼毛叶香茶菜）

Isodon japonicus* var. *glaucocalyx

【科属】唇形科 Lamiaceae 香茶菜属 *Isodon*

【形态特征】多年生直立草本。茎疏被柔毛，上部多分枝，分枝具花序。茎叶对生，叶片卵形至宽卵形，基部楔形下延，边缘具有尖头的钝锯齿，两面疏被短柔毛及腺点，顶齿卵形或披针形而渐尖，锯齿较钝。聚伞花序着5～10花，在枝顶呈疏松开展的圆锥花序，被短柔毛；花萼钟状，5裂，常带蓝色，萼齿短于萼筒，外面密被贴生微柔毛；花冠淡紫色、蓝紫色至蓝色，二唇形；雄蕊及花柱伸出。小坚果卵形，黄褐色，顶端具疣状凸起。花期7～8月，果期9～10月。

【分布生境】分布于北京、河北、山西、内蒙古、辽宁、吉林、黑龙江、江苏、浙江、安徽、江西、山东、河南、四川、贵州、陕西、甘肃、宁夏。山西中南部山

区均有分布。生于海拔2000m以下山坡林下、林缘或路旁草丛中。

【经济价值】可用于观赏。

411. 溪黄草

Isodon serra

【科属】唇形科 Lamiaceae 香茶菜属 *Isodon*

【形态特征】与蓝萼毛叶香茶菜的区别在于：叶卵形至狭卵形，稀为菱状卵形，

两面仅脉上密被微柔毛，余部无毛；先端近渐尖，基部楔形，边缘具粗大内弯的锯齿；叶柄上部具渐宽翅，密被柔毛。花萼外密被灰白微柔毛，萼齿与萼筒等长；雄蕊及花柱不伸出。小坚果顶端具白色髯毛。花果期 8 ～ 10 月。

【分布生境】分布于黑龙江、吉林、辽宁、山西、河南、陕西、甘肃、四川、贵州、广西、广东、湖南、江西、安徽、浙江、江苏、台湾。山西中南部山区均有分布。生于海拔 1300m 以下山坡林下、路旁灌丛、田边草丛或溪旁河岸。

【经济价值】全草入药。

412. 透骨草

Phryma leptostachya subsp. *asiatica*

【科属】透骨草科 Phrymaceae 透骨草属 *Phryma*

【形态特征】多年生直立草本。茎四棱形，不分枝或于上部有带花序的叉开分

枝，绿色或淡紫色，遍布倒生短柔毛或于茎上部有开展的短柔毛，稀近无毛。单叶对生，薄纸质，卵形或卵状披针形，基部延成叶柄，缘具钝齿，两面疏生短柔毛。穗状花序，细长，顶生或腋生，花小，疏生，花期向上或平展，花后向下贴近总花梗，淡红色至紫色；花萼筒状，上唇 3 齿裂，细长，先端具钩，下唇 2 齿裂，较短，三角形；花冠唇形，上唇 3 裂，下唇 2 裂。瘦果包于宿存花萼内，棒状，宿存花萼向下反折，贴生于花序轴上。花期 6 ～ 9 月，果期 8 ～ 10 月。

【分布生境】分布于黑龙江、吉林、辽宁、河北、山西、陕西、甘肃、山东、江苏、安徽、浙江、江西、福建、河南、湖北、湖南、广西、四川、贵州、云南、西藏。山西南部山区均有分布。生于海拔 300 ～ 2800m 的山坡灌丛、山谷阴处或林下。

【经济价值】全草入药。根及叶的鲜汁或水煎液对菜粉蝶、家蝇和三带喙库蚊的幼虫有强烈的毒性。

413. 沟酸浆

Erythranthe tenella

【科属】透骨草科 Phrymaceae 沟酸浆属 *Erythranthe*

【形态特征】多年生草本。柔弱，常铺散状。茎多分枝，下部匍匐生根，四方形，角处具窄翅。单叶对生，卵形、卵状三角形至卵状矩圆形，边缘具明显的疏锯齿，叶柄细长。花单生叶腋，花梗与叶柄近等长，明显的较叶短；花萼圆筒形，果期肿

胀成囊泡状，增大近 1 倍；花冠较花萼长 1.5 倍，漏斗状，黄色，喉部有红色斑点。蒴果椭圆形，较萼稍短。花果期 6 ～ 9 月。

【分布生境】分布于北京、天津、河北、山西、内蒙古、辽宁、吉林、黑龙江、安徽、江西、山东、河南、湖北、湖南、广东、重庆、四川、贵州、云南、西藏、陕西、甘肃。山西南部山区均有分布。生于海拔 700 ～ 1200m 的水边、林下湿地。

【经济价值】可食，制酸菜用。

414. 地黄（怀庆地黄、生地）

Rehmannia glutinosa

【科属】列当科 Orobanchaceae 地黄属 *Rehmannia*

【形态特征】多年生直立草本，全株密被柔毛和腺毛。根茎肉质，鲜时黄色。茎紫红色。单叶互生，基生莲座状，叶片倒卵形至长圆形，叶背略带紫色或紫红色，边缘具不规则圆齿或钝齿或牙齿，基部渐狭成柄，叶脉在叶面凹陷，叶背隆起；茎生叶远比基生叶小。花梗细弱，弯曲而后上升，在茎顶部略排列成总状花序，或几全部单生叶腋而分散在茎上；花冠裂片 5

枚，内面黄紫色，外面紫红色。蒴果卵形至长卵形。花果期 4 ～ 7 月。

【分布生境】分布于北京、天津、河北、山西、内蒙古、辽宁、江苏、浙江、安徽、福建、江西、山东、河南、湖北、湖南、广西、海南、陕西、甘肃、宁夏。山西各林区均有分布。生于海拔 1500m 以下林间空地、路旁灌丛、山坡草地或田间地头。

【经济价值】根及根状茎入药。可用于观赏。

415. 山罗花

Melampyrum roseum

【科属】列当科 Orobanchaceae 山罗花属 *Melampyrum*

【形态特征】一年生直立草本，全株

疏被鳞片状短毛。茎多分枝，近于四棱形，干时呈黑色，有时上面有2列柔毛。叶披针形、卵状披针形或长卵形，具短柄。总状花序顶生，下部的苞叶与叶同形，向上渐小，全缘或基部具芒状或刺毛状长齿；花萼钟状，脉上具白色柔毛；花冠紫色、紫红色或红色。蒴果卵状，长渐尖。花期6～8月，果期8～9月。

【分布生境】分布于北京、天津、河北、山西、内蒙古、辽宁、吉林、黑龙江、江苏、浙江、安徽、福建、江西、山东、河南、湖北、湖南、广东、广西、重庆、四川、贵州、云南、陕西、甘肃。山西中南部山区均有分布。生于海拔1000～2500m山坡疏林、山谷灌丛或山脊草丛。

【经济价值】可用于观赏。

416. 松蒿

Phtheirospermum japonicum

【科属】列当科 Orobanchaceae 松蒿属 *Phtheirospermum*

【形态特征】一年生草本。植株被多细胞腺毛。茎直立或弯曲上升，常多分枝。叶对生，叶柄有狭翅，叶片长三角状卵形，近基部的羽状全裂，向上则为羽状深裂；小裂片长卵形或卵圆形，多少歪斜，边缘具重锯齿或深裂。花具梗，萼齿5，叶状；花冠紫红色至淡紫红色，外面被柔毛。蒴果卵珠形。花果期6～10月。

【分布生境】分布于北京、天津、河北、山西、内蒙古、辽宁、吉林、黑龙江、上海、江苏、浙江、安徽、福建、江西、山东、河南、湖北、湖南、广东、广西、

重庆、四川、贵州、云南、西藏、陕西、甘肃、青海、台湾。山西中南部山区均有分布。生于海拔2100m以下阴湿林间空地、山坡林缘或沟边灌丛。

【经济价值】全草入药。

417. 红纹马先蒿

Pedicularis striata

【科属】列当科 Orobanchaceae 马先蒿属 *Pedicularis*

【形态特征】多年生草本。茎直立，密被短卷毛，老时近无毛。单叶互生，基生叶丛生，茎生叶多数，柄短，叶披针形，羽状深裂或全裂，裂片线形，有锯齿。花序穗状，轴被密毛；花冠黄色，二唇状，具绛红色的脉纹。蒴果卵圆形，稍扁平，有短凸尖。花期6～7月，果期7～8月。

【分布生境】分布于北京、天津、河

北、山西、内蒙古、辽宁、吉林、黑龙江、河南、四川、陕西、甘肃、宁夏。山西各林区均有分布。生于海拔1300～2600m山坡疏林、沟边灌丛或路旁草地。

【经济价值】全草作蒙药。

418. 返顾马先蒿

Pedicularis resupinata

【科属】列当科 Orobanchaceae 马先蒿属 *Pedicularis*

【形态特征】多年生直立草本。茎单生，上部多分枝，粗壮而中空，多有棱。叶互生或有时下部甚至中部对生，叶片卵形至长圆状披针形，边缘有钝圆的重锯齿，齿具胼胝或刺状尖头，常反卷；叶柄短至无。花单生于茎枝顶端的叶腋中，呈总状花序，几无梗；苞片叶状；花萼长卵形，无毛或有白色长毛；花冠淡紫红色，冠筒自基部向右扭旋，使下唇及盔部成回顾状，盔的上部两次膝状弓曲，先端具圆锥形短喙，下唇稍长于盔。蒴果斜长圆状披针形，稍长于宿存花萼。花期6～8月，果期7～9月。

【分布生境】分布于北京、天津、河北、山西、内蒙古、辽宁、吉林、黑龙江、上海、浙江、安徽、山东、河南、湖北、湖南、广西、重庆、四川、贵州、云南、西藏、陕西、甘肃、宁夏、新疆。山西各林区均有分布。生于海拔1600～2980m的湿草地及林下。生长于海拔3000m以下的湿润林间空地或沟谷林缘。

【经济价值】全草入药。

419. 轮叶马先蒿

Pedicularis verticillata

【科属】列当科 Orobanchaceae 马先蒿属 *Pedicularis*

【形态特征】多年生草本。茎直立，

单一或数条。基生叶发达而长存；叶片长圆形至线状披针形，羽状深裂至全裂，裂片具不规则缺刻状齿，齿端常有白色胼胝，柄长，被疏密不等的白色长毛；茎生叶一般4枚轮生，具短柄或几无柄。总状花序；萼球状卵圆形，常变红色，有10条暗色脉纹，外面密被长柔毛，萼齿5枚，后方1枚较小，其余两两结合；花冠紫红色，管在近基处以直角向前膝屈，中部稍向下弓曲，下唇约与盔等长或稍长。蒴果披针形或长卵状披针形，端渐尖。花期6～7月，果期7～8月。

【分布生境】分布于北京、天津、河北、山西、内蒙古、吉林、黑龙江、湖北、重庆、四川、云南、西藏、陕西、甘肃、青海、河南、台湾。山西中北部山区均有分布。生于海拔2000～3500m山坡疏林或草甸湿润。

【经济价值】藏药称"土人参"。可用于观赏。

420. 穗花马先蒿

Pedicularis spicata

【科属】列当科 Orobanchaceae 马先蒿属 *Pedicularis*

【形态特征】一年生草本。茎单一，或自根颈发出多条，4棱，沿棱有毛，节上毛尤密。基生叶小，羽状深裂，柄长，有密卷毛；茎生叶多4枚轮生；中部者最大，柄短，扁平有狭翅，叶片长圆状披针形至线状狭披针形，羽状浅裂至深裂，裂片边缘有具刺尖的锯齿，有时有胼胝。穗状花序生于枝顶；萼短钟形，萼齿后方1枚小，余4枚两两结合；花冠红色，管在萼口向前方膝屈，下唇长于盔2倍。蒴果狭卵形，端有刺尖。花期7～9月，果期8～10月。

【分布生境】分布于北京、天津、河北、山西、内蒙古、吉林、黑龙江、浙江、福建、河南、湖北、重庆、四川、西藏、陕西、甘肃、青海、宁夏。山西各林区均有分布。生于海拔1500～2600m的山坡林下、林缘草地或溪旁灌丛中。

【经济价值】可用于观赏。

421. 中国马先蒿
Pedicularis chinensis

【科属】列当科 Orobanchaceae 马先蒿属 *Pedicularis*

【形态特征】一年生草本。茎单一或多条，直立或偶有弯曲上升或倾卧。基生叶柄长，茎生叶柄较短，叶片披针状长圆形至线状长圆形，羽状浅裂至半裂，裂片卵形，前半缘有重锯齿。花序长，占植株的大部分，有时近基处叶腋也有花；萼管状，生有白色长毛，前方约开裂至 2/5，上部膨大成叶状，缘有缺刻状重锯齿；花冠黄色，盔前端渐细成指向喉部的半环状长喙，下唇宽过于长，有缘毛。蒴果长圆状披针形，端有小凸尖。

【分布生境】分布于北京、天津、河北、山西、四川、云南、西藏、陕西、甘肃、青海、宁夏。山西中北部山区均有分布。生于海拔 1700 ～ 2900m 山坡林缘或高山草地中。

【经济价值】根入药。可用于观赏。

422. 藓生马先蒿
Pedicularis muscicola

【科属】列当科 Orobanchaceae 马先蒿属 *Pedicularis*

【形态特征】多年生草本。茎丛生，在中间者直立，在外围者多弯曲上升或倾卧。单叶互生，叶椭圆形至披针形，羽状全裂，裂片常互生，有锐重锯齿，齿有凸尖。花腋生，花冠玫瑰红色，外面有毛，盔直立部分很短，几在基部即向左方扭折使其顶部向下，前方渐细为卷曲或“S”形的长喙，喙因盔扭折之故而反向上方卷曲。蒴果偏卵形，稍扁。花期 5 ～ 7 月，果期 8 月。

【分布生境】中国特有种，分布于河北、山西、内蒙古、河南、湖北、四川、西藏、陕西、甘肃、青海、宁夏。山西中南部山区均有分布。生于海拔 1200 ～ 2600m 的阴湿杂木林、林缘灌丛或沟底潮湿地。

【经济价值】根入药。

423. 短茎马先蒿（蚂蚁窝、埃氏马先蒿）
Pedicularis artselaeri

【科属】列当科 Orobanchaceae 马先蒿属 *Pedicularis*

【形态特征】多年生草本。根肉质。茎细短，被毛，基部被披针形或卵形黄褐色膜质鳞片及枯叶柄。叶铺散，长圆状披针形，羽状全裂，裂片 8 ～ 14 对，有缺刻状锯齿，密被柔毛。花腋生；花梗细柔弯曲，被长柔毛；花萼被长柔毛，萼齿 5 枚，叶状；花冠紫色，花冠筒直伸，较萼长，上唇镰状弓曲，先端尖，顶部稍钝，下唇稍长于上唇，伸展，裂片圆形，近相等。蒴果卵圆形，全为膨大宿萼所包。花期 4 ～ 5 月，果期 5 ～ 6 月。

【分布生境】中国特有种，分布于北京、天津、河北、山西、内蒙古、河南、湖北、重庆、四川、陕西、甘肃、青海。山西南部山区均有分布。生于海拔 1000 ～ 2800m 石坡草丛中和林下较干处。

【经济价值】根入药。

424. 黄花列当（独根草）
Orobanche pycnostachya

【科属】列当科 Orobanchaceae 列当属 *Orobanche*

【形态特征】二年生或多年生寄生草本。茎不分枝。叶卵状披针形或披针形，连同苞片、花萼裂片及花冠裂片外面及边缘密被腺毛。花序穗状；苞片卵状披针形；花萼 2 深裂至基部，每裂片 2 裂；花冠黄色，冠筒中部稍弯，花丝着生处稍上方缢缩，向上稍宽，上唇顶端 2 浅裂或微凹，下唇长于上唇，3 裂，边缘波状或具小齿；花丝基部疏被腺毛，花药被长柔毛；花柱疏被腺毛，柱头 2 浅裂。蒴果长圆形。花期 6 月，果期 6 ～ 8 月。

【分布生境】分布于北京、天津、河北、山西、内蒙古、辽宁、吉林、黑龙江、山东、河南、湖北、四川、陕西、甘肃、宁夏。山西各林区均有分布。生于海拔 2500m 疏林、山坡灌丛或路边草地，多寄生于蒿属植物根上。

【经济价值】全草药用。

425. 桔梗（铃铛花、包袱花）
Platycodon grandiflorus

【科属】桔梗科 Campanulaceae 桔梗属 *Platycodon*

【形态特征】多年生草本，常无毛，多少带苍白色。茎直立，常不分枝，极少上部分枝。叶互生，轮生或对生，无柄或具短柄，叶片宽卵形至狭披针形，叶背常有白粉，边缘具细锯齿。花单朵顶生，或数朵集成假总状花序或圆锥花序；花萼钟形，5裂，被白粉；花冠蓝紫色，为开展的浅钟形，5浅裂。蒴果球状，或球状倒圆锥形。花期7～9月，果期9～10月。

【分布生境】分布于北京、天津、河北、山西、内蒙古、辽宁、吉林、黑龙江、江苏、浙江、安徽、福建、江西、山东、河南、湖北、湖南、广东、广西、重庆、四川、贵州、云南、陕西、新疆、香港。山西中南部山区均有分布。生于海拔2000m以下的山坡疏林、路边灌丛或阳处草丛。

【经济价值】根药用。可用于观赏。

426. 党参（缠绕党参、素花党参）
Codonopsis pilosula

【科属】桔梗科 Campanulaceae 党参属 *Codonopsis*

【形态特征】多年生草质藤本。有白色乳汁。根常肥大呈纺锤状或纺锤状圆柱形，较少分枝或中下部稍有分枝。茎缠绕，有多数分枝。叶在主茎及侧枝上互生，在小枝上近对生，叶片卵形或狭卵形，先端钝或微尖，基部近心形，缘具钝齿。花单

生于枝端，与叶柄互生或近对生，有梗；花萼贴生至子房中部，萼筒半球状，裂片宽披针形或窄长圆形，波状或近全缘；花冠宽钟状，黄绿色，内面有明显紫斑，浅裂，裂片正三角形，全缘。蒴果下部半球状，上部短圆锥状。花果期7～10月。

【分布生境】分布于北京、天津、河北、山西、内蒙古、辽宁、吉林、黑龙江、江苏、安徽、江西、河南、湖北、湖南、广东、广西、重庆、四川、陕西、甘肃、青海、宁夏。山西中南部山区均有分布。生于海拔1000～3000m的山地林下、林缘及灌丛中。

【经济价值】根为著名中药材。

427. 羊乳（轮叶党参、羊奶参、四叶参）

Codonopsis lanceolata

【科属】桔梗科 Campanulaceae 党参属 *Codonopsis*

【形态特征】多年生草质藤本。植株全体光滑无毛，稀茎叶疏生柔毛，有白色乳汁。茎基近圆锥状或圆柱状，根常肥大呈纺锤状。茎缠绕，常有多数短细分枝，黄绿色而微带紫色。叶在主茎上的互生，披针形或菱状窄卵形；在小枝顶端通常2～4叶簇生，而近对生或轮生状，菱状卵形、窄卵形或椭圆形，先端尖或钝，基部渐窄，通常全缘或有疏波状锯齿。花单生或对生于小枝顶端；花梗长；花萼贴生至子房中部，萼筒半球状，裂片卵状三角形，全缘；花冠宽钟状，浅裂，裂片三角状，反卷，黄绿色或乳白色内有紫色斑。蒴果下部半球状，上部有喙。花果期7～8月。

【分布生境】分布于北京、天津、河北、山西、辽宁、吉林、黑龙江、江苏、浙江、安徽、福建、江西、山东、河南、湖北、

湖南、广东、广西、重庆、四川、贵州、云南、西藏、甘肃、香港。山西中南部山区均有分布。生于海拔 700 ～ 2500m 的山地阔叶林、林缘灌丛或沟边阴湿地。

【经济价值】根入药。

428. 紫斑风铃草（吊钟花、灯笼花、山茧袋）

Campanula punctata

【科属】桔梗科 Campanulaceae 风铃草属 *Campanula*

【形态特征】多年生草本。单叶互生，叶片心状卵形；茎生叶，下部的有带翅的长柄，上部的无柄，三角状卵形至披针形，边缘具不整齐钝齿。花顶生于主茎及分枝顶端，下垂；花萼裂片长三角形，裂片间有一个卵形至卵状披针形而反折的附属物，它的边缘有芒状长刺毛；花冠白色，带紫斑，筒状钟形，裂片有睫毛。蒴果半球状倒锥形。花期 6 ～ 9 月，果期 9 ～ 10 月。

【分布生境】分布于北京、天津、河北、山西、内蒙古、辽宁、吉林、黑龙江、上海、江苏、河南、湖北、重庆、四川、云南、陕西、甘肃。山西中南部各林区均有分布。生于海拔 1000 ～ 2300m 的山地林下、灌丛及草地。

【经济价值】全草入药。可用于观赏。

429. 沙参（杏叶沙参、沙和尚、南沙参）

Adenophora stricta

【科属】桔梗科 Campanulaceae 沙参属 *Adenophora*

【形态特征】多年生草本，有白色乳汁。茎不分枝，常被长柔毛，稀无毛。基生叶心形，大而具长柄；茎生叶无柄，或仅下部的叶有极短而带翅的柄，叶椭圆形或窄卵形，两面被长柔毛或长硬毛，稀无毛。花序常不分枝而成假总状花序，或有短分枝而成极窄的圆锥花序，稀具长分枝而为圆锥花序；花萼被极密的硬毛，萼

筒常倒卵状，稀倒卵状圆锥形，裂片多为钻形，稀线状披针形；花冠宽钟状，蓝色或紫色，外面被短硬毛，裂片长为全长的1/3，角状卵形；花柱常稍长于花冠，稀较短。蒴果椭圆状球形。花果期8～10月。

【分布生境】分布于天津、山西、江苏、浙江、安徽、福建、江西、河南、湖北、湖南、广东、广西、重庆、四川、贵州、云南、陕西、甘肃。山西各林区均有分布。生于海拔600～3200m的山坡林下、林缘灌丛或林间草地。

【经济价值】根入药。

430. 薄叶荠苨
Adenophora remotiflora

【科属】桔梗科 Campanulaceae
沙参属 *Adenophora*

【形态特征】多年生草本，有白色乳汁。茎单生，无毛，常多少呈之字形曲折，有时具分枝。叶卵形至卵状披针形，少为卵圆形，基部多为平截形、圆钝至宽楔形，顶端多为渐尖，质地薄，膜质。常为单花，少有几朵花组成假总状或狭圆锥状聚伞花序；花萼筒部倒卵状或倒卵状圆锥形；花冠钟状，蓝色、蓝紫色或白色，裂片宽三角状半圆形，顶端急尖；花柱与花冠近等长。蒴果卵状圆锥形。花期7～8月，果期9～10月。

【分布生境】分布于河北、山西、辽宁、吉林、黑龙江、江苏、浙江、安徽、福建、江西、山东、湖北。山西南部林区均有分布。生于海拔1700m以下的林缘、林下或草地中。

431. 蒲公英
Taraxacum mongolicum

【科属】菊科 Asteraceae
蒲公英属 *Taraxacum*

【形态特征】多年生草本。单叶基生，叶长圆状倒卵状或匙状倒披针形，两面被毛或近无毛，羽状深裂或浅裂，有时具波状齿或全缘，基部渐狭成叶柄，叶柄及主脉常带红紫色。花莛直立，上部紫红色，与叶等长或稍长，被蛛丝状白毛；头状花序单生；总苞钟状，总苞片2～3层，不等长，内层顶端紫红色，具角状突起；舌

状花黄色。瘦果倒卵状披针形，褐色，具刺状突起；冠毛白色。花果期5～10月。

【分布生境】全国各地均有分布。山西各林区均有分布。生于林间空地、林缘灌丛、山坡草地、河滩荒地或田间地头。

【经济价值】全草药用。可食用或作牧草。可用于观赏。

432. 长裂苦苣菜（苣荬菜、甜苣菜）
Sonchus brachyotus

【科属】菊科 Asteraceae
苦苣菜属 *Sonchus*

【形态特征】一年生草本。茎直立，有纵条纹，上部有伞房状花序分枝。全株光滑无毛。单叶互生，基生叶与下部茎生叶卵形、长椭圆形或倒披针形，羽状深裂、半裂或浅裂，向下渐狭，无柄或有短翼柄，

基部圆耳状扩大，半抱茎，侧裂片线状长椭圆形、长三角形或三角形，顶裂片披针形，全部裂片边缘全缘；中上部茎生叶较小；最上部叶宽线形或披针形，接花序下部的叶常钻形。少数头状花序在茎枝顶端排成伞房状花序；总苞钟状，总苞片4～5层；舌状小花多数，黄色。瘦果长椭圆状，褐色，稍压扁，每面有5条纵肋。冠毛白色，单毛状。花果期6～9月。

【分布生境】分布于北京、天津、河北、山西、内蒙古、辽宁、吉林、黑龙江、浙江、山东、河南、湖北、湖南、广西、四川、贵州、西藏、陕西、甘肃、青海、宁夏、新疆。山西各林区均有分布。生于海拔2300m以下的林间空地、林缘灌丛、山坡草地、河边或田间地头。

【经济价值】嫩芽苗可食用。

433. 尖裂假还阳参（抱茎苦荬菜）
Crepidiastrum sonchifolium

【科属】菊科 Asteraceae
假还阳参属 *Crepidiastrum*

【形态特征】多年生草本。茎直立，单生，上部伞房花序状分枝。全株无毛。单叶互生，基生叶花期枯萎脱落；中下部茎叶长椭圆状卵形、长卵形或披针形，羽状深裂或半裂，基部扩大圆耳状抱茎，侧裂片约6对，狭长，长线形或尖齿状，边缘全缘；上部茎叶及接花序分枝处的叶渐小或更小，卵状心形，顶端长渐尖，基部心形扩大抱茎。头状花序多数，在茎枝顶端排成伞房状花序；总苞圆柱状，总苞片2～3层。舌状小花黄色。瘦果长椭圆形。

花果期 4 ～ 6 月。

【分布生境】分布于辽宁、河北、山西、内蒙古、陕西、甘肃、山东、江苏、浙江、河南、湖北、四川、贵州。山西各林区均有分布。生于海拔 2700m 以下的山坡林下、林缘灌丛、路旁荒地或田间地头。

【经济价值】全草入药。

434. 黄瓜菜（黄瓜假还阳参、羽裂黄瓜菜）

Crepidiastrum denticulatum

【科属】菊科 Asteraceae

假还阳参属 *Crepidiastrum*

【形态特征】多年生直立草本。茎单生，常中部以上分枝，全部茎枝光滑无毛，常带紫色。基生叶在花期枯萎；中下部茎叶椭圆形、长椭圆形或披针形，羽状深裂、浅裂或半裂，侧裂片 2 ～ 4 对，长椭圆形或斜三角形，边缘有三角形尖齿，顶裂片三角状卵形或长椭圆形，边缘无齿或具少齿；上部茎叶与中部茎叶同形，或披针形，羽状分裂或不分裂；叶基部圆耳状扩大抱茎，两面无毛。头状花序多数，在枝端排成伞房花序；总苞圆柱形；舌状花黄色，花冠管部被白色微毛。瘦果褐色或黑色，长椭圆形，有 10 条钝纵肋，向上渐尖成短喙；冠毛白色。花果期 6 ～ 11 月。

【分布生境】分布于黑龙江、吉林、辽宁、河北、山西、甘肃、江苏、安徽、浙江、江西、河南、湖北、广东、四川、贵州。山西中南部山区均有分布。生于海拔 2300m 以下的山坡林下、林缘灌丛或沟旁岩石缝隙中。

【经济价值】全草入药。

435. 黄鹌菜（黄鸡婆）

Youngia japonica

【科属】菊科 Asteraceae

黄鹌菜属 *Youngia*

【形态特征】一年生草本。基生叶丛生，倒披针形，琴状或羽状半裂，顶裂片较侧裂片大，侧裂片向下渐小，有深波状齿。头状花序小，有花 10 ～ 20 朵，排成聚伞状圆锥花序；总花梗细；总苞开花前

圆筒形，结果时钟状；外层总苞片5枚，极小，三角形或卵形，内层8枚，披针形，边缘膜质，内面紧贴柔毛，外面基部具硬的龙骨状突起，先端反折；舌状花黄色。果实纺锤形，红棕色或褐色，稍扁平，具11～13条纵肋，其中2～4条较粗，具细刺，被刚毛，无喙；冠毛白色。花期5～6月，果期6～8月。

【分布生境】分布于北京、河北、山西、上海、江苏、浙江、安徽、福建、江西、山东、河南、湖北、湖南、广东、广西、海南、重庆、四川、贵州、云南、西藏、陕西、甘肃、台湾、香港。山西中南部山区均有分布。生于海拔3000m以下山坡林下、山沟林缘、林间草地、河边荒地或田间地头。

【经济价值】全草入药。可食用。

436. 福王草（盘果菊）

Nabalus tatarinowii

【科属】菊科 Asteraceae 耳菊属 *Nabalus*

【形态特征】多年生草本。茎枝无毛。中下部茎生叶心形或卵状心形，全缘、有锯齿或大头羽状全裂，顶裂片卵状心形、心形、戟状心形或三角状戟形，基部心形、近心形或戟形，边缘有锯齿，侧裂片1（2～3）对，椭圆形、卵状披针形、偏斜卵形或耳状，向上的叶渐小；上部茎生叶、花序分枝上的叶宽三角状卵形、线状披针形、近菱形或卵形，不裂，有短柄，叶两面被刚毛。头状花序具5朵舌状小花，排成圆锥状或总状花序；舌状小花紫色或粉红色。瘦果线形或长椭圆状，紫褐色，无喙，有5条纵肋。花果期8～10月。

【分布生境】分布于北京、天津、河北、山西、辽宁、吉林、黑龙江、福建、山东、河南、湖北、广西、重庆、四川、贵州、云南、陕西、甘肃、宁夏。山西中南部山区均有分布。生于海拔500～3000m山坡林下、山谷林缘或潮湿草地。

【经济价值】全草入药。

437. 多裂福王草（多裂耳菊、大叶盘果菊）

Nabalus tatarinowii* subsp. *macranthus

【科属】菊科 Asteraceae 耳菊属 *Nabalus*

【形态特征】多年生草本。茎直立，具条纹，上部多分枝，被黄褐色疏柔毛或茸毛。叶膜质，具长柄，掌状分裂，顶裂片较大，卵状披针形，渐尖，侧裂片 2～3 对，卵状披针形或披针形，基部有一对耳状小裂片，边缘具细齿，齿端有小尖头，叶面被疏短柔毛，叶背沿脉有疏毛；上部叶渐小，叶柄具狭翅。头状花序多数，在茎枝端排成总状圆锥状；总苞圆柱形，总苞片 2 层，外层短；舌状花淡紫色。瘦果圆柱形，具 7～8 条纵肋，紫褐色；冠毛红褐色。花果期 7～9 月。

【分布生境】分布于北京、河北、山西、陕西、甘肃、河南、四川。山西中南部山区均有分布。生于海拔 2700m 以下山坡林下、山谷林缘或潮湿草地。

【经济价值】全草入药。

438. 翅果菊（野莴苣、山马草、苦莴苣、山莴苣、多裂翅果菊）

Lactuca indica

【科属】菊科 Asteraceae 莴苣属 *Lactuca*

【形态特征】一年生或二年生草本。茎枝无毛。茎生叶线形，无柄，两面无毛，中部茎生叶长达 21cm，边缘常全缘或中部以下有小尖头或疏生细齿或尖齿，或茎生叶线状长椭圆形、长椭圆形或倒披针状长椭圆形；中下部茎生叶 15～20cm，边缘有三角形锯齿或偏斜卵状大齿。头状花序果期卵圆形，排成圆锥花序；总苞片 4 层，边缘染紫红色，外层卵形或长卵形，中内层长披针形或线形披针形；舌状小花 21 朵，黄色。瘦果椭圆形，黑色，边缘有宽翅，顶端具喙，每面有 1 条细纵脉纹。花果期 7～10 月。

【分布生境】分布于北京、天津、河北、山西、内蒙古、辽宁、吉林、黑龙江、江苏、浙江、安徽、福建、江西、山东、河南、湖北、湖南、广东、广西、重庆、四川、贵州、云南、陕西、甘肃、台湾、香港。山西中南部山区均有分布。生于海拔 2000m 以下山坡林下、山谷林缘、沟边灌丛或路旁草地。

【经济价值】全草入药。

439. 林泽兰（尖佩兰）

Eupatorium lindleyanum

【科属】菊科 Asteraceae

泽兰属 *Eupatorium*

【形态特征】多年生直立草本。茎下部带红紫色，分枝或不分枝，被柔毛。叶对生或上部有时互生，无柄或近无柄，叶片长椭圆状披针形或线状披针形，不分裂或有时3全裂，边缘有疏锯齿，基出脉3，两面粗糙，无毛或仅叶背沿脉有柔毛及黄色腺点。头状花序多数，在茎端排成伞房状或复伞房状；总苞钟状，总苞片约3层，外层较短，绿色或红紫色；小花5朵，白色或淡紫色，有散生黄色腺点。瘦果黑褐色，椭圆形，5棱，有疏腺点，冠毛污白色，约与花冠等长或稍短。花果期 5~10 月。

【分布生境】除新疆外，全国各地均有分布。山西中南部山区均有分布。生于海拔 2600m 以下的林下湿地、山谷林缘、水旁草地或草原上。

【经济价值】枝叶入药。可用于观赏。

440. 三脉紫菀（三脉叶马兰、野白菊花）

Aster ageratoides

【科属】菊科 Asteraceae

紫菀属 *Aster*

【形态特征】多年生草本。单叶互生，下部叶叶片宽卵圆形，基部急狭成长柄，在花期枯落；中部叶椭圆形或长圆状披针形，边缘有3～7对浅或深锯齿；上部叶渐小，有浅齿或全缘；全部叶面被短糙毛，叶背浅色被短柔毛及腺点，离基三出脉。头状花序排列成伞房或圆锥伞房状；总苞倒锥状或半球状，总苞片3层，线状长圆形，上部绿色或紫褐色；舌状花约10个，紫色、浅红色或白色，管状花黄色。瘦果倒卵状长圆形。花果期7～12月。

【分布生境】分布于北京、天津、河北、山西、内蒙古、辽宁、吉林、黑龙江、江苏、浙江、安徽、福建、江西、山东、河南、湖北、湖南、广东、广西、海南、重庆、四川、贵州、云南、西藏、陕西、甘肃、青海、宁夏、台湾。山西各林区均有分布。生于海拔 2200m 以下的林下、林缘、灌丛及山谷湿地。

【经济价值】全草入药。可用于观赏。

441. 林荫千里光（黄菀）

Senecio nemorensis

【科属】菊科 Asteraceae
千里光属 *Senecio*

【形态特征】多年生直立草本。基生叶或下部叶在花期凋落；中部叶披针形或长圆状披针形，先端渐尖，基部楔形，多少半抱茎，边缘具密锯齿，两面被疏短毛或近无毛；上部叶渐小，线状披针形至线形，无柄。头状花序多数，在茎枝端排列成复伞房状；总苞近圆柱形，有 4～5 枚外苞片，总苞片长圆形，外面被短柔毛；舌状花 8～10 朵，黄色，线状长圆形；管状花花冠黄色，裂片三角形。瘦果圆柱形，无毛；冠毛白色。花果期 6～11 月。

【分布生境】分布于北京、天津、河北、山西、内蒙古、吉林、黑龙江、浙江、安徽、福建、江西、山东、河南、湖北、湖南、重庆、四川、贵州、云南、陕西、甘肃、青海、新疆、台湾。山西各林区均有分布。生于海拔 700～3000m 的山坡林下及沟底水旁。

【经济价值】可用于观赏。

442. 黄毛橐吾

Ligularia xanthotricha

【科属】菊科 Asteraceae
橐吾属 *Ligularia*

【形态特征】多年生草本。茎直立，粗壮，被毛。丛生叶与下部茎生叶肾形，大型，掌状脉，具小密齿，叶柄长，被黄毛，基部具膨大鞘；中部茎生叶肾形，较小，叶柄短，基部膨大鞘状，鞘宽卵形，被黄毛。花两性，头状花序成复伞房状聚伞状，被黄毛；总苞狭钟形，被黄毛，总苞片 2 层，近等长，被黄毛；花冠管状，黄色，5 裂。瘦果圆柱形，褐色；冠毛白色。花果期 7～9 月。

【分布生境】分布于河北、山西、陕西。山西五台山、管涔山、关帝山、太岳山有分布。生于海拔 1600～3000m 的松林、沟边灌丛或山坡草地。

【经济价值】可用于观赏。

443. 齿叶橐吾
Ligularia dentata

【科属】菊科 Asteraceae 橐吾属 *Ligularia*

【形态特征】多年生直立草本。茎上部有分枝，被白色蛛丝状柔毛和黄色有节短柔毛或下部光滑。丛生叶与茎下部叶叶柄长，被白色柔毛，有细棱，基部膨大成鞘；叶片肾形，边缘具整齐的齿，叶背被白色柔毛；茎中部叶与茎下部叶同形，较小；上部叶肾形，近无柄，具膨大的鞘。伞房状或复伞房状花序开展；花序梗长，被毛；头状花序多数；总苞半球形，宽大于长，总苞片 2 层，有褐色睫毛，背部被密的白色柔毛；舌状花黄色，冠毛红褐色，与管状花花冠等长。瘦果圆柱形，有肋，光滑。花果期 7～10 月。

【分布生境】分布于北京、河北、山西、浙江、安徽、江西、河南、湖北、湖南、广西、重庆、四川、贵州、云南、陕西、甘肃。山西中南部山区均有分布。生于海拔 700～3200m 的山坡林下、林缘灌丛或路边草地。

【经济价值】可用于观赏。

444. 狭苞橐吾
Ligularia intermedia

【科属】菊科 Asteraceae 橐吾属 *Ligularia*

【形态特征】多年生直立草本。根肉质，多数。茎上部被白色柔毛，下部光滑。丛生叶与茎下部叶具长柄，光滑，基部具狭鞘，叶片肾形或心形，边缘具整齐的有小尖头的三角状齿或小齿，两面光滑；茎中上部叶与下部叶同形，较小，具短柄或无柄，鞘略膨大；茎最上部叶卵状披针形，苞叶状。总状花序长 22～25cm，头状花序多数；苞片线形或线状披针形，总苞钟形，背部光滑；舌状花 4～6 朵，黄色，舌片狭长圆形；管状花 7～12 朵，伸出总苞，冠毛紫褐色，有时白色，比花冠管部短。瘦果圆柱形。花果期 7～10 月。

【分布与生境】中国分布于云南西北和东北部、四川、贵州、湖北、湖南、河南、甘肃、陕西、华北及东北地区。山西各林区均有分布。生于海拔 3400m 以下山坡林下、林缘草地或山顶草原。

【经济价值】可用于观赏。

445. 蹄叶橐吾

Ligularia fischeri

【科属】菊科 Asteraceae 橐吾属 *Ligularia*

【形态特征】与狭苞橐吾的区别在于：茎上部及花序被黄褐色有节短柔毛。总状花序长 25 ～ 75cm；苞片卵形或卵状披针形，向上渐小，边缘有齿；花序梗细，向上渐短；舌状花 5 ～ 6（9）；管状花多数。花果期 7 ～ 10 月。

【分布生境】分布于北京、天津、河北、山西、内蒙古、辽宁、吉林、黑龙江、安徽、江西、河南、湖北、湖南、重庆、四川、贵州、云南、西藏、陕西、甘肃。山西中南部山区均有分布。生于海拔 2700m 以下山坡林下、林缘灌丛或山顶草甸。

【经济价值】本种以“山紫菀”之名入药。

446. 兔儿伞

Syneilesis aconitifolia

【科属】菊科 Asteraceae 兔儿伞属 *Syneilesis*

【形态特征】多年生草本。茎单生，具纵沟棱，无毛。基生叶在花期枯萎；茎生叶 2 枚，互生，圆盾形，下部叶较大，掌状深裂，裂片 7 ～ 9 枚，每裂片 2 ～ 3 浅裂，小裂片有不规则疏锐齿，无毛，叶柄长，基部抱茎；中部叶较小，裂片 4 ～ 5 枚，叶柄较短。头状花序多数，在茎端密集成复伞房状，具数枚线形小苞片；总苞筒状，紫褐色，总苞片 1 层，5 枚，背面无毛；管状小花 8 ～ 10 朵，花冠淡粉白色。瘦果圆柱形。花期 6 ～ 7 月，果期 8 ～ 10 月。

【分布生境】分布于北京、天津、河北、山西、内蒙古、辽宁、吉林、黑龙江、上海、江苏、浙江、安徽、福建、江西、山东、河南、湖北、湖南、广东、广西、四川、贵州、陕西、甘肃。山西中南部林区均有分布。生于海拔 500 ～ 1800m 山坡疏林、林缘灌丛、路旁荒地或山顶草地。

【经济价值】全草入药。叶形奇特，可用于观赏。

447. 两似蟹甲草（登云鞋）
Parasenecio ambiguus

【科属】菊科 Asteraceae 蟹甲草属 *Parasenecio*

【形态特征】多年生直立草本。茎下部被疏毛或无毛，上部花序枝被贴生柔毛。叶多角形或肾状三角形，掌状浅裂，裂片 5～7 枚，宽三角形，基部心形或平截，边缘疏生波状齿，叶脉 5～7，叶面被疏毛，后无毛，叶背无毛；上部叶具短柄；最上部叶窄卵形，苞片状，全缘或有疏细齿。头状花序在茎端和上部叶腋排成宽圆锥花序，无或近无花序梗，基部常有钻形小苞片；花序轴被毛或下部近无毛；总苞圆柱形，总苞片 3（4），线形，被髯毛，边缘膜质，具条纹，背面无毛；小花 3 朵，花冠白色。瘦果圆柱形，淡褐色，无毛。花期 7～8 月，果期 9～10 月。

【分布生境】分布于河北、山西、浙江、河南、陕西。山西中南部山区均有分布。生于海拔 1200～2400m 山坡林下、林缘灌丛或草坡阴湿处。

【经济价值】可作饲料。

448. 山尖子（戟叶兔儿伞、山尖菜）
Parasenecio hastatus

【科属】菊科 Asteraceae 蟹甲草属 *Parasenecio*

【形态特征】多年生直立草本。茎粗壮，中空，不分枝，具纵沟棱。下部叶在花期枯萎；中部叶三角状戟形，基部戟形，中间下延成具狭翅的叶柄，边缘具不规则的细尖齿；上部叶渐小，三角形或近菱形，基部截形或宽楔形；最上部叶和苞片披针形至线形。头状花序多数，下垂，在茎端聚为圆锥花序，被密腺状短柔毛；总苞圆柱形，花冠管状，白色。瘦果圆柱形，冠毛白色，与瘦果近等长。花期 7～8 月，果期 9 月。

【分布生境】分布于北京、天津、河北、山西、内蒙古、辽宁、吉林、黑龙江、江西、山东、河南、湖北、湖南、陕西、甘肃、宁夏。山西中南部山区均有分布。生于海拔 1300～2500m 的山谷林下、林缘灌丛或阴湿草丛中。

【经济价值】可作饲料。春、夏季嫩苗与嫩叶、嫩芽可作青菜，炒食或做汤食用。

449. 高山蓍（羽衣草、蚰蜒草、锯齿草）

Achillea alpina

【科属】菊科 Asteraceae 蓍属 *Achillea*

【形态特征】多年生草本。茎被伏柔毛。叶无柄，线状披针形，篦齿羽状浅裂至深裂，基部裂片抱茎，裂片线形或线状披针形，尖锐，有锯齿或浅裂，齿端和裂片有软骨质尖头，叶面疏生长柔毛，叶背毛较密，有少数腺点或几无腺点。头状花序集成伞房状；总苞宽长圆形或近球形，总苞片3层，宽披针形或长椭圆形，中间绿色，边缘较宽，膜质，褐色，疏生长柔毛；边缘舌状花舌片白色，宽椭圆形，先端3浅齿，管部翅状侧扁，无腺点；管状花白色，冠檐5裂。瘦果宽倒披针形，边肋淡色。花果期7～9月。

【分布生境】分布于北京、天津、河北、山西、内蒙古、辽宁、吉林、黑龙江、上海、江苏、浙江、福建、江西、河南、湖北、湖南、广东、重庆、四川、贵州、云南、陕西、甘肃、青海、新疆。山西各林区均有分布。生于海拔1300～2500m林间空地、林缘灌丛或山坡草地。

【经济价值】全草入药。茎叶含芳香油，可作调和香料的原料。可用于庭院、公共绿地、道路绿化。

450. 野菊

Chrysanthemum indicum

【科属】菊科 Asteraceae 菊属 *Chrysanthemum*

【形态特征】多年生直立草本。茎自中部以上多分枝或仅上部伞房状分枝；茎枝上部及花序梗上毛较多。单叶互生，基部和下部叶花期脱落；中部叶卵形、长卵形或椭圆状卵形，羽状半裂、浅裂或分裂不明显而边缘有浅锯齿，基部截形或稍心形或宽楔形，两面同色或几同色，淡绿色，或干后成橄榄色，有稀疏的短柔毛，或叶背毛稍多。头状花序在茎枝顶端排成疏松的伞房圆锥花序或伞房花序；总苞片约5层，边缘白色或褐色宽膜质；舌状花黄色，顶端全缘或2～3齿。花期6～11月。

【分布生境】全国各地均有分布。山西各林区均有分布。生于海拔700～2300m阳坡疏林、路旁灌丛、河滩草地或田间地头。

【经济价值】花及全草入药。野菊花的浸液对杀灭孑孓及蝇蛆非常有效。可用于观赏。

451. 小红菊
Chrysanthemum chanetii

【科属】菊科 Asteraceae
菊属 *Chrysanthemum*

【形态特征】多年生草本。茎枝疏被毛。中部茎生叶肾形、半圆形、近圆形或宽卵形，常 3 ～ 5 掌状或掌式羽状浅裂或半裂，稀深裂，侧裂片椭圆形，顶裂片较大，裂片具钝齿、尖齿或芒状尖齿；上部茎叶椭圆形或长椭圆形，接花序下部的叶长椭圆形或宽线形，羽裂、齿裂或不裂；中下部茎生叶基部稍心形或平截，叶柄长。头状花序排成疏散伞房花序，稀单生茎端；总苞碟形，总苞片 4 ～ 5 层，边缘白色或褐色膜质，背面疏生长柔毛；舌状花白色、粉红色或紫色，先端 2 ～ 3 齿裂。瘦果具 4 ～ 6 脉棱。花果期 7 ～ 10 月。

【分布生境】分布于北京、天津、河北、山西、内蒙古、辽宁、吉林、黑龙江、山东、河南、重庆、陕西、甘肃、青海、宁夏。山西各林区均有分布。生于海拔 3000m 以下山坡林缘、路边灌丛、河滩草地或山顶草原。

【经济价值】可栽培观赏。

452. 腺梗豨莶（毛豨莶）
Sigesbeckia pubescens

【科属】菊科 Asteraceae
豨莶属 *Sigesbeckia*

【形态特征】一年生直立草本。茎上部多分枝，被开展的灰白色长柔毛或糙毛。基部叶卵状披针形；中部叶卵圆形或卵形，基部下延成具翼的柄，边缘有尖头状粗齿；上部叶披针形或卵状披针形；叶面深绿色，叶背淡绿色，基生三出脉，两面被平伏柔毛。头状花序生于枝端，排成疏散的圆锥状花序；花序梗细长，密生紫褐色头状具柄的腺毛和长柔毛；总苞宽钟状；总苞片 2 层，背面被密紫褐色头状具柄腺毛；舌状花舌片顶端 2 ～ 3 齿裂；管状花顶端 4 ～ 5 齿裂。瘦果倒卵圆形，4 棱，顶端具褐色环状突起。花期 5 ～ 8 月。果期 6 ～ 10 月。

【分布生境】分布于吉林、辽宁、河北、山西、河南、甘肃、陕西、江苏、浙江、安徽、江西、湖北、四川、贵州、云南、西藏。山西中南部山区均有分布。生于海拔 3000m 以下林间空地、山谷林缘、溪边灌丛、河滩草地或路旁田边。

【经济价值】全草药用。

453. 风毛菊
Saussurea japonica

【科属】菊科 Asteraceae
风毛菊属 *Saussurea*

【形态特征】二年生草本。茎疏被柔毛及金黄色腺点。基生叶与下部茎生叶椭圆形或披针形，羽状深裂，裂片 7～8 对，长椭圆形、斜三角形、线状披针形或线形，裂片全缘，极稀疏生大齿，叶柄有窄翼；中部叶有短柄；上部叶浅羽裂或不裂，无柄；叶两面绿色，密被黄色腺点。头状花序排成伞房状或伞房圆锥花序；总苞窄钟状或圆柱形，总苞片 6 层，外层长卵形，先端有扁圆形紫红色膜质附片，有锯齿；小花紫色。瘦果圆柱形。花果期 6～11 月。

【分布生境】全国各地均有分布。山西各林区均有分布。生于海拔 3000m 以下山坡林下、山谷灌丛、路旁草丛或水旁草地。

【经济价值】茎叶药用。可用于观赏。

454. 乌苏里风毛菊
Saussurea ussuriensis

【科属】菊科 Asteraceae
风毛菊属 *Saussurea*

【形态特征】多年生草本。茎直立，有纵棱。基生叶及下部茎生叶有长叶柄，叶片卵形、宽卵形、长圆状卵形、三角形或椭圆形，基部心形、戟形或截形，边缘有粗锯齿、细锯齿或羽状浅裂，叶面及边缘有微糙毛并密布黑色腺点，叶背被稀疏短柔毛或无毛；中上部叶渐变小，长圆状卵形或披针形至线形，基部截形或戟形，缘有细锯齿，叶柄短或无。头状花序在茎

枝顶端排列成伞房状花序，具短花梗，有线形苞片；总苞狭钟状，顶端及边缘常带紫红色，被白色蛛丝毛，外层卵形，顶端有短尖头；管状花紫红色。瘦果浅褐色；冠毛 2 层，白色。花果期 7 ～ 9 月。

【分布生境】分布于北京、天津、河北、山西、内蒙古、辽宁、吉林、黑龙江、江苏、山东、河南、四川、西藏、陕西、甘肃、青海、宁夏。山西中南部山区均有分布。生于海拔 1100 ～ 2000m 的山坡林下、林缘灌丛或河边草地。

【经济价值】茎叶药用。

455. 蒙古风毛菊（华北风毛菊）

Saussurea mongolica

【科属】菊科 Asteraceae 风毛菊属 *Saussurea*

【形态特征】多年生草本。根状茎斜升，颈部被褐色残存的叶柄。茎直立，有棱，上部伞房状或伞房圆锥花序状分枝。下部茎生叶有长柄，叶片卵状三角形或卵形，顶端急尖，基部心形或微心形，羽状深裂或下半部羽状深裂或羽状浅裂，上半部边缘有粗齿，侧裂片 1 ～ 3 对；中部与上部茎生叶同形或长圆状披针或披针形，

边缘有粗齿；全部叶两面绿色，下面色淡，两面被稀疏的短糙毛。头状花序多数，在茎枝顶端成伞房花序或伞房圆锥花序；总苞片 5 层，被稀疏的蛛丝毛或短柔毛，全部总苞片顶端有马刀形的附属物，附属物长渐尖，反折；小花紫红色。瘦果圆柱状，褐色。花果期 7 ～ 10 月。

【分布生境】分布于北京、天津、河北、山西、内蒙古、辽宁、山东、河南、陕西、甘肃、青海、宁夏。山西各林区均有分布。生于海拔 700 ～ 3000m 山坡林下、林缘灌丛或路旁草坡。

【经济价值】茎叶药用。

456. 烟管蓟

Cirsium pendulum

【科属】菊科 Asteraceae 蓟属 *Cirsium*

【形态特征】多年生直立草本。基生叶及下部茎生叶长椭圆形、偏斜椭圆形、长倒披针形或椭圆形，下部渐狭成翼柄或无柄，二回羽状分裂；向上的茎生叶渐小，无柄或扩大耳状抱茎；全部叶两面同色，无毛，边缘及齿顶或裂片顶端有针刺。花两性，头状花序下垂，在茎枝顶端排成总状圆锥花序；总苞钟状，无毛，总苞片覆瓦状排列，上部或中部以上钻状，向外反折或开展。小花紫色或红色，管部细丝状，檐部短 5 浅裂。瘦果偏斜楔状倒披针形；冠毛污白色，长羽毛状。花果期 6 ～ 9 月。

【分布生境】分布于北京、天津、河北、山西、内蒙古、辽宁、吉林、黑龙江、江苏、河南、四川、云南、陕西、甘

肃。山西中南部各林区均有分布。生于海拔 800 ～ 2400m 山坡林下、林缘灌丛、山谷草地或田间地头。

【经济价值】全草入药。

457. 苍术

Atractylodes lancea

【科属】菊科 Asteraceae 苍术属 *Atractylodes*

【形态特征】多年生草本。茎直立，单生或簇生。基部叶花期脱落；中下部茎生叶羽状深裂或半裂，几无柄，扩大半抱茎，侧裂片 1 ～ 2 对；中部以上或仅上部茎生叶不分裂或全部茎生叶不裂；全部叶硬纸质，两面绿色，无毛，边缘或裂片边缘有针刺状缘毛或三角形刺齿或重刺齿。头状花序单生枝顶，总苞钟状，苞叶针刺状羽状全裂或深裂；小花白色。瘦果倒卵圆状，被稠密的顺向贴伏的白色长直毛，冠毛为刚毛，褐色或污白色。花果期 6 ～ 10 月。

【分布生境】分布于北京、天津、河北、山西、内蒙古、辽宁、吉林、黑龙江、江苏、浙江、安徽、江西、山东、河南、湖北、湖南、广东、重庆、四川、贵州、云南、陕西、甘肃。山西各林区均有分布。生于海拔 2300m 以下山坡疏林、沟边灌丛、干燥草地或山崖缝隙。

【经济价值】根状茎入药。

458. 大丁草

Leibnitzia anandria

【科属】菊科 Asteraceae 大丁草属 *Leibnitzia*

【形态特征】多年生草本。叶基生，莲座状，多倒披针形或倒卵状长圆形，具齿、深波状或琴状羽裂，叶面被蛛丝状毛或近无毛，叶背密被蛛丝状棉毛。花莛单生或丛生，被蛛丝状毛；苞叶疏生，线形或线状钻形，常被毛；头状花序单生花莛之顶；总苞稍短于冠毛；总苞片约 3 层，外层线形，内层线状披针形；雌花花冠舌状，舌片长圆形，带紫红色，花冠管纤细；两性花花冠管状二唇形，外唇宽，内唇 2

裂丝状；雌花管状花二唇形，无舌片。瘦果纺锤形；冠毛污白色。花期春秋2季。

【分布生境】全国各地均有分布。山西各林区均有分布。生于海拔700～2100m的山坡疏林、林缘灌丛或荒坡草地。

【经济价值】全草入药。

459. 旋覆花（猫耳朵、六月菊、小旋覆花、条叶旋覆花）

Inula japonica

【科属】菊科 Asteraceae 旋覆花属 *Inula*

【形态特征】多年生草本。茎被长伏毛，或下部脱毛。单叶互生，中部叶长圆形、长圆状披针形或披针形，基部常有圆形半抱茎小耳，无柄，有小尖头状疏齿或全缘，叶面有疏毛或近无毛，叶背有疏伏毛和腺点，中脉和侧脉有较密长毛；上部叶线状披针形。头状花序排成疏散伞房花序，花序梗细长；舌状花黄色，较总苞长2～2.5倍，舌片线形；管状花冠毛白色。瘦果圆柱形，有10条浅沟，被疏毛。花期6～10

月，果期9～11月。

【分布生境】全国各地均有分布。山西各林区均有分布。生于海拔2400m以下湿润的林间空地、林缘灌丛、路旁草地、河岸沼泽或日间地头。

【经济价值】根、叶、花供药用。可用于观赏。

460. 和尚菜（腺梗菜）

Adenocaulon himalaicum

【科属】菊科 Asteraceae 和尚菜属 *Adenocaulon*

【形态特征】多年生直立草本。根状茎匍匐，自节上生出多数的纤维根。茎直立，中部以上分枝，稀自基部分枝，被蛛丝状茸毛。基生叶或有时下部的茎生叶花期凋落；下部茎生叶肾形或圆肾形，基部心形，顶端急尖或钝，边缘有不等形的波状大牙齿，齿端有突尖，叶面沿脉被尘状柔毛，叶背密被蛛丝状毛，基生三出脉，叶柄有狭或较宽的翼，翼全缘或有不规则的钝齿；中部茎叶三角状圆形，向上的叶

渐小，三角状卵形或菱状倒卵形，最上部的叶披针形或线状披针形，无柄，全缘。头状花序排成狭或宽大的圆锥状花序，花梗短，被白色茸毛，花后花梗伸长，密被稠密头状具柄腺毛；总苞半球形，总苞片5～7个，宽卵形，全缘，果期向外反曲；雌花白色，檐部比管部长，裂片卵状长椭圆形，两性花淡白色，檐部短于管部。瘦果棍棒状，被多数头状具柄的腺毛。花果期6～11月。

【分布生境】全国各地均有分布。山西中南部山区均有分布。生于海拔3000m以下阴湿密林、峡谷林缘、溪边灌丛或河岸草坡。

【经济价值】全草药用。

461. 天名精（鹤虱、野烟叶、野烟、野叶子烟）

Carpesium abrotanoides

【科属】菊科 Asteraceae 天名精属 *Carpesium*

【形态特征】多年生直立草本。茎多分枝，上部被密短柔毛，下部近无毛。叶互生；基部叶花前凋萎；下部叶宽椭圆形或长圆形，边缘具不规则的钝齿或近全缘，叶面被短柔毛，后脱落，叶背密被短柔毛，具柄；上部叶渐小，无柄或具短柄。头状花序多数，生茎端或沿茎枝腋生，近无梗，排成穗状；总苞钟状球形，总苞片3层，背面被短柔毛；花黄色，外围雌花丝状，3～5齿裂，中央两性花筒状，先端5齿裂。瘦果条形，先端有短喙，有腺点。花期6～8月，果期9～10月。

【分布生境】分布于河北、山西、江

苏、浙江、安徽、福建、江西、河南、湖北、湖南、广东、广西、重庆、四川、贵州、云南、西藏、陕西、甘肃、新疆。山西中南部山区均有分布。生于海拔 2000m 以下林间空地、沟谷林缘、路边荒地或溪边草地。

【经济价值】全草药用。

462. 烟管头草（烟袋草、杓儿菜）

Carpesium cernuum

【科属】菊科 Asteraceae 天名精属 *Carpesium*

【形态特征】多年生草本。茎下部密被白色长柔毛及卷曲柔毛，基部叶腋成棉毛状，上部被疏柔毛。基生叶开花前凋萎，稀宿存；茎下部叶长椭圆形或匙状长椭圆形，基部长渐窄下延，叶面被稍密倒伏柔毛，叶背被白色长柔毛；中部叶椭圆形或长椭圆形，具短柄；上部叶渐小，近全缘。头状花序单生茎枝端，开花时下垂；苞叶多枚，椭圆状披针形；总苞半球形，总苞片 4 层，外层叶状，密被长柔毛，先端钝，通常反折；雌花窄筒状；两性花筒状，冠檐 5 齿裂。花果期 7～9 月。

【分布生境】全国各地均有分布。山西中南部山区均有分布。生于海拔 1000～1500m 山坡林缘、路旁灌丛或溪边草地。

【经济价值】全草入药。

463. 大花金挖耳

Carpesium macrocephalum

【科属】菊科 Asteraceae 天名精属 *Carpesium*

【形态特征】多年生草本。茎有纵条纹，被卷曲短柔毛，中上部分枝。基部叶大，具长柄，柄具向叶基部渐宽的翅，叶片广卵形至椭圆形，先端锐尖，基部骤然收缩成楔形，下延，边缘具粗大不规整的重牙齿，齿端有腺体状胼胝，叶面深绿色，叶背淡绿色，两面均被短柔毛，沿叶脉较密，侧脉在叶基部与中肋几成直角，在中上部则弯拱上升，于花前枯萎；中部叶椭圆形至倒卵状椭圆形，先端锐尖，中部以下收缩渐狭，无柄，基部略呈耳状，半抱茎；上部叶长圆状披针形，两端渐狭。头状花序单生于茎端及枝端，开花时下垂；苞叶多枚，椭圆形至披针形，叶状，边缘有锯

齿；总苞盘状，外层苞片叶状，披针形，先端锐尖，两面密被短柔毛，中层长圆状条形，较外层稍短，先端草质，锐尖，被柔毛，下部干膜质，无毛，内层匙状条形，干膜质；两性花筒状，向上稍宽，冠檐5齿裂；雌花较短。瘦果。花果期7～9月。

【分布生境】分布于河北、山西、辽宁、吉林、河南、湖北、四川、云南、陕西、甘肃、宁夏。山西中条山有分布。生于海拔700～1500m山坡杂木林、林缘灌丛或沟谷草丛。

【经济价值】全草入药。花及果实可提芳香油。

464. 莛子藨（白果七、白莓子、棉蛋、羽裂叶莛子藨）

Triosteum pinnatifidum

【科属】忍冬科 Caprifoliaceae 莛子藨属 *Triosteum*

【形态特征】多年生草本。具条纹，被毛，中空，具白色的髓部。单叶对生，叶羽状深裂，茎基部的初生叶有时不分裂。聚伞花序对生，各具3朵花，无总花梗，在茎或分枝顶端集合成短穗状花序；花冠

黄绿色，狭钟状，冠筒基部弯曲，一侧成浅囊，被腺毛，裂片圆，内面有带紫色斑点。浆果状核果卵圆形，肉质，密被白色棉毛，具3条槽。花期5～6月，果期8～9月。

【分布生境】分布于天津、河北、山西、上海、河南、湖北、重庆、四川、陕西、甘肃、青海、宁夏。山西中南部林区均有分布。生于海拔1600～2900m山坡林下或沟边林缘。

【经济价值】根、叶、果供药用。可用于观赏。

465. 异叶败酱（墓头回、窄叶败酱）

Patrinia heterophylla

【科属】忍冬科 Caprifoliaceae 败酱属 *Patrinia*

【形态特征】多年生直立草本。基生叶丛生，缘有齿，具长柄；茎生叶对生，下部叶常2～3对羽状深裂；中部叶具1～2对羽状裂片，顶端裂片最大，卵形、卵状披针形或近菱形，先端长渐尖，边缘圆齿状浅裂或具大圆齿，被疏短毛；上部叶较窄，近无柄。顶生或腋生聚伞花序，花黄色；花冠筒状钟形，内具白毛，裂片5枚，比筒短，基部一侧具浅囊肿。瘦果长圆形或倒卵形，翅状果苞常具2主脉，较少3主脉。花期7～9月，果期8～10月。

【分布生境】分布于北京、天津、河北、山西、内蒙古、辽宁、吉林、江苏、浙江、安徽、福建、江西、山东、河南、湖北、湖南、广西、重庆、四川、贵州、云南、陕西、甘肃、青海、宁夏。山西各林区均有分布。生于海拔2500 m的山坡疏林、

沟边草丛、砂质土坡或荒坡岩缝。

【经济价值】根及全草入药。

466. 缬草（五里香、满山香、珍珠香、香草、宽叶缬草）

Valeriana officinalis

【科属】忍冬科 Caprifoliaceae 缬草属 *Valeriana*

【形态特征】多年生草本。有强烈气味。茎中空，有纵棱，被粗毛，尤以节部为多，老时毛少。匍枝叶、基出叶和基部茎生叶花期常凋萎；茎生叶卵形至宽卵形，羽状深裂，全缘或有疏锯齿，两面及柄轴多少被毛。花序顶生，呈伞房状三出聚伞圆锥花序；小苞片条形或披针形，先端芒状突尖；花小，两性，淡紫红色或白色；花萼内卷；花冠狭筒状或筒状钟形。瘦果长卵形，基部近平截。花期 5～7 月，果期 6～10 月。

【分布生境】全国各地均有分布。山西各林区均有分布。生于海拔 2700m 以下的沟谷林下、林缘灌丛或山坡草地。

【经济价值】根及根状茎入药。

467. 窄叶蓝盆花（华北蓝盆花、大花蓝盆花、毛叶蓝盆花）

Scabiosa comosa

【科属】忍冬科 Caprifoliaceae 蓝盆花属 *Scabiosa*

【形态特征】多年生草本。茎自基部分枝，具白色卷伏毛。基生叶簇生，叶片卵状披针形或狭卵形至椭圆形，具疏钝齿或浅裂片，偶为深裂；茎生叶对生，羽状全裂或深裂。头状花序，边花花冠二唇形，蓝紫色。瘦果椭圆形。花期 7～9 月，果期 8～10 月。

【分布生境】分布于北京、天津、河北、山西、内蒙古、辽宁、吉林、黑龙

江、安徽、河南、湖北、陕西、甘肃、宁夏。山西各林区均有分布。生于海拔900～3200m的林间空地、林缘灌丛、沟谷草地或山顶草甸。

【经济价值】可栽培供观赏。

468. 日本续断（天目续断）

Dipsacus japonicus

【科属】忍冬科 Caprifoliaceae 川续断属 *Dipsacus*

【形态特征】多年生草本。茎中空，具棱，棱上具钩刺。基生叶具长柄，长椭圆形，分裂或不裂；茎生叶对生，椭圆状卵形或长椭圆形，常3～5裂，顶裂片最大，裂片基部下延成窄翅，具粗齿或近全缘，有时全为单叶对生，叶面被白色短毛，叶柄和叶背脉上均具疏钩刺和刺毛。头状花序顶生，圆球形；总苞片线形，具白色刺毛；花冠红紫色，漏斗状，外被白色柔毛。瘦果长圆楔形。花期8～9月，果期9～11月。

【分布生境】分布于北京、河北、山西、内蒙古、辽宁、江苏、浙江、安徽、江西、山东、河南、湖北、湖南、广西、重庆、四川、贵州、云南、陕西、甘肃、青海、宁夏。山西中南部山区均有分布。生于海拔900～1800m的林缘灌丛、山坡草地或沟谷处。

【经济价值】可用于观赏。

469. 小窃衣（大叶山胡萝卜、破子草）

Torilis japonica

【科属】伞形科 Apiaceae 窃衣属 *Torilis*

【形态特征】一年或多年生草本。茎有纵纹及粗毛。叶长卵形，一至二回羽状分裂，两面疏生粗毛，一回羽片卵状披针形，先端渐窄，边缘羽状深裂至全裂，小裂片有粗齿、缺刻或分裂。复伞形花序，有花 4 ～ 12 朵，萼齿三角状披针形。双悬果卵圆形，含精油，通常具内弯或呈钩状的皮刺。花果期 4 ～ 10 月。

【分布生境】分布于北京、天津、河北、山西、内蒙古、辽宁、吉林、黑龙江、上海、江苏、浙江、安徽、福建、江西、山东、河南、湖北、湖南、广东、广西、重庆、四川、贵州、云南、西藏、陕西、甘肃、青海、宁夏、台湾。山西中南部山区均有分布。生于海拔 3000m 以下的杂木林、林缘灌丛、路旁荒地及溪边草丛。

【经济价值】果实及根供药用。

470. 棱子芹

Pleurospermum uralense

【科属】伞形科 Apiaceae 棱子芹属 *Pleurospermum*

【形态特征】多年生草本。高 1 ～ 2m。茎无毛，中空，有纵条纹。基生叶或茎生叶有长叶柄和叶鞘；叶片轮廓宽卵状三角形，二回三出羽状全裂，小裂片窄卵形或窄披针形，末回裂片狭卵形或狭披针形，边缘具缺刻状牙齿；茎生叶有短柄。复伞形花序顶生或腋生；顶生花序大，总苞片多数，向下反折，条形或披针形，羽状分裂或全缘，伞辐 20 ～ 60；侧生花序小；伞辐 10 ～ 15，花多数，白色，花瓣宽卵形；花药黄色。果实卵形，果棱狭翅状，边缘

有小钝齿。花果期 7 ～ 8 月。

【分布生境】分布于天津、河北、山西、内蒙古、吉林、黑龙江、新疆。山西分布于关帝山、五台山、管涔山。生于海拔 1800 ～ 3000m 的山坡林下、林缘灌丛或路旁草丛。

【经济价值】全草入药。

471. 北柴胡（韭叶柴胡、硬苗柴胡、竹叶柴胡、烟台柴胡）

Bupleurum chinense

【科属】伞形科 Apiaceae 柴胡属 *Bupleurum*

【形态特征】多年生草本。茎上部多分枝，呈“之”字曲折。基生叶倒披针形或狭椭圆形，基部缢缩成柄，早落；茎中部叶倒披针形，有短尖头，叶鞘抱茎，7 ～ 9

脉，叶面鲜绿，叶背淡绿，常有白霜。复伞形花序多，成疏散圆锥状；总苞片 2～3 枚或无；伞辐 3～8，纤细；小总苞片 5 枚，披针形，常超过花柄或与花柄等长，但短于果柄；伞形花序有花 5～10 朵；花瓣鲜黄色，上部内折，中肋隆起，小舌片矩圆形，顶端 2 浅裂；花柱基深黄色。果椭圆形，有窄棱翅。花果期 7～9 月。

【分布生境】分布于北京、天津、河北、山西、内蒙古、辽宁、吉林、黑龙江、上海、江苏、浙江、安徽、江西、山东、河南、湖北、湖南、四川、云南、西藏、陕西、甘肃、宁夏、新疆。山西各林区均有分布。生于海拔 2500m 以下的山坡林下、林缘灌丛、沟谷路旁或山顶草地。

【经济价值】根药用。

472. 紫花前胡（土当归）

Angelica decursiva

【科属】伞形科 Apiaceae 当归属 *Angelica*

【形态特征】多年生直立高大草本，有强烈气味。茎单一，中空，光滑，常紫色，有纵沟纹。根生叶和茎生叶有长柄，基部膨大成圆形的紫色叶鞘抱茎，外面无毛；叶片三角形至卵圆形，叶 3 裂或一至二回羽状分裂，叶面深绿，叶背绿白色，主脉常带紫色；茎上部叶简化成囊状膨大的紫色叶鞘。复伞形花序顶生和侧生；总苞片 1～3 枚，阔鞘状，宿存，反折，紫色；小总苞片 3～8 枚，线形至披针形，绿色或紫色，无毛；伞辐及花柄有毛；花深紫色，萼齿明显，花瓣倒卵形或椭圆状

披针形；花药暗紫色。果实长圆形至卵状圆形，无毛，背棱线形隆起，侧棱有较厚的狭翅，与果体近等宽。花期 8 ～ 9 月，果期 9 ～ 11 月。

【分布生境】分布于山西、辽宁、吉林、黑龙江、江苏、浙江、安徽、福建、江西、河南、湖北、湖南、广东、广西、重庆、四川、贵州、陕西、甘肃。山西中条山有分布。生于海拔 1800m 山坡杂木林、林缘灌丛或溪边草地。

【经济价值】根称“前胡”，可入药。果实可提制芳香油，具辛辣香气。幼苗可作春季野菜。

473. 华北前胡

Peucedanum harry-smithii

【科属】伞形科 Apiaceae 前胡属 *Peucedanum*

【形态特征】多年生草本。茎有纵沟纹，被白色茸毛。基生叶具柄，常较短，

叶柄基部具卵状披针形叶鞘，外侧被茸毛，边缘膜质；叶三回羽状分裂或全裂，第一回羽片有柄，末回裂片为菱状倒卵形、长卵形至卵状披针形，基部截形至楔形；茎生叶向上逐渐简化，无柄，叶鞘较宽，末回裂片更加狭窄。复伞形花序顶生和侧生，常分枝较多；小伞形花序有花 12 ～ 20 朵，花柄粗壮，有短毛；小总苞片 6 ～ 10 枚，披针形；花瓣倒卵形，白色。果实卵状椭圆形，密被短硬毛，背棱线形突起，侧棱呈翅状。花期 8 ～ 9 月，果期 9 ～ 10 月。

【分布生境】分布于北京、天津、河北、山西、内蒙古、河南、湖北、重庆、四川、陕西、甘肃、宁夏。山西各林区均有分布。生于海拔 600 ～ 2600m 的山坡疏林、林缘灌丛或溪边草地。

【经济价值】根入药。

474. 短毛独活

Heracleum moellendorffii

【科属】伞形科 Apiaceae 独活属 *Heracleum*

【形态特征】多年生草本。根圆锥形、粗大，多分枝，灰棕色。茎直立，有棱槽，上部开展分枝。叶有柄，叶片轮廓广卵形，薄膜质，三出分裂，裂片广卵形至圆形、心形、不规则的 3 ～ 5 裂，裂片边缘具粗大的锯齿，尖锐至长尖；茎上部叶有显著宽展的叶鞘。复伞形花序顶生和侧生，花瓣白色，二型。分生果圆状倒卵形，顶端凹陷，背部扁平，有稀疏的柔毛或近光滑，背棱和中棱线状突起，侧棱宽阔。花期 7 月，果期 8 ～ 10 月。

【分布生境】分布于北京、天津、河北、山西、内蒙古、辽宁、吉林、黑龙江、江苏、浙江、安徽、江西、山东、河南、湖北、湖南、重庆、四川、贵州、云南、陕西、甘肃、青海、新疆。山西各林区均有分布。生于海拔1000～2600m阴坡林下、沟谷灌丛、路旁潮湿地或山顶草地。

【经济价值】根入药。

475. 变豆菜（鸭脚板、蓝布正）

Sanicula chinensis

【科属】伞形科 Apiaceae 变豆菜属 *Sanicula*

【形态特征】多年生草本。茎无毛，有纵沟纹，上部重复叉状分枝，下部不分枝。基生叶少数，近圆形、圆肾形至圆心形，3～5裂，两侧裂片各有1深裂，稀不裂，裂片边缘具重锯齿；叶柄长。花序二至三回叉状分枝，中间分枝短，总苞片叶状，3深裂；伞形花序二至三出，小总苞片8～10枚，卵状披针形或线形；小伞形花序有花6～10朵；雄花3～7朵，萼齿窄线形，花瓣白色或绿白色，倒卵形至长倒卵形，顶端内折；两性花3～4朵；萼齿和花瓣的形状、大小同雄花。果实圆卵形，顶端萼齿成喙状突出，皮刺直立，顶端钩状，基部膨大。花果期4～10月。

【分布生境】分布于北京、天津、河北、山西、辽宁、吉林、黑龙江、上海、江苏、浙江、安徽、福建、江西、山东、河南、湖北、湖南、广东、广西、重庆、四川、贵州、云南、陕西、甘肃、青海。山西中南部山区均有分布。生于海拔2600m以下阴湿的杂木林、林缘灌丛、山坡路旁或溪边草丛。

【经济价值】全草入药。

中文名索引

D

E

F

G

H

J

K

L

M

N

O

P

Q

R

S

T

W

X

Y

Z

学名索引

D